2023 年版全国二级建造师执业资格考试专项突破

建设工程施工管理重点难点
专 项 突 破

全国二级建造师执业资格考试专项突破编写委员会 编写

中国建筑工业出版社
中国城市出版社

图书在版编目（CIP）数据

建设工程施工管理重点难点专项突破／全国二级建
造师执业资格考试专项突破编写委员会编写. — 北京：
中国城市出版社，2022.10
（2023年版全国二级建造师执业资格考试专项突破）
ISBN 978-7-5074-3511-5

Ⅰ.①建… Ⅱ.①全… Ⅲ.①建筑工程－施工管理－
资格考试－自学参考资料 Ⅳ.①TU71

中国版本图书馆 CIP 数据核字（2022）第 164468 号

本书按知识点进行划分，根据 2009—2022 年考试命题形式进行分析总结。本书的形
式打破传统思维，采用归纳总结的方式进行题干与选项的优化设置，将考核要点的关联性
充分地体现在"同一道题目"当中，该类题型的设置有利于考生对比区分记忆，这种方式
大大压缩了考生的复习时间和精力。对部分知识点采用图表方式进行总结，易于理解，降
低了考生的学习难度，并配有经典试题，用例题展现考查角度，巩固记忆知识点。

本书既能使考生全面、系统、彻底地解决在学习中存在的问题，又能让考生准确地把
握考试的方向。本书的作者旨在将多年积累的应试辅导经验传授给考生，对辅导教材中的
每一部分都做了详尽的讲解，辅导教材中的问题都能在书中解决。

本书可作为二级建造师执业资格考试的复习指导书，也可供广大建筑施工行业管理人
员参考使用。

责任编辑：田立平　牛　松　张国友
责任校对：张　颖

2023年版全国二级建造师执业资格考试专项突破
建设工程施工管理重点难点专项突破
全国二级建造师执业资格考试专项突破编写委员会　编写
*
中国建筑工业出版社、中国城市出版社出版、发行（北京海淀三里河路9号）
各地新华书店、建筑书店经销
北京红光制版公司制版
北京建筑工业印刷厂印刷
*
开本：787毫米×1092毫米　1/16　印张：15¾　字数：380千字
2022 年 10 月第一版　　2022 年 10 月第一次印刷
定价：40.00 元
ISBN 978-7-5074-3511-5
（904524）

前　　言

为了帮助广大考生在短时间内掌握考试重点和难点，迅速提高应试能力和答题技巧，更好地适应考试，我们组织了一批二级建造师考试培训领域的权威专家，根据考试大纲要求，以历年考试命题规律及所涉及的重要考点为主线，精心编写了这套《2023 年版全国二级建造师执业资格考试专项突破》系列丛书。

本套丛书共分 7 册，涵盖了二级建造师执业资格考试的 2 个公共科目和 5 个专业科目，分别是：《建设工程施工管理重点难点专项突破》《建设工程法规及相关知识重点难点专项突破》《建筑工程管理与实务案例分析专项突破》《机电工程管理与实务案例分析专项突破》《市政公用工程管理与实务案例分析专项突破》《公路工程管理与实务案例分析专项突破》《水利水电工程管理与实务案例分析专项突破》。

2 个公共科目丛书具有以下优势：

一题敌多题——采用专项突破形式将重点难点知识点进行归纳总结，将考核要点的关联性充分地体现在"同一道题目"当中，该类题型的设置有利于考生对比区分记忆，该方式大大压缩了考生的复习时间和精力。众多易混选项的加入，更有助于考生全面地、多角度地精准记忆，从而提高了考生的复习效率。本书一个题目可以代替其他辅导书中的 3～8 个题目，以往考生学习后未必可以全部掌握该考点，造成在考场上答题时觉得见过，但不会解答的情况，本书可以有效地解决这个问题。

真题全标记——将 2009—2022 年度二级建造师执业资格考试考核知识点全部标记，为考生总结命题规律提供依据，帮助考生在有限的时间里快速地掌握考核的侧重点，明确复习方向。

图表精总结——对知识点采用图表方式进行总结，易于理解，降低考生的学习难度，并配有经典试题，用例题展现考查角度，巩固记忆知识点。

5 个专业科目丛书具有以下优势：

要点突出——对每一章的要点进行归纳总结，帮助考生快速抓住重点，节约学习时间，更加有效地掌握基础知识。

布局清晰——分别从施工技术、进度、质量、安全、成本、合同、现场、实操等方面，将历年真题进行合理划分，并配以典型习题。有助于考生抓住考核重点，各个击破。

真题全面——收录了 2013—2022 年度二级建造师执业资格考试案例分析真题，便于考生掌握考试的命题规律和趋势，做到运筹帷幄。

一击即破——针对历年案例分析题中的各个难点，进行细致的讲解，从而有效地帮助考生突破固定思维，启发解题思路。

触类旁通——以历年真题为基础编排的典型习题，着力加强"能力型、开放型、应用型和综合型"试题的开发与研究，注重关联知识点、题型、方法的再巩固与再提高，加强考生对知识点的进一步巩固，做到融会贯通、触类旁通。

为了配合考生的备考复习，我们开通了答疑 QQ 群：638403023（加群密码：助考服务），配备了专家答疑团队，以便及时解答考生所提的问题。

由于编写时间仓促，书中难免存在疏漏之处，望广大读者不吝赐教。

读者如果对图书中的内容有疑问或问题，
可关注微信公众号【建造师应试与执业】，
与图书编辑团队直接交流。

建造师应试与执业

目　　录

全国二级建造师执业资格考试答题方法及评 分 说 明

全国二级建造师考试设《建设工程施工管理》《建设工程法规及相关知识》两个公共必考科目和《专业工程管理与实务》六个专业选考科目（专业科目包括建筑工程、公路工程、水利水电工程、市政公用工程、矿业工程和机电工程）。

《建设工程施工管理》《建设工程法规及相关知识》两个科目的考试试题为客观题。《专业工程管理与实务》科目的考试试题包括客观题和主观题。

一、客观题答题方法及评分说明

1. 客观题答题方法

客观题题型包括单项选择题和多项选择题。对于单项选择题来说，备选项有 4 个，选对得分，选错不得分也不扣分，建议考生宁可错选，不可不选。对于多项选择题来说，备选项有 5 个，在没有把握的情况下，建议考生宁可少选，不可多选。

在答题时，可采取下列方法：

（1）直接法。这是解常规的客观题所采用的方法，就是考生选择认为一定正确的选项。

（2）排除法。如果正确选项不能直接选出，应首先排除明显不全面、不完整或不正确的选项，正确的选项几乎是直接来自于考试教材或者法律法规，其余的干扰选项要靠命题者自己去设计，考生要尽可能多排除一些干扰选项，这样就可以提高选择出正确答案的概率。

（3）比较法。直接把各备选项加以比较，并分析它们之间的不同点，集中考虑正确答案和错误答案关键所在。仔细考虑各个备选项之间的关系。不要盲目选择那些看起来、读起来很有吸引力的错误选项，要去误求正、去伪存真。

（4）推测法。利用上下文推测词义。有些试题要从句子中的结构及语法知识推测入手，配合考生自己平时积累的常识来判断其义，推测出逻辑的条件和结论，以期将正确的选项准确地选出。

2. 客观题评分说明

客观题部分采用机读评卷，必须使用 2B 铅笔在答题卡上作答，考生在答题时要严格按照要求，在有效区域内作答，超出区域作答无效。每个单项选择题只有 1 个备选项最符合题意，就是 4 选 1。每个多项选择题有 2 个或 2 个以上符合题意，至少有 1 个错项，就是 5 选 2～4，并且错选本题不得分，少选，所选的每个选项得 0.5 分。考生在涂卡时应注意答题卡上的选项是横排还是竖排，不要涂错位置。涂卡应清晰、厚实、完整，保持答题卡干净整洁，涂卡时应完整覆盖且不超出涂卡区域。修改答案时要先用橡皮擦将原涂卡处擦干净，再涂新答案，避免在机读评卷时产生干扰。

二、主观题答题方法及评分说明

1. 主观题答题方法

主观题题型是实务操作和案例分析题。实务操作和案例分析题是通过背景资料阐述一个项目在实施过程中所开展的相应工作，根据这些具体的工作下提出若干小问题。

实务操作和案例分析题的提问方式及作答方法如下：

（1）补充内容型。一般应按照教材中对应内容将背景资料中未给出的内容都回答出来。

（2）判断改错型。首先应在背景资料中找出问题并判断是否正确，然后结合教材、相关规范进行改正。需要注意的是，考生在答题时，不能完全按照工作中的实际做法来回答问题，因为将实际做法作为答题依据得出的答案和标准答案之间存在很大差距，即使答了很多，得分也很低。

（3）判断分析型。这类型题不仅要求考生答出分析的结果，还需要通过分析背景资料来找出问题的突破口。需要注意的是，考生在答题时要针对问题作答。

（4）图表表达型。结合工程图及相关资料表回答图中构造名称、资料表中缺项内容。需要注意的是，关键词表述要准确，避免画蛇添足。

（5）分析计算型。充分利用相关公式、图表和考点的内容，计算题目要求的数据或结果。最好能写出关键的计算步骤，并注意计算结果是否有保留小数点的要求。

（6）简单问答型。这类题型主要考查考生记忆能力，一般情节简单、内容覆盖面较小。考生在回答这类题型时要直截了当，有什么答什么，不必展开论述。

（7）综合分析型。这类题型比较复杂，内容往往涉及不同的知识点，要求回答的问题较多，难度很大，也是考生容易失分的地方。要求考生具有一定的理论水平和实际经验，对教材知识点要熟练掌握。

2. 主观题评分说明

主观题部分评分是采取网上评分的方法进行，为了防止出现评卷人的评分宽严度差异对不同考生产生的影响，每个评卷人员只评一道题的分数。每份试卷的每道题均由两位评卷人员分别独立评分，如果两人的评分结果相同或很相近（这种情况比例很大）就按两人的平均分为准。如果两人的评分差异较大，超过 4～5 分（出现这种情况出现的概率很小），就由评分专家再独立评分一次，然后用专家所评的分数和与专家评分接近的那个分数的平均分数为准。

主观题部分评分标准一般以准确性、完整性、分析步骤、计算过程、关键问题的判别方法、概念原理的运用等为判别核心。标准一般按要点给分，只要答出要点基本含义一般就会给分，不恰当的错误语句和文字一般不扣分。

主观题部分作答时必须使用黑色墨水笔书写作答，不得使用其他颜色的钢笔、铅笔、签字笔和圆珠笔。作答时字迹要工整、版面要清晰。因此书写不能离密封线太近，密封后评卷人不容易看到；书写的字不能太粗、太密、太乱，最好买支极细笔，字体稍微书写大点、工整点，这样看起来工整、清晰，评卷人也愿意多给分。

主观题部分作答应避免答非所问，因此考生在考试时要答对得分点，答出一个得分点就给分，说的不完全一致，也会给分，多答不会给分的，只会按点给分。不明确用到什么规范的情况就用"强制性条文"或者"有关法规"代替，在回答问题时，只要有可能，就在答题的内容前加上这样一句话："根据有关法规或根据强制性条文"，通常这些是得分点之一。

主观题部分作答应言简意赅，并尽量使用背景资料中给出的专业术语。考生在考试时应相信第一感觉，往往很多考生在涂改答案过程中，"会把原来对的改成错的"这种情形很多。在确定完全答对时，就不要展开论述，也不要写多余的话，能用尽量少的文字表达出正确的意思就好，这样评卷人看得舒服，考生自己也能省时间。如果答题时发现错误，不建议使用涂改液进行修改，应用笔画个框圈起来，打个"×"即可，然后再找一块干净的地方重新书写。

2Z101000　施　工　管　理

2013—2022 年真题分值统计

命题点	题型	2013 年（分）	2014 年（分）	2015 年（分）	2016 年（分）	2017 年（分）	2018 年（分）	2019 年（分）	2020 年（分）	2021 年（分）	2022 年（分）
1Z101010　施工方的项目管理	单项选择题	2	1	2	2	2	2	2	2	1	1
	多项选择题										
2Z101020　施工管理的组织	单项选择题	3	2	2	2	2	2	1	2	3	2
	多项选择题	4	2	2	2	2	2	2	2		2
2Z101030　施工组织设计的内容和编制方法	单项选择题	2	1	1	1	1	1	1	1	1	1
	多项选择题			2	2	2	2	2	2	4	2
2Z101040　建设工程项目目标的动态控制	单项选择题	2	1	2	2	2	2	2	2	2	2
	多项选择题								2		
2Z101050　施工项目经理的任务和责任	单项选择题	2	2	2	2	2	2	1	1	1	2
	多项选择题		4	4	4	4	4	2	2	2	2
2Z101060　施工风险管理	单项选择题	2	1	1	1	1	1	1	2	1	1
	多项选择题	2									
2Z101070　建设工程监理的工作任务和工作方法	单项选择题	3	2	2	2	2	2	2	2	1	1
	多项选择题									2	2
合计	单项选择题	16	10	12	12	12	12	10	12	10	10
	多项选择题	6	6	8	8	8	8	6	8	8	8

2Z101010　施工方的项目管理

专项突破 1　建设工程项目管理的内涵与类型

例题：项目管理的核心任务是（　　）。【2010 年真题题干】

A. 项目的目标控制【2010 年考过】　　　　B. 确定项目的定义

C. 通过管理使项目的目标得以实现　　　　D. 项目实施的策划

【答案】A

重点难点专项突破

1. 本考点还可以考核的题目有：

（1）项目决策期管理工作的主要任务是（B）。【2012 年 6 月、2020 年考过】

（2）项目实施期管理工作的主要任务是（C）。【2012 年 6 月考过】

（3）建设工程项目管理的内涵是自项目开始至项目完成，通过项目策划和项目控制，以使项目的费用目标、进度目标和质量目标得以实现。其中"项目策划"指的是（D）。

> 注意：
> （1）对业主而言，建设工程项目管理的"费用目标"是投资目标。
> （2）对施工方而言，建设工程项目管理的"费用目标"是成本目标。【2017年考过】

2. 本考点有这么两个概念需要分清楚："项目策划"与"项目决策期的策划"。项目策划是指项目目标控制前的一系列筹划和准备工作。【2012年6月考过】

对于概念，一般是以单项选择题的形式考核，如果以多项选择题的形式来考核，那必定是判断正误的题型。

3. 本考点还有以下命题点：

（1）按建设工程项目不同参与方的工作性质和组织特征划分，项目管理有如下几种类型：

① 业主方的项目管理：投资方、开发方和由咨询公司提供的代表业主方利益的项目管理。

② 设计方的项目管理。

③ 施工方的项目管理：施工总承包方和分包方的项目管理。【2021年第二批考过】

④ 供货方的项目管理：材料和设备供应方的项目管理。

⑤ 建设项目工程总承包方的项目管理：设计和施工任务综合的承包，设计、采购和施工任务综合的承包（简称EPC承包）等的项目管理。

（2）在某一项目的管理过程中，哪个单位应该是处于项目管理的核心地位？那就是业主方的项目管理。

专项突破2　建设工程项目的决策阶段与实施阶段的工作

例题：项目设计准备阶段的工作包括（　　）。【2016年真题题干】

A. 编制项目建议书   B. 编制可行性研究报告

C. 编制设计任务书【2013年、2016年考过】   D. 编制初步设计

E. 编制技术设计   F. 编制施工图设计

G. 工程施工   H. 竣工验收

I. 项目动用   J. 工程保修

【答案】C

重点难点专项突破

1. 本考点还可以考核的题目有：

（1）工程项目决策阶段的工作包括（A、B）。【2009年考过】

（2）工程项目设计阶段的工作包括（D、E、F）。

（3）在工程项目全寿命周期中，（G）属于项目施工阶段的工作。

（4）根据建设工程项目的阶段划分，（H）属于动用前准备阶段的工作。

（5）工程项目保修阶段的工作是（I、J）。

（6）工程项目实施阶段的工作包括（C、D、E、F、G、H、I、J）。

2. 本考点在命题时主要的采分点来源于"决策阶段"和"设计准备阶段"。

3. 一定要区分"施工阶段"和"实施阶段"的具体工作，也就是上面的（3）和（6）。

4. 以上题目都是让我们选择每个阶段的工作，在命题时，还可能是告诉我们某一项工作来选择属于哪个阶段。2009 年是这样命题的："编制项目建议书属于建设工程项目全寿命周期（决策）阶段的工作。"

5. 最后给出下图，便于对比记忆。

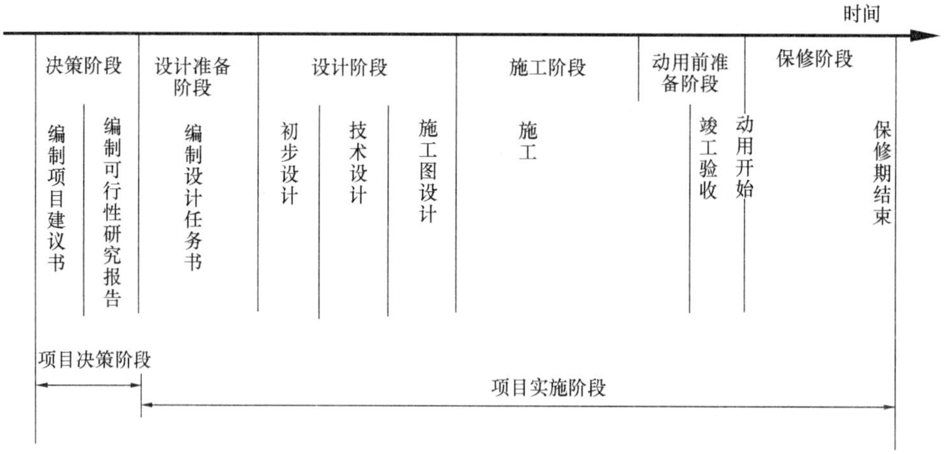

专项突破 3　各参与方项目管理的目标和任务

例题：建设工程项目业主方的项目管理工作涉及项目的（　　　）阶段。

A. 设计前的准备　　　　　　　　　B. 设计

C. 施工　　　　　　　　　　　　　D. 动用前准备

E. 保修期

【答案】A、B、C、D、E

重点难点专项突破

1. 本考点还可以考核的题目有：

（1）建设工程项目设计方的项目管理工作主要在（B）阶段进行。

（2）建设工程项目供货方的项目管理工作主要在（C）阶段进行。【2015 年真题题干】

（3）EPC 工程总承包方的项目管理工作涉及（A、B、C、D、E）阶段。【2018 年真题题干】

（4）建设工程项目施工方的项目管理工作主要在（C）阶段进行，但也涉及其他阶段。

2. 本考点考试时涉及的采分点有三：一是"阶段"；二是"目标"；三是"任务"。有关阶段的题目我们都做了，在这里还需要注意一下，考试中选项可能出现"实施阶段"，也可能这样来考：涉及项目实施阶段项目管理工作的参与方有（业主方、总承包方）。以上的题目还可能逆向来命题，可以通过下表理解：

参与方	服务范围	管理的目标	管理的任务	涉及的主要阶段
业主方	业主	项目的投资目标、进度目标和质量目标	"三管理"（安全、合同、信息管理）；"三控制"（投资、进度、质量）；"一组织协调"	实施阶段
设计方	项目的整体利益和设计方本身	设计的成本目标、进度目标和质量目标，以及项目的投资目标【2011年考过】	设计成本、进度、质量控制；设计合同、信息管理；与设计工作有关的安全管理、造价控制和组织协调	设计阶段
供货方	项目的整体利益和供货方本身	供货方的成本目标、进度目标和质量目标【2016年考过】	供货的"三管理""三控制"和与供货有关的"一组织协调"	施工阶段
总承包方	项目的利益和建设项目总承包方本身	项目的总投资目标和总承包方的成本目标、项目的进度目标和项目的质量目标	"三管理""三控制"；总承包的成本控制；与建设项目总承包方有关的"一组织协调"	实施阶段
施工方	项目的整体利益和施工方本身	施工的成本目标、进度目标和质量目标	施工"三管理""三控制"和与施工有关的"一组织协调"【2011年考过】	施工阶段

3. 学习这部分内容一定要把各参与方对应着学习,看上去内容比较多,但只要一对比就发现很好记忆。

4. 最后还要记住一句话：安全管理是项目管理中最重要的任务。

专项突破4　施工总承包方与施工总承包管理方的管理任务及特征

例题：按国际惯例，在施工总承包工程项目实施过程中，对业主指定的分包商施工进行组织和管理的是（　　）。【2019年考过】

A. 项目业主　　　　　　　　　　B. 设计方

C. 施工总承包方　　　　　　　　D. 施工总承包管理方

E. 项目监理方　　　　　　　　　F. 业主指定的分包方

G. 自行分包的分包方

【答案】C

重点难点专项突破

1. 本考点还可以考核的题目有：

（1）在施工总承包管理模式中，与分包单位直接签订施工合同的单位一般是（A）。【2020年真题题干】

（2）某建设工程项目施工采用施工总承包模式，由（C）负责整个工程的施工安全、施工总进度控制、施工质量控制和施工的组织与协调等。【2012年10月考过】

（3）某建设工程项目施工采用施工总承包模式，由（C）控制施工的成本。【2012 年 10 月考过】

（4）某建设工程项目施工采用施工总承包模式，工程施工的总执行者和总组织者是（C）。

（5）在施工总承包工程项目实施过程中，施工总承包方除了完成自己承担的施工任务以外，还负责组织和指挥（F、G）的施工。【2017 年考过】

（6）某建设工程项目施工采用施工总承包模式，业主指定的分包施工单位有可能与（A、C）签订合同。

（7）某工程项目施工采用施工总承包模式，其中电气设备由业主指定的分包单位采购和安装，则在施工中该分包单位必须接受（C）的工作指令，服从其总体的项目管理。【2010 年真题题干】

（8）在施工总承包模式下，由（C）为分包施工单位提供和创造必要的施工条件。【2012 年 10 月考过】

（9）在施工总承包模式下，由（C）负责施工资源的供应组织。【2012 年 10 月、2014 年考过】

（10）在施工总承包模式下，由（C）代表施工方与业主方、设计方、工程监理方等外部单位进行必要的联系和协调等。

（11）某工程项目若采用施工总承包模式，不论是一般的分包方，或由业主指定的分包方必须接受（C）的工作指令，服从其总体的项目管理。

（12）建设项目管理过程中，负责施工的总体管理和协调，也可按业主要求负责整个施工招标和发包工作的主体是（D）。【2022 年真题题干】

（13）某工程项目若采用施工总承包管理模式，不论是一般的分包方，或由业主指定的分包方必须接受（D）的工作指令，服从其总体的项目管理。【2011 年、2012 年 6 月、2013 年考过】

（14）某建设项目采用施工总承包管理模式，一般情况下，（D）不承担施工任务，主要进行施工的总体管理和协调，但在平等条件下竞标获得一部分施工任务，也可参与施工。【2019 年考过】

（15）在施工总承包管理模式下，若施工总承包管理方应业主方的要求，协助业主方参与施工的招标和发包工作，其参与的工作深度由（A）决定，业主方也可能要求施工总承包管理方负责整个施工的招标和发包工作。【2012 年 6 月考过】

（16）不论是业主方选定的分包方，还是经业主方授权由施工总承包管理方选定的分包方，（D）都承担对其的组织和管理责任。【2012 年 6 月、2018 年考过】

（17）在施工总承包管理模式下，（D）负责整个工程的施工安全控制、施工总进度控制、施工质量控制和施工的组织与协调等。【2012 年 10 月考过】

（18）在施工总承包管理模式下，（D）负责组织和指挥分包施工单位的施工，并为分包施工单位提供和创造必要的施工条件。

（19）在施工总承包管理模式下，（D）与业主方、设计方、工程监理方等外部单位进行必要的联系和协调等。

注意：施工总承包方负责组织和管理业主指定的分包方的施工，不管分包方是和谁签订的合同。

2.在命题过程中，以上题目还可能会改编为案例形式的题目，举例如下：

（1）施工总承包模式下，业主甲与其指定的分包施工单位丙单独签订了合同，则关于施工总承包方乙与丙关系的说法，正确的是（ ）。【2019年真题】

A.乙负责组织和管理丙的施工

B.乙只负责甲与丙之间的索赔工作

C.乙不参与对丙的组织管理工作

D.乙只负责对丙的结算支付，不负责组织其施工

【答案】A

（2）某建设项目采用施工总承包管理模式，R监理公司承担施工监理任务，G施工企业承担主要的施工任务，业主将其中的二次装修发包给C装饰公司。则C装饰公司在施工中应接受（ ）的施工管理。【2011年、2012年6月考过】

A.业主   B.R监理公司

C.G施工企业   D.施工总承包管理方

【答案】D

3.下面再来看另外一种判断正误的题型：

（1）关于施工总承包管理方主要特征的说法，正确的是（ ）。【2019年真题】

A.在平等条件下可通过竞标获得施工任务并参与施工

B.不能参与业主的招标和发包工作

C.对于业主选定的分包方，不承担对其的组织和管理责任

D.只承担质量、进度和安全控制方面的管理任务和责任

【答案】A

（2）关于施工总承包管理方责任的说法，正确的有（ ）。【2012年6月真题】

A.施工总承包管理方和施工总承包方承担的管理任务和责任不同

B.施工总承包管理方承担对分包方的组织和管理责任

C.施工总承包管理方不能承担施工任务，它只负责进行施工的总体管理和协调

D.施工总承包管理方必须直接与分包方和供货方签订施工合同

E.施工总承包管理方可以应业主方要求负责整个施工的招标和发包工作

【答案】B、E

4.最后还要记住一点：建设项目工程总承包的主要意义并不在于总价包干，也不是"交钥匙"，其核心是以达到为项目建设增值的目的。【2015年考过】

2Z101020　施工管理的组织

专项突破1　组织论的基本内容

例题：下列组织论基本内容中，反映一个组织系统中各子系统之间或各工作部门之间

的指令关系的是（　　）。【2009年、2013年考过】

    A. 组织结构模式   B. 工作任务分工

    C. 管理职能分工   D. 工作流程组织

【答案】A

重点难点专项突破

1. 本考点还可以考核的题目有：

（1）下列组织论基本内容中，属于相对静态的组织关系的是（A、B、C）。

（2）下列组织论基本内容中，属于相对动态的组织关系的是（D）。

（3）下列组织论基本内容中，能够反映一个组织系统中各项工作之间的逻辑的关系是（D）。

2. 在考试时也会以这样的题型来考核：

施工项目组织结构模式反映的是施工组织系统中各子系统之间或各元素之间的（　　）关系。【2013年考过】

    A. 合作   B. 合同

    C. 指令   D. 供求

【答案】C

3. 关于D选项，还应知道工作流程组织可分为哪三大类：

工作流程组织	内　容
管理工作流程组织	投资控制、进度控制、合同管理、付款和设计变更等流程【2009年、2013年、2017年、2021第一批考过】
信息处理工作流程组织	与生成月度进度报告有关的数据处理流程
物质流程组织	钢结构深化设计工作流程、弱电工程物资采购工作流程、外立面施工工作流程

这部分内容在历年考试中均以单项选择题考核，考核题型是给出具体的工作流程，判断是属于哪类流程组织。这三个类型中，管理工作流程组织是考核的重点。通常会采用下题的方式考核：

业主方确定的工程项目设计变更工作流程，属于工作流程组织中的（　　）。

    A. 管理工作流程   B. 物质流程

    C. 信息处理工作流程   D. 设计工作流程

【答案】A

考点突破2　项目结构图、组织结构图、合同结构图和工作流程图的区别

    例题：下列组织工具中，可以用来对项目的结构进行逐层分解，反映组成该项目的所有工作任务的是（　　）。【2021年第一批真题题干】

    A. 项目结构图   B. 合同结构图

    C. 组织结构图   D. 工作流程图

【答案】A

扫一扫查看
本题视频解析

重点难点专项突破

1. 本考点还可以考核的题目有:

(1) 下列组织工具中,能够反映项目所有工作任务的是(A)。**【2013 年真题题干】**

(2) 对项目的结构进行逐层分解所采用的组织工具是(A)。**【2010 年真题题干】**

(3) 下列组织工具中,在(A)中,矩形框表示一个项目的工作任务。**【2013 年考过】**

(4) 下列组织工具中,在(A)中,用直线连接矩形框。**【2013 年考过】**

(5) 能够反映一个组织系统中各工作部门之指令关系的组织工具是(C)。**【2021 年第二批真题题干】**

(6) 下列组织工具中,能够反映一个组织系统中各组成部门之间组织关系的是(C)。**【2011 年考过】**

(7) 下列组织工具中,在(C)中,矩形框表示一个组织系统中的工作部门。**【2010 年考过】**

(8) 下列组织工具中,在(C)中,用单向箭线连接矩形框。**【2013 年考过】**

(9) 下列组织工具中,能反映一个建设项目参与单位之间合同关系的是(B)。

(10) 下列组织工具中,反映各工作单位、各工作部门和各工作人员之间组织关系的是(C)。**【2012 年 10 月考过】**

(11) 能反映项目组织系统中各项工作之间逻辑关系的组织工具是(D)。**【2010 年、2012 年 12 月、2022 年考过】**

(12) 下列组织工具中,在(D)中,用矩形框表示工作,箭线表示工作之间的逻辑关系,菱形框表示判别条件。**【2011 年、2020 年考过】**

(13) 为明确混凝土工程施工中钢筋制安、混凝土浇筑等工作之间的逻辑关系,施工项目部应当编制(D)。

2. 上述题目中的(3)～(13)题还可能逆向来命题,比如:工作流程图用图的形式反映一个组织系统中各项工作之间的(逻辑关系)。

3. 上述题型是常见的考核题型,还可能会给出组织工具图,判断属于哪种组织工具,例如下面的题型:

(1) 某住宅小区工程施工前,施工项目管理机构绘制了如下图所示的框图。该图是(A)。**【2009 年真题题干】**

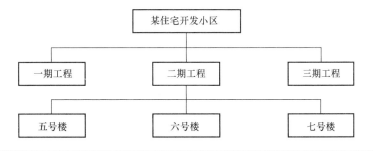

（2）下列组织工具图，表示的是（A）。

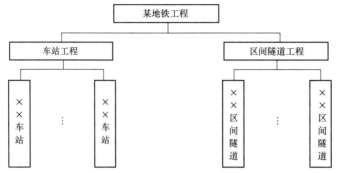

（3）下列组织工具图，表示的是（B）。

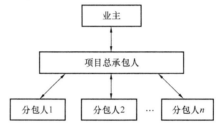

4. 关于组织工具图中矩形框的含义，在命题过程中，还可能会改编为案例形式的题目，举例如下：

项目管理人员在编制混凝土分部工程成本控制工作流程时，可以用矩形框表示的有（　　）。【2012年10月真题】

A. 支模板　　　　　　　　　　　B. 混凝土浇筑

C. 混凝土浇筑质量是否合格的判别条件　　D. 支模板和混凝土浇筑的先后顺序

E. 混凝土养护

【答案】A、B、E

5. 关于组织工具图示，还可能会这样考核：

根据工作流程图的绘制要求，下列工作流程图中，表达错误的有（　　）。【2014年真题】

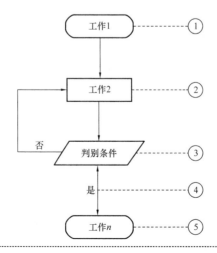

A. ⑤   B. ④

C. ③   D. ②

E. ①

【答案】A、B、C、E

6. 关于工作流程组织，还需要掌握以下知识点：

（1）工作流程图应视需要逐层细化。

（2）业主方和项目各参与方都有各自的工作流程组织的任务。

专项突破 3 项目结构的分解与编码

项 目	内 容
项目结构分解	（1）同一个建设工程项目可有不同的项目结构分解方法。【2012 年 6 月、2018 年考过】 （2）项目结构的分解应和整个工程实施的部署相结合，并和将采用的合同结构相结合。【2011 年、2012 年 6 月、2018 年考过】 （3）没有统一的模式。【2012 年 6 月考过】 （4）项目结构分解应结合项目的特点并参与以下原则进行： ① 考虑项目进展的总体部署；【2012 年 6 月、2018 年考过】 ② 考虑项目的组成； ③ 有利于项目实施任务的发包和有利于项目实施任务的进行，并结合合同结构的特点； ④ 有利于项目目标的控制； ⑤ 结合项目管理的组织结构的特点
项目结构编码	项目结构图和项目结构的编码是对投资控制、进度控制、质量控制、合同管理和信息管理等管理工作进行编码的基础【2012 年 6 月、2015 年、2016 年考过】

重点难点专项突破

1. 本考点应重点掌握项目结构的分解，以下是可能会出现的干扰选项：

（1）同一建设工程项目只能有一个项目结构分解方法。

（2）项目结构分解应采用统一的分解方案。

2. 本考点可能会这样命题：

（1）采用项目结构图对建设工程项目进行分解时，项目结构的分解应与整个建设工程实施的部署相结合，并与将采用的（　　）相结合。

A. 组织结构   B. 工作流程

C. 合同结构   D. 职能结构

【答案】C

（2）承包商对工程的成本控制、进度控制、质量控制、合同管理和信息管理等管理工作进行编码的基础有（　　）。

A. 项目结构的编码   B. 组织结构编码

C. 项目组织结构图   D. 工作流程图

E. 项目结构图

【答案】A、E

专项突破 4　常用的组织结构模式

例题：具有两个工作指令源，指令分别来自纵向和横向两个工作部门的是（　　　）。

【2021 年第一批真题题干】

A. 职能组织结构   B. 线性组织结构

C. 矩阵组织结构   D. 直线职能组织结构

【答案】C

重点难点专项突破

1. 本考点还可以考核的题目有：

（1）某建设工程项目设立了采购部、生产部、后勤保障部等部门，但在管理中采购部和生产部均可在职能范围内直接对后勤保障部下达工作指令，则该组织结构模式为（A）。【2019 年、2020 年考过】

（2）每一个工作部门可根据它的管理职能对其直接和非直接的下属工作部门下达工作指令，则该组织结构模式为（A）。

（3）每一个工作部门可能得到其直接和非直接的上级工作部门下达的工作指令，有多个矛盾的指令源，则该组织结构模式为（A）。【2010 年考过】

（4）每一个工作部门只能对其直接的下属部门下达工作指令，每一个工作部门也只有一个直接的上级部门，则该组织结构模式为（B）。【2010 年考过】

（5）每一个工作部门只有唯一一个指令源，可以避免相互矛盾的指令影响系统运行，则该组织结构模式为（B）。【2014 年考过】

（6）指令来自于纵向和横向两个工作部门，指令源为两个，则该组织结构模式为（C）。【2010 年考过】

（7）某施工企业组织结构如下图所示，该施工企业采用的组织形式是（A）。

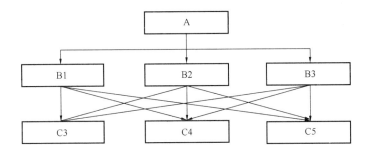

（8）某施工企业组织结构如下图所示，该施工企业采用的组织形式是（B）。

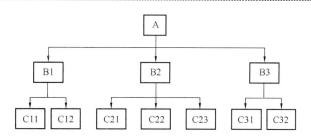

（9）某施工企业组织结构如下图所示，该施工企业采用的组织形式是（C）。

【2012 年 10 月真题题干】

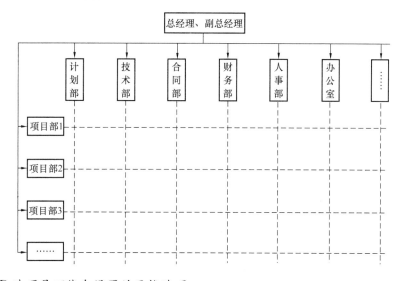

2. D 选项是可能会设置的干扰选项。

3. 对本考点还应掌握另外一个非常重要的题型，就是根据图示判断特点表述是否正确。举例如下：

（1）施工项目部采用线性组织结构模式如下图所示，图中 A、B、C 表示不同级别的工作部门，关于下达工作指令的说法，正确的有(　　)。**【2021 年第二批真题】**

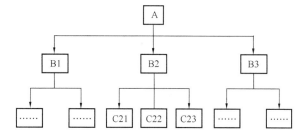

A. 部门 B2 可以对部门 C21 下达指令 B. 部门 A 可以对部门 C21 下达指令

C. 部门 A 可以对部门 B3 下达指令 D. 部门 B3 可以对部门 C23 下达指令

E. 部门 B2 可以对部门 C23 下达指令

【答案】 A、C、E

【解析】部门 A 对部门 C21 下达指令，属于越级下达指令，所以选项 B 错误。部门 B3 对部门 C23 没有指令关系，不能下达指令，所以选项 D 错误。

（2）某施工企业组织结构如下图所示，关于该组织结构模式特点的说法，正确的是（　　）。**【2016 年真题】**

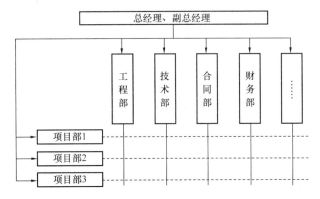

A. 当纵向和横向工作部门的指令发生矛盾时，以横向部门指令为主

B. 当纵向和横向工作部门的指令发生矛盾时，由总经理进行决策

C. 每一项纵向和横向交汇的工作只有一个指令源

D. 当纵向和横向工作部门的指令发生矛盾时，以纵向部门指令为主

【答案】D

> 注意：在矩阵组织结构模式中，纵向工作部门可以是计划管理、技术管理、合同管理、财务管理和人事管理部门等，而横向工作部门可以是项目部。当纵向和横向工作部门的指令发生矛盾时，由该组织系统的最高指挥者（部门）进行协调或决策，也可以采用以纵向工作部门指令为主或以横向工作部门指令为主的矩阵组织结构模式。

（3）某施工单位采用如下图所示的组织结构模式，则关于该组织结构的说法，正确的有（　　）。**【2015 年真题】**

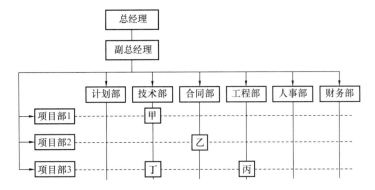

A. 技术部可以对甲、乙、丙、丁直接下达指令

B. 工程部不可以对甲、乙、丙、丁直接下达指令

C. 甲工作涉及的指令源有2个，即项目部1和技术部

D. 该组织结构属于矩阵式

E. 当乙工作来自项目部2和合同部的指令矛盾时，必须以合同部的指令为主

【答案】C、D

（4）某建设项目业主采用如下图所示的组织结构模式。关于业主和各参与方之间组织关系的说法，正确的有(   )。【2013年真题】

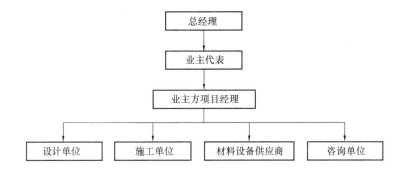

A. 业主代表必须通过业主方项目经理下达指令

B. 总经理可直接向业主方项目经理下达指令

C. 施工单位不可直接接受总经理指令

D. 设计单位可直接接受业主方项目经理的指令

E. 咨询单位的唯一指令来源是业主方项目经理

【答案】A、C、D、E

4. 关于矩阵组织结构模式还会考核横向工作部门和纵向工作部门，在2022年是这样考核的：

施工企业采用矩阵式组织结构，若纵向工作部门是工程计划、人事管理、设备管理等部门，则横向工作部门可以是（   ）。【2022年真题】

A. 技术管理部门　　　　　　　　B. 施工项目部

C. 合同管理部门　　　　　　　　D. 财务管理部

【答案】B

5. 本考点在历年考试中的考核频次很高。上述例题中考生都应记牢，为了方便记忆，将组织结构模式的特点总结如下：

项目		内　容
职能组织结构	指令源	多个
	指令传达	每一个职能部门可根据它的管理职能对其直接和非直接的下属工作部门下达工作指令
	特点	多个矛盾的指令源会影响企业管理机制的运行
线性组织结构	指令源	唯一一个
	指令传达	每一个工作部门只能对其直接的下属部门下达工作指令，不能跨级
	特点	避免了由于矛盾的指令而影响组织系统的运行
矩阵组织结构	指令源	2个，来自于纵向和横向两个工作部门
	特点	较新型的组织结构模式

专项突破 5　工作任务分工在项目管理中的应用

步骤	明确的内容	特　点
对管理任务进行详细分解→明确项目经理和管理任务主管工作部门或主管人员的工作任务→编制工作任务分工表【2009 年、2011 年、2021 年第一批、2022 年考过】	明确各项工作任务由哪个工作部门（或个人）负责，由哪些工作部门（或个人）配合或参与【2014 年、2021 年第一批考过】	（1）业主方和项目各参与方都应编制项目管理任务分工表。【2010 年、2014 年、2021 年第一批考过】 （2）是一个项目的组织设计文件的一部分。【2010 年、2014 年、2015 年考过】 （3）在项目的进展过程中，应视必要性对工作任务分工表进行调整。【2021 年第一批、2022 年考过】 （4）随着工程的进展，任务分工表还将不断深化和细化。【2010 年、2012 年 6 月考过】 （5）明确主办，协办和配合部门。【2022 年考过】 （6）每一个任务，都有至少一个主办工作部门。【2014 年考过】 （7）运营部和物业开发部参与整个项目实施过程【2014 年考过】

重点难点专项突破

1. 本考点考核表述性题目较多，每一句话都可能作为采分点。

2. 编制项目管理任务分工表的步骤考核题型有两种：

（1）排序题目，给出三项工作，判断正确的顺序。【2011 年考过】

（2）判断编制项目管理任务分工表前的首要工作或者是某项工作的紧前/紧后。

3. 工作任务分工表的特点要牢记。一般会作为判断正确与错误说法的题目考核，以下是可能会出现的干扰选项：

（1）一个工程项目只能编制一张工作任务分工表。

（2）每一个任务只能有一个主办部门。

（3）工作任务分工表中的具体任务不能改变。

（4）运营部和物业开发部应在项目竣工后介入工作。

4. 本考点可能会这样命题：

（1）编制项目管理任务分工表时，首先进行管理任务的分解，然后（　　　）。

A. 确定项目管理的各项工作流程

B. 分析项目管理合同结构模式

C. 明确项目经理和各主管工作部门或主管人员的工作任务

D. 分析组织管理方面存在的问题

【答案】C

（2）施工单位的项目管理任务分工表可用于确定（　　　）的任务分工。

A. 项目各参与方　　　　　　　　　B. 项目经理

C. 企业内部各部门　　　　　　　　D. 企业内部各工作人员

E. 项目各职能主管工作部门

【答案】B、E

专项突破 6　管理职能分工在项目管理中的应用

例题： 某施工项目技术负责人从项目技术部提出的两个土方开挖方案中选定了拟实施的方案，并要求技术部对该方案进行深化。该项目技术负责人在施工管理中履行的管理职能是（　　）。【2017 年真题题干】

A. 提出问题　　　　　　　　　　B. 筹划

C. 决策　　　　　　　　　　　　D. 执行

E. 检查

【答案】C

重点难点专项突破

1. 本考点还可以考核的题目有：

（1）建设工程施工管理是多个环节组成的过程，第一个环节的工作是（A）。

（2）为了加快施工进度，将一班工作制改为两班工作制，增加夜班作业，属于管理职能中的（B）环节。

（3）某施工项目经理部采用增加施工设备或改变施工方法来加快进度，属于管理职能中的（B）环节。

（4）某施工项目经理部为了赶工，制订了增加人力投入和夜间施工两个赶工方案并提交给项目经理。项目经理最终选择增加人力投入的赶工方案，则该项目经理的行为属于管理职能的（C）环节。【2012 年 10 月真题题干】

（5）为了加快施工进度，施工协调部门根据项目经理的要求，落实有关夜间施工条件、组织夜间施工的工作，属于管理职能中的（D）环节。

> 注意：
>
> 这部分内容还会进行逆向命题，比如 2017 年这道考试题目：
>
> 项目技术组针对施工进度滞后的情况，提出了增加夜班作业、改变施工方法两种加快进度的方案，项目经理通过比较，确定采用增加夜班作业以加快速度，物资组落实了夜间施工照明等条件，安全组对夜间施工安全条件进行了复查，上述管理工作体现在管理职能中"筹划"环节的有（　　）。【2017 年真题】
>
> A. 提出两种可能加快进度的方案
>
> B. 确定采用夜间施工加快进度的方案
>
> C. 复查夜间施工安全条件
>
> D. 落实夜间施工照明条件
>
> E. 两者方案的比较分析
>
> 【答案】A、E

（6）建设工程施工管理是多个环节组成的过程，这些组成环节包括（A、B、C、D、E）。

2. 本考点还有一个重要的采分点，就是管理职能分工表，需要掌握以下几点内容：

（1）业主方和项目各参与方都应该编制各自的项目管理职能分工表。【2011 年考过】

（2）管理职能分工表反映各工作部门（各工作岗位）对各项工作任务的项目管理职能分工。【2010 年、2011 年考过】

（3）管理职能分工表可用于项目管理，也可用于企业管理。【2011 年考过】

（4）如果使用管理职能分工表还不足以明确每个工作部门（工作岗位）的管理职能，则可辅以使用管理职能分工描述书。【2011 年、2016 年考过】

（5）不同的管理职能可由不同的职能部门承担。【2011 年考过】

（6）可以用管理职能分工表来区分业主方和代表业主利益的项目管理方和工程监理方等的管理职能。

这部分内容一般会考核判断正确的题目，还会结合工作任务分工一起考核，比如：

关于工作任务分工和管理职能分工的说法，正确的有(　　　)。

A. 可以用管理职能分工描述书代替管理职能分工表

B. 在一个项目实施的全过程中，应视具体情况对工作任务分工进行调整

C. 管理职能分工表既可用于项目管理，也可用于企业管理

D. 编制任务分工表前应对项目实施各阶段的具体管理工作进行详细分解

E. 项目各参与方应编制统一的工作任务分工表和管理职能分工表

【答案】B、C、D

2Z101030　施工组织设计的内容和编制方法

专项突破 1　施工组织设计的基本内容

例题：编制施工组织设计时，施工顺序的安排属于工程项目施工组织设计基本内容中的(　　　)。【2017 年、2021 年第一批考过】

A. 工程概况　　　　　　　　　　B. 施工部署及施工方案

C. 施工进度计划　　　　　　　　D. 施工平面图

E. 主要技术经济指标

【答案】B

重点难点专项突破

1. 本考点还可以考核的题目有：

（1）施工组织设计的内容要结合工程对象的实际特点、施工条件和技术水平进行综合考虑，基本内容一般包括（A、B、C、D、E）。

（2）下列施工组织设计内容中，对拟建工程可能采用的几个施工方案进行定性、定量的分析，通过技术经济评价，选择最佳方案属于（B）中的工作内容。【2017 年考过】

（3）下列施工组织设计的基本内容中，可以反映现场文明施工组织的是（D）。**【2014年真题题干】**

（4）下列施工组织设计的基本内容中，能反映临时工程设施合理布置的是（D）。

2. 以上题目还可能逆向来命题，2017年考核了一道多项选择题。是这样的：

下列施工组织设计的内容中，属于施工部署与施工方案内容的有（　　）。**【2017年真题】**

A. 安排施工顺序　　　　　　　　B. 比选施工方案

C. 计算主要技术经济指标　　　　D. 编制施工准备计划

E. 编制资源需求计划

【答案】A、B

3. 还需要记住一句话：施工进度计划反映了最佳施工方案在时间上的安排。施工平面图是施工方案及施工进度计划在空间上的全面安排。

专项突破2　施工组织设计的分类

扫一扫查看
本题视频解析

例题： 某住宅小区建设中，承包商针对其中一幢住宅楼施工所编制的施工组织设计，属于（　　）。**【2013年真题题干】**

A. 施工组织总设计　　　　　　　B. 单项工程施工组织设计

C. 单位工程施工组织设计　　　　D. 分部工程施工组织设计

【答案】C

重点难点专项突破

1. 本考点还可以考核的题目有：

（1）对整个建设工程项目的施工进行战略部署，并且是指导全局性施工的技术和经济纲要的文件是（A）。**【2009年真题题干】**

（2）以整个建设工程项目为对象而编制的施工组织设计属于（A）。

（3）以单位工程为对象编制的施工组织设计属于（C）。

（4）针对建设工程项目中的深基础工程编制的施工组织设计属于（D）。**【2019年真题题干】**

（5）针对建设工程项目中的无粘结预应力混凝土工程编制的施工组织设计属于（D）。

（6）针对建设工程项目中的特大构件的吊装工程编制的施工组织设计属于（D）。

（7）针对建设工程项目中的大量土石方工程编制的施工组织设计属于（D）。

（8）针对建设工程项目中的定向爆破工程编制的施工组织设计属于（D）。

（9）根据《建筑施工组织设计规范》GB/T 50502—2009，根据编制广度、深度和作用的不同，施工组织设计可分为（A、C、D）。**【2020年、2021年第二批考过】**

2. B选项是可能会出现的干扰选项。

3. 上述题目中的（4）～（8）还可能逆向来命题，比如：下列工程中，需要编制分部分项工程施工组织设计的有（   ）。【2021年第一批真题题干】

注意不是所有的分部分项工程都需要编制相对应施工组织设计，而是要"大量"的土石方、"特大"的构件吊装。

专项突破 3　施工组织设计的内容

例题：分部（分项）工程施工组织设计的主要内容有（   ）。【2011年真题题干】

A. 建设项目的工程概况
B. 施工部署及其核心工程的施工方案
C. 全场性施工准备工作计划
D. 施工总进度计划
E. 各项资源需求量计划【2010年、2011年、2016年考过】
F. 全场性施工总平面图设计
G. 主要技术经济指标【2016年考过】
H. 工程概况及施工特点分析【2010年考过】
I. 施工方案的选择【2010年、2011年考过】
J. 单位工程施工准备工作计划
K. 单位工程施工进度计划
L. 单位工程施工总平面图设计【2010年考过】
M. 技术组织措施、质量保证措施和安全施工措施【2011年考过】
N. 施工方法和施工机械的选择【2011年考过】
O. 分部（分项）工程的施工准备工作计划
P. 分部（分项）工程的施工进度计划
Q. 作业区施工平面布置图设计
【答案】E、H、M、N、O、P、Q

重点难点专项突破

1. 本考点还可以考核的题目有：
（1）施工组织总设计的主要内容有（A、B、C、D、E、F、G）。
（2）单位工程施工组织设计的主要内容有（E、G、H、I、J、K、L、M）。
【2010年真题题干】

2. 掌握施工组织总设计、单位工程施工组织设计及分部（分项）工程施工组织设计都具备的内容。【2016年考过】

3. 注意区分施工组织总设计及单位工程施工组织设计中主要技术经济指标的内容。2022年考核了单位工程施工组织设计中主要技术经济指标的内容。

4. 关于施工组织总设计、单位工程施工组织设计、分部（分项）工程施工组织设计的主要内容可以按照下列关键词记忆：

施工组织总设计	单位工程施工组织设计	分部（分项）工程施工组织设计
关键词：部署、总、全场性	关键词：单位工程、措施	关键词：方法、措施、作业区

专项突破 4　施工组织设计的编制原则及编制依据

例题： 建设工程施工组织总设计的编制依据有（　　　）。【2018 年真题题干】

A. 计划文件

B. 设计文件

C. 合同文件

D. 建设地区基础资料

E. 类似建设工程项目的资料和经验

F. 建设单位的意图和要求

G. 工程的施工图纸及标准图

H. 施工组织总设计对本单位工程的工期、质量和成本的控制要求

I. 资源配置情况

J. 建筑环境

K. 场地条件及地质

L. 气象资料

M. 有关技术新成果

N. 有关的标准、规范和法律

【答案】 A、B、C、D、E、N

重点难点专项突破

1. 本考点还可以考核的题目有：

单位工程施工组织设计的编制依据有（E、F、G、H、I、J、K、L、M、N）。

2. 本考点中另一个采分点是施工组织设计的编制原则，2015 年考核过一道多项选择题。在编制施工组织设计时，宜考虑以下原则：

（1）重视工程的组织对施工的作用；

（2）提高施工的工业化程度；

（3）重视管理创新和技术创新；

（4）重视工程施工的目标控制；

（5）积极采用国内外先进的施工技术；

（6）充分利用时间和空间，合理安排施工顺序，提高施工的连续性和均衡性；

（7）合理部署施工现场，实现文明施工。

专项突破 5 施工组织总设计的编制程序

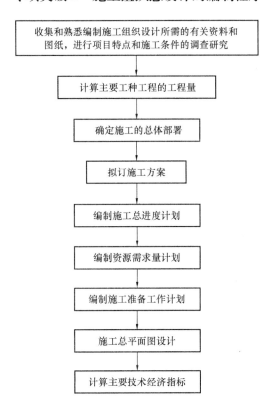

收集和熟悉编制施工组织设计所需的有关资料和
图纸,进行项目特点和施工条件的调查研究

↓

计算主要工种工程的工程量

↓

确定施工的总体部署

↓

拟订施工方案

↓

编制施工总进度计划

↓

编制资源需求量计划

↓

编制施工准备工作计划

↓

施工总平面图设计

↓

计算主要技术经济指标

重点难点专项突破

1. 本考点内容虽少,但经常会考核到,主要有四种类型的题目:

(1) 排序题目。例如:

编制施工组织总设计涉及下列工作:①收集和熟悉资料,进行调查研究;②编制施工准备工作计划;③拟订施工方案;④施工总平面图设计;⑤计算主要工种的工程量;⑥编制施工总进度计划;⑦编制资源需求量计划;⑧计算主要技术经济指标;⑨确定施工的总体部署。正确的编制程序是( )。【2012 年 6 月、2015 年考过】

A.①③⑤⑨⑦⑥②④⑧   B.①⑤⑨③⑥⑦②④⑧

C.⑨①⑤③④⑥⑦②⑧   D.⑨③⑥④①⑤⑦②⑧

【答案】B

(2) 给出某一项或几项工作,判断某工作的紧后工作是哪项工作【2010 年、2018 年考过】。例如:

某施工企业在编制施工组织总设计时,在确定施工的总体部署后,则接下来应该进行的工作有( )。

A. 编制施工准备工作计划   B. 编制施工总进度计划

C. 编制资源需求量计划   D. 施工总平面图设计

E. 计算主要工种工程的工程量

【答案】A、B、C、D

（3）给出某一项或几项工作，判断在工作进行之前需要完成哪些工作【2011年、2012年10月、2022年考过】。例如：

编制施工组织总设计时，编制资源需求量计划前必须完成的工作是（　　）。

【2022年真题】

A. 编制施工总进度计划   B. 绘制施工总平面图

C. 编制施工准备工作计划   D. 计算技术经济指标

【答案】A

（4）判断正确与错误说法的题目【2009年考过】。例如：

下列有关施工组织设计的表述，正确的有（　　）。

A. 施工平面图是施工方案及施工进度计划在空间上的全面安排

B. 单位工程施工组织设计是指导分部分项工程施工的依据

C. 只有在编制施工总进度计划后才可编制资源需求量计划

D. 对于简单工程，可以只编制施工方案及施工进度计划和施工平面图

E. 只有在编制施工总进度计划后才可制订施工方案

【答案】A、C、D

2. 注意，编制程序中，下列顺序是不可逆的：

（1）拟订施工方案后才可编制施工总进度计划。【2019年、2021年第二批考过】

（2）编制施工总进度计划后才可编制资源需求量计划。【2019年、2020年考过】

2Z101040　建设工程项目目标的动态控制

专项突破1　项目目标动态控制原理

例题：根据动态控制原理，项目目标动态控制的第一步工作是（　　）。

A. 分解项目目标   B. 收集项目目标实际值

C. 进行目标的计划值与实际值比较   D. 找出偏差，采取纠偏措施进行纠偏

E. 调整项目目标

【答案】A

重点难点专项突破

1. 本考点还可以考核的题目有：

（1）下列建设工程项目目标动态控制的工作中，属于准备工作的是（A）。【2018年真题题干】

（2）下列建设工程项目目标动态控制的工作中，属于对项目目标进行动态跟踪和控制的工作有（B、C、D、E）。

（3）在项目实施过程中对项目目标进行动态跟踪和控制，首先应进行的工作是（B）。【2011年考过】

（4）在项目实施过程中对项目目标进行动态跟踪控制，对目标调整后的控制过程应该是（B）。

（5）根据动态控制原理，施工项目目标动态控制程序中的工作包括（A、B、C、D、E）。【2014年考过】

2. 上述题目（5）中还可能以下列两种形式命题：

（1）下列项目目标动态控制的流程中，对项目目标进行动态跟踪和控制程序正确的是（　　）。

A. 收集项目目标的实际值→实际值与计划值比较→找出偏差→采取纠偏措施

B. 收集项目目标的实际值→实际值与计划值比较→找出偏差→进行目标调整

C. 收集项目目标的实际值→实际值与计划值比较→采取控制措施→进行目标调整

D. 实际值与计划值比较→找出偏差→采取控制措施→收集项目目标的实际值

【答案】A

（2）项目目标动态控制工作包括：①确定目标控制的计划值；②分解项目目标；③收集项目目标的实际值；④定期比较计划值和实际值；⑤纠正偏差。正确的工作流程是（　　）。

A. ①→③→②→⑤→④　　　　　　　B. ②→①→③→④→⑤

C. ③→②→①→④→⑤　　　　　　　D. ①→②→③→④→⑤

【答案】B

3. 最后再来看另外一种判断正误的题型，2013年考过这类型题目：

关于项目目标动态控制的说法，错误的是（　　）。【2013年真题】

A. 动态控制首先应将目标分解，制订目标控制的计划值

B. 当目标的计划值和实际值发生偏差时应进行纠偏

C. 在项目实施过程中对项目目标进行动态跟踪和控制

D. 目标的计划值在任何情况下都应保持不变

【答案】D

专项突破2　项目目标动态控制的纠偏措施

例题：下列项目目标动态控制的纠偏措施中，属于组织措施的有（　　）。【2015年考过】

A. 调整项目组织结构　　　　　　　B. 调整任务分工

C. 调整管理职能分工　　　　　　　D. 调整工作流程组织

E. 调整项目管理班子人员　　　　　F. 调整进度管理的方法和手段

G. 改变施工管理　　　　　　　　　H. 强化合同管理

I. 落实加快施工进度所需的资金　　J. 调整设计

K. 改进施工方法　　　　　　　　　L. 改变施工机具

【答案】A、B、C、D、E

重点难点专项突破

1. 本考点还可以考核的题目有:

(1) 下列项目目标动态控制的纠偏措施中,属于管理措施的有 (F、G、H)。
【2012 年 6 月考过】

(2) 下列项目目标动态控制的纠偏措施中,属于经济措施的有 (I)。

(3) 下列项目目标动态控制的纠偏措施中,属于技术措施的有 (J、K、L)。
【2015 年、2017 年、2019 年考过】

2. 本考点除了上述题型外,还会这样命题:

(1) 某项目因资金缺乏导致总体进度延误,项目经理部采取尽快落实资金解决此问题,该措施属于项目目标控制的 (经济措施)。【2021 年第一批真题题干】

(2) 某工程施工检查发现外墙面砖质量不合格,经调查发现是供应商的供货质量问题,项目部决定更换供应商。该措施属于项目目标控制的 (组织措施)。

(3) 某工程项目施工中,针对实际施工进度滞后的状况,施工单位改进了施工工艺,该做法表明施工单位采取了 (技术措施) 进行项目目标动态控制。【2022 年考过】

(4) 项目部针对施工进度滞后问题,提出了落实管理人员责任、优化工作流程、改进施工方法、强化奖惩机制等措施,其中属于技术措施的是 (改进施工方法)。
【2017 年真题题干】

3. 对于本考点可以这样记忆:

组织措施——关键词:组织、分工、流程、人。

管理措施——关键词:手段、改变 (包括合同管理)。

经济措施——关键词:资金、资源。

技术措施——关键词:技术、方法、机具。

专项突破 3   项目目标的事前控制与过程控制

例题: 下列项目目标控制工作中,属于事前控制内容的有(   )。

A. 在项目实施的过程中定期地进行项目目标的计划值和实际值的比较

B. 项目目标偏离时采取纠偏措施

C. 分析可能导致项目目标偏离的各种影响因素【2010 年、2013 年、2019 年、2020 年考过】

D. 针对影响目标偏离的因素采取预防措施【2013 年、2019 年考过】

【答案】C、D

重点难点专项突破

1. 本考点还可以考核的题目有:

(1) 下列项目目标控制工作中,属于动态控制内容的有 (A、B)。【2021 年第二批考过】

（2）建设工程项目目标动态控制的核心是（A、B）。【2021年第一批考过】

2. 本考点在考核时还可能会逆向命题，比如：

在项目管理中，定期进行项目目标的计划值和实际值的比较，属于项目目标控制中的（　　）。【2021年第二批考过】

A. 事前控制　　　　　　　　　　B. 动态控制

C. 事后控制　　　　　　　　　　D. 专项控制

【答案】B

3. 事前控制即主动控制，过程控制即动态控制。

专项突破4　动态控制方法在施工管理中的应用

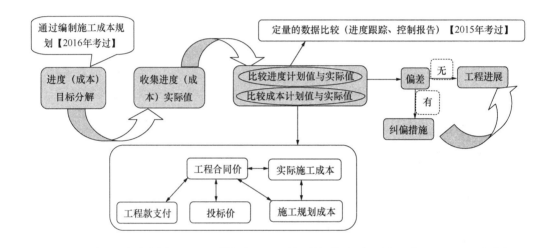

1. 掌握了项目目标动态控制原理，运用动态控制原理控制施工进度、施工成本、施工质量也就掌握了。

2. 对于大型建设工程项目，应按下列程序进行逐层分解：

编制施工总进度规划→编制施工总进度计划→编制项目各子系统施工进度计划→编制各子项目施工进度计划。【2018年考过】

3. 关于成本计划值与实际值的比较需要注意：相对于工程合同价而言，施工成本规划的成本值是实际值【2012年6月、2021年第二批、2022年考过】；而相对于实际施工成本，则施工成本规划的成本值是计划值等【2009年、2017年考过】。成本的计划值和实际值的比较应是定量的数据比较【2012年6月考过】，比较的成果是成本跟踪和控制报告，如编制成本控制的月、季、半年和年度报告等【2012年6月考过】。

可以这样理解：任意两项对比，排在前面的可作为计划值，后面作为实际值。

4. 运用动态控制原理控制施工质量时，质量目标包括各分部分项工程的施工质量，材料、半成品、成品和有关设备等的质量。【2010年、2011年、2016年考过】

5. 本考点可能会这样命题：

(1) 运用动态控制原理进行施工成本控制，首先进行的工作是(   )。

A. 分析并确定影响投资控制的因素

B. 分析投资构成，确定投资控制的重点

C. 收集经验数据，为投资控制提供参考值

D. 进行投资目标分解，确定投资控制的计划值

【答案】D

(2) 运用动态控制原理控制施工质量时，质量目标包括(   )。

A. 建筑材料和有关设备的质量　　　　B. 设计文件的质量

C. 施工环境的质量　　　　　　　　　D. 建设单位的决策质量

E. 各分部分项工程的施工质量

【答案】A、E

2Z101050　施工项目经理的任务和责任

专项突破1　项目经理的概念、执业及合同示范文本的规定

项目	内　容
概念	建筑施工企业项目经理（以下简称项目经理），是指受企业法定代表人委托对工程项目施工过程全面负责的项目管理者，是建筑施工企业法定代表人在工程项目上的代表人【2016年考过】
一般规定	项目经理应为合同当事人所确认的人选，并在专用合同条款中明确项目经理的姓名、职称、注册执业证书编号、联系方式及授权范围等事项，项目经理经承包人授权后代表承包人负责履行合同。项目经理应是承包人正式聘用的员工，承包人应向发包人提交项目经理与承包人之间的劳动合同，以及承包人为项目经理缴纳社会保险的有效证明【2015年、2016年、2021年第一批考过】
任职	过渡期内，凡持有项目经理资质证书或者建造师注册证书的人员，经其所在企业聘用后均可担任工程项目施工的项目经理。 过渡期满后，大、中型工程项目施工的项目经理必须由取得建造师注册证书的人员担任。取得建造师注册证书的人员是否担任工程项目施工的项目经理，由企业自主决定。【2014年、2016年、2020年、2021年第二批考过】 在全面实施建造师执业资格制度后仍然要坚持落实项目经理岗位责任制。【2021年第二批考过】 项目经理不得同时担任其他项目的项目经理
驻场	项目经理应常驻施工现场，且每月在施工现场时间不得少于专用合同条款约定的天数。【2021年第一批考过】 项目经理确需离开施工现场时，应事先通知监理人，并取得发包人的书面同意【2015年考过】
紧急情况处理	在紧急情况下为确保施工安全和人员安全，在无法与发包人代表和总监理工程师及时取得联系时，项目经理有权采取必要的措施保证与工程有关的人身、财产和工程的安全，但应在48h内向发包人代表和总监理工程师提交书面报告【2016年、2018年、2019年、2020年、2022年考过】

项目	内　　容
授权	项目经理因特殊情况授权其下属人员履行其某项工作职责的，该下属人员应具备履行相应职责的能力，并应提前7d将上述人员的姓名和授权范围书面通知监理人，并征得发包人书面同意【2015年、2020年、2022年考过】
更换	承包人需要更换项目经理的，应提前14d书面通知发包人和监理人，并征得发包人书面同意。【2020年考过】 承包人应在接到更换通知后14d内向发包人提出书面的改进报告。【2016年、2018年、2022年考过】 发包人有权书面通知承包人更换其认为不称职的项目经理，通知中应当载明要求更换的理由【2022年考过】 发包人收到改进报告后仍要求更换的，承包人应在接到第二次更换通知的28d内进行更换。【2018年、2020年、2021年第一批、2022年考过】 承包人无正当理由拒绝更换项目经理的，应按照专用合同条款的约定承担违约责任【2018年考过】

重点难点专项突破

1. 注意几个时间"48h""7d""14d""28d"，可能会以单项选择题的形式进行考核。

2. 本考点有这么两个概念要分清楚："建造师"与"项目经理"。

（1）建造师是一种专业人士的名称。项目经理是一个工作岗位的名称。项目经理不是一个纯技术岗位，是一个具有综合知识和能力的管理岗位。【2016年、2020年、2021年第一批考过】

（2）项目经理是受企业法人委托对工程项目施工过程全面负责的项目管理者，是建筑施工企业法定代表人在工程项目上的代表人。【2016年、2017年考过】

3. 本考点可能会这样命题：

（1）根据《建设工程施工合同（示范文本）》GF—2017—0201，承包人应在首次收到发包人要求更换项目经理的书面通知后（　　）d内向发包人提出书面改进报告。

A. 28

B. 21

C. 14

D. 7

扫一扫查看
本题视频解析

【答案】C

（2）关于施工项目经理任职条件的说法，正确的有（　　）。

A. 通过建造师执业资格考试的人员只能担任项目经理

B. 项目经理必须由承包人正式聘用的建造师担任

C. 项目经理每月在施工现场的时间可自行决定

D. 项目经理不得同时担任其他项目的项目经理

E. 项目经理可以由取得项目管理师资格证书的人员担任

【答案】B、D

（3）根据《建设工程施工合同（示范文本）》GF—2017—0201，施工单位任命项目经理需要向建设单位提供（　　）证明。

A. 劳动合同　　　　　　　　　　B. 缴纳的社会保险

C. 项目经理持有的注册执业证书　　D. 职称证书

E. 授权范围

【答案】A、B

专项突破2　施工项目经理的任务

项目经理的
管理权力
{
组织项目管理班子【2014年、2018年考过】
以法定代表人身份处理外部关系，签署有关合同【2013年考过】
指挥生产经营活动【2011年、2014年、2018年考过】
调配并管理生产要素【2011年考过】
选择施工作业队伍【2014年、2018年考过】
合理经济分配
}

重点难点专项突破

1. 重点掌握项目经理的管理权力，注意与项目经理在承担工程项目施工管理过程中的职责区分。

2. 项目经理的任务包括行政管理和项目管理两方面【2016年考过】，在项目管理方面的主要任务是"三控三管一组织协调"。

3. 关于项目经理的管理权力可能会这样命题：

下列各项管理权力中，属于施工项目经理管理权力的是（　　）。

A. 自行决定是否分包及选择分包企业

B. 编制和确定需政府监管的招标方案，评选和确定投标单位、中标单位

C. 指挥建设工程项目建设的生产经营活动，调配并管理进入工程项目的生产要素

D. 代表企业法人参加民事活动，行使企业法人的一切权力

【答案】C

专项突破3　项目管理目标责任书

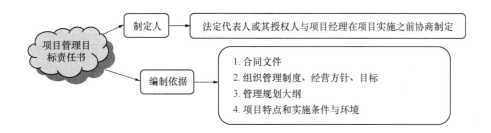

1. 项目管理目标责任书的制定时间、由谁制定要重点掌握，在 2011 年、2013 年、2017 年、2018 年、2021 年第一批的考试中均有考核。

2. 项目管理目标责任书的编制依据是一个多项选择题采分点，在 2010 年、2019 年、2020 年均有考核。

3. 项目管理责任书的内容共 13 条，有精力的考生可以看看，可能会考核一道多项选择题。

4. 下面做两个题目来巩固知识点：

（1）根据《建设工程项目管理规范》GB/T 50326—2017，项目管理目标责任书应在项目实施之前，由（   ）制定。

A. 项目技术负责人

B. 法定代表人

C. 项目经理与项目承包人协商

D. 法定代表人与项目经理协商

【答案】D

（2）根据《建设工程项目管理规范》GB/T 50326—2017，制定项目管理目标责任书的主要依据有（   ）。

A. 项目管理实施规划

B. 项目合同文件

C. 组织的管理制度

D. 组织的经营方针和目标

E. 项目管理规划大纲

【答案】B、C、D、E

专项突破 4　施工项目经理的责任

例题：根据《建设工程项目管理规范》GB/T 50326—2017，项目经理应具有的权限包括（   ）。**【2009 年、2011 年、2015 年、2016 年、2017 年、2022 年考过】**

A. 参与项目招标、投标和合同签订

B. 参与组建项目管理机构

C. 参与组织对项目各阶段的重大决策

D. 主持项目管理机构工作

E. 决定授权范围内的项目资源使用

F. 在组织制度的框架下制定项目管理机构管理制度

G. 参与选择并直接管理具有相应资质的分包人

H. 参与选择大宗资源的供应单位

I. 在授权范围内与项目相关方进行直接沟通

J. 组织或参与编制项目管理规划大纲、项目管理实施规划

K. 对项目目标进行系统管理

L. 主持制定并落实质量、安全技术措施和专项方案，负责相关的组织协调工作

M. 对各类资源进行质量管控和动态管理

N. 对进场的机械、设备、工器具的安全、质量使用进行监控

O. 建立各类专业管理制度并组织实施

P. 制定有效的安全、文明和环境保护措施并组织实施

Q. 组织或参与评价项目管理绩效

R. 进行授权范围内的任务分解和利益分配

S. 完善工程资料，规范工程档案文件，参与工程竣工验收

T. 接受审计，处理项目管理机构解体的善后工作

U. 协助和配合组织进行项目检查、鉴定和评奖申报

【答案】A、B、C、D、E、F、G、H、I

重点难点专项突破

1. 本考点还可以考核的题目有：

根据《建设工程项目管理规范》GB/T 50326—2017，施工项目经理应履行的职责有（J、K、L、M、N、O、P、Q、R、S、T、U）。**【2012 年 10 月、2014 年、2016 年、2017 年、2021 年第二批考过】**

2. 职责与权限在命题时会相互作为干扰选项，注意几个"参与"，在设置错误选项时，会在这上面"做文章"。可以这样记忆：企业与企业的事，项目经理是参与。

3. 另外，还要掌握以下采分点：

(1) 项目经理由于主观原因，或由于工作失误有可能承担法律责任和经济责任。政府主管部门将追究的主要是其法律责任，企业将追究的主要是其经济责任。**【2012 年 6 月考过】**

(2) 项目经理应承担施工安全和质量的责任。**【2022 年考过】**

(3) 工程项目施工应建立以项目经理为首的生产经营管理系统，实行项目经理负责制。项目经理在工程项目施工中处于中心地位，对工程项目施工负有全面管理的责任。**【2014 年考过】**

2Z101060　施工风险管理

专项突破 1　风险和风险量的内涵

项目	内　　容
风险	风险是指不利事件或事故发生的概率（频率）及其损失的组合【2012 年 10 月考过】
风险量	风险量指的是不确定的损失程度和损失发生的概率。若某个可能发生的事件其可能的损失程度和发生的概率都很大，则其风险量就很大，比如下图的风险区 A。【2012 年 10 月考过】

项目	内 容
风险量	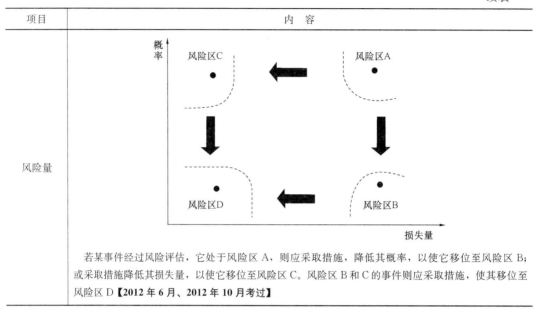 若某事件经过风险评估，它处于风险区 A，则应采取措施，降低其概率，以使它移位至风险区 B；或采取措施降低其损失量，以使它移位至风险区 C。风险区 B 和 C 的事件则应采取措施，使其移位至风险区 D【2012 年 6 月、2012 年 10 月考过】

重点难点专项突破

1. 首先要了解风险与风险量的含义。

2. 根据上面事件风险量的区域图，风险区 A 的风险量最大，风险区 D 的风险量最小。【2009 年考过】

3. 本考点可能会这样命题：

关于风险量、风险等级、风险损失程度和损失发生概率之间关系的说法，正确的是（　　）。

A. 风险量越大，损失程度越大

B. 损失发生的概率越大，风险量越小

C. 风险等级与风险损失程度成反比关系

D. 损失程度和损失发生概率越大，风险量越大

【答案】D

专项突破 2　施工风险的类型

例题：下列有关建设工程施工风险因素，属于经济与管理风险的有（　　）。

A. 承包商管理人员和一般技工的知识、经验和能力【2009 年、2010 年、2011 年考过】

B. 施工机械操作人员的知识、经验和能力

C. 损失控制和安全管理人员的知识、经验和能力【2021 年第二批考过】

D. 工程资金供应条件

E. 合同风险【2011 年、2017 年考过】

F. 现场与公用防火设施的可用性及其数量【2009 年、2018 年考过】

G. 事故防范措施和计划【2010 年考过】

H. 人身安全控制计划

I. 信息安全控制计划

J. 自然灾害

K. 岩土地质条件【2009 年、2010 年、2012 年 6 月考过】

L. 水文地质条件【2010 年考过】

M. 气象条件

N. 引起火灾和爆炸的因素

O. 工程设计文件【2011 年考过】

P. 工程施工方案【2009 年、2011 年、2012 年 10 月考过】

Q. 工程物资

R. 工程机械【2009 年、2011 年考过】

【答案】D、E、F、G、H、I

重点难点专项突破

1. 本考点还可以考核的题目有：

(1) 下列建设工程项目风险中，属于组织风险的有（A、B、C）。

(2) 下列建设工程项目风险中，属于工程环境风险的有（J、K、L、M、N）。

(3) 下列建设工程项目风险中，属于技术风险的有（O、P、Q、R）。

2. 风险的类型可以这样记忆：组织风险是人和能力；经济与管理风险是资金和计划；技术风险是设计、方案、物资与机械。

3. 除上述题型，还有另外一种考核题型，是这样的：

某施工企业与建设单位采用固定总价方式签订了写字楼项目的施工总承包合同，若合同履行过程中材料价格上涨导致成本增加，这属于施工风险中的(   )风险。

A. 经济与管理   B. 组织

C. 技术   D. 工程环境

【答案】A

这种题型，在 2012 年 6 月、2012 年 10 月、2017 年、2018 年、2021 年第二批考试中均有考过。

专项突破 3　施工风险管理的任务和方法

例题：施工风险管理过程包括施工全过程的风险识别、风险评估、风险应对和风险监控。建设工程施工风险管理过程中，风险识别的工作有(   )。【2009 年、2011 年、2013 年考过】

A. 收集与施工风险有关的信息【2009 年、2013 年考过】

B. 确定风险因素【2009 年、2011 年、2012 年 10 月、2013 年考过】

C. 编制施工风险识别报告【2009 年、2013 年考过】

D. 分析各种风险因素发生的概率【2009 年、2011 年、2013 年考过】

E. 分析各种风险的损失量【2009 年、2011 年、2013 年考过】

F. 确定各种风险的风险量和风险等级【2012 年 10 月考过】

G. 针对项目风险采取相应对策

H. 预测可能发生的风险，对其进行监控并提出预警【2011 年考过】

【答案】A、B、C

重点难点专项突破

1. 本考点还可以考核的题目有：

(1) 建设工程施工风险管理过程中，风险评估的工作有（D、E、F）。

(2) 建设工程施工风险管理过程中，风险应对的工作是（G）。

(3) 建设工程施工风险管理过程中，风险监控的工作是（H）。

2. 上述例题的题干部分也是一个很好的采分点，可能会有以下几种命题方式：

(1) 建设工程施工风险管理的工作程序中，风险评估的下一步工作是(　　)。

(2) 施工风险管理过程包括施工全过程的风险识别、风险评估、风险应对和(　　)。

(3) 根据《建设工程项目管理规范》GB/T 50326—2017，项目风险管理正确的程序是(　　)。【2021 年第一批真题题干】

(4) 施工风险管理工作包括：①施工风险应对；②施工风险评估；③施工风险识别；④施工风险类型。其正确的流程是(　　)。【2022 年真题题干】

3. 关于风险应对还应掌握一个采分点——风险对策。

风险对策包括风险规避、减轻、自留、转移及其组合等策略。对难以控制的风险向保险公司投保是风险转移的一种措施。【2010 年、2019 年考过】

2Z101070　建设工程监理的工作任务和工作方法

专项突破 1　建设工程监理的工作性质

例题：工程监理单位工作性质包括（　　）。【2022 年真题题干】

A. 服务性
B. 科学性
C. 独立性
D. 公平性

【答案】A、B、C、D

重点难点专项突破

1. 本考点还可以考核的题目有：

当业主方和承包商发生利益冲突或矛盾时，工程监理机构应以事实为依据，以法律和有关合同为准绳，在维护业主的合法权益时，不损害承包商的合法权益，这体现了建设工程监理的（D）。

2. 监理单位工作性质可以这样记忆：复读功课。

3. 我国推行建设监理制度的目的是：（1）确保工程建设质量；（2）提高工程建设水平；（3）充分发挥投资效益。【2014年考过】

4. 建设工程监理是一种什么服务？可能会作为单项选择题进行考核。

建设工程监理是一种高智能的有偿技术服务。

5. 建设工程监理属于谁的管理范畴？也可能会作为单项选择题进行考核。

我国的建设工程监理属于国际上业主方项目管理的范畴。

6. 本考点也可能会以判断正误的题目考核，比如：

关于工程监理单位工作性质的说法，正确的是（   ）。

A. 工程监理单位接受业主的委托必须保证项目目标的实现

B. 工程监理单位在组织上不能依附于监理工作的对象

C. 工程监理单位从事监理工作的人员均应是注册监理工程师

D. 工程监理单位以独立的第三方身份处理业主和承包商的冲突

【答案】B

专项突破 2　《建设工程质量管理条例》中的有关规定

例题：根据《建设工程质量管理条例》，在工程项目建设监理过程中，未经监理工程师签字，（   ）。【2011年、2012年10月考过】

A. 建筑材料不得在工程上使用

B. 建筑构配件和设备不得在工程上安装

C. 施工单位不得进行下一道工序的施工

D. 建设单位不拨付工程款

E. 建设单位不进行竣工验收

扫一扫查看
本题视频解析

【答案】A、B、C

重点难点专项突破

1. 本考点还可以考核的题目有：

根据《建设工程质量管理条例》，在工程项目建设监理过程中，未经总监理工程师签字，（D、E）。

2. 本考点还应掌握的采分点有：

（1）工程监理单位应当依照法律、法规以及有关技术标准、设计文件和建设工程承包合同，代表建设单位对施工质量实施监理，并对施工质量承担监理责任。

（2）监理工程师应当按照工程监理规范的要求，采取旁站、巡视和平行检验等形式，对建设工程实施监理。【2014年、2021年第一批考过】

专项突破 3　《建设工程安全生产管理条例》中的有关规定

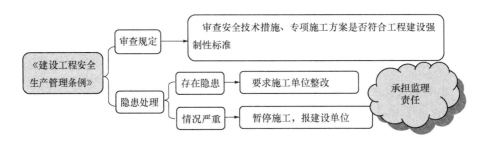

专项突破 4　建设工程项目实施的几个主要阶段建设监理工作的主要任务

例题：建设工程项目施工准备阶段，建设监理工作的主要任务有（　　）。【2009 年考

过】
    A. 审查施工单位选择的分包单位的资质
    B. 监督检查施工单位质量保证体系及安全技术措施，完善质量管理程序与制度
    C. 参与设计单位向施工单位的设计交底
    D. 审查施工组织设计
    E. 在单位工程开工前检查施工单位的复测资料
    F. 对重点工程部位的中线和水平控制进行复查
    G. 审批一般单项工程和单位工程的开工报告
    H. 签署分项、分部工程和单位工程质量评定表
    I. 进行巡视、旁站和平行检验
    J. 审查施工单位报送的工程材料、构配件、设备的质量证明资料
    K. 抽检进场的工程材料、构配件的质量
    L. 审查施工单位提交的采用新材料、新工艺、新技术、新设备的论证材料及相关验
收标准
    M. 检查施工单位的测量、检测仪器设备、度量衡定期检验的证明文件
    N. 监督施工单位对各类土木和混凝土试件按规定进行检查和抽查
    O. 监督施工单位认真处理施工中发生的一般质量事故，并认真做好记录
    P. 审查施工单位提交的施工进度计划
    Q. 编制安全生产事故的监理应急预案
    R. 建立计量支付签证台账，定期与施工单位核对清算
    S. 协调处理施工费用索赔、合同争议等事项
    T. 督促施工单位进行安全自查工作
    【答案】A、B、C、D、E、F、G

重点难点专项突破

1. 本考点还可以考核的题目有：
建设工程项目施工阶段，建设监理工作的主要任务有（H、I、J、K、L、M、
N、O、P、Q、R、S、T）。【2020 年考过】
2. 本考点内容较多，但考核频次并不高，考生应熟悉设计阶段、施工准备阶段、
施工阶段、竣工验收阶段建设监理工作的主要任务。2019 年考核过竣工验收阶段建
设监理工作的主要任务。

专项突破 5   建设监理规划与监理实施细则

例题：根据《建设工程监理规范》GB/T 50319—2013，属于工程建设监理规划内容
的有（   ）。
    A. 工程项目概况   B. 监理工作范围
    C. 监理工作内容   D. 监理工作目标
    E. 监理工作依据   F. 项目监理机构的组织形式

G. 项目监理机构的人员配备计划　　H. 项目监理机构的人员岗位职责

I. 监理工作程序　　　　　　　　　J. 监理工作方法及措施

K. 监理工作制度　　　　　　　　　L. 监理设施

M. 专业工程特点　　　　　　　　　N. 监理工作流程

O. 监理工作要点

【答案】A、B、C、D、E、F、G、H、I、J、K、L

重点难点专项突破

1. 本考点还可以考核的题目有：

根据《建设工程监理规范》GB/T 50319—2013，属于监理实施细则内容的有（J、M、N、O）。

2. 建设监理规划与监理实施细则编制由谁在什么时间编制？编制完成后由谁审批？编制依据是什么？

项目	建设监理规划	监理实施细则
哪些需要编制？	—	采用新材料、新工艺、新技术、新设备的工程，以及专业性较强、危险性较大的分部分项工程【2016年、2021年第二批考过】
何时开始编制？	在签订委托监理合同及收到设计文件后开始	工程施工开始前
何时报送？	在召开第一次工地会议前报送建设单位【2017年、2022年考过】	—
谁组织？谁编制？	总监理工程师组织专业监理工程师参加编制	专业监理工程师编制
谁审批？	工程监理单位技术负责人【2013年、2020年考过】	总监理工程师
谁签字？	总监理工程师	—
编制依据	(1) 建设工程的相关法律、法规及项目审批文件。 (2) 与建设工程项目有关的标准、设计文件和技术资料。 (3) 监理大纲、委托监理合同文件以及建设项目相关的合同文件	(1) 监理规划。 (2) 相关标准、工程设计文件。 (3) 施工组织设计、专项施工方案【2021年第二批考过】

专项突破6 旁 站 监 理

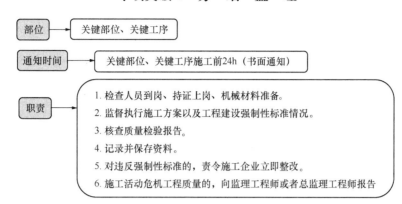

部位 → 关键部位、关键工序

通知时间 → 关键部位、关键工序施工前24h（书面通知）

职责 →
1. 检查人员到岗、持证上岗、机械材料准备。
2. 监督执行施工方案以及工程建设强制性标准情况。
3. 核查质量检验报告。
4. 记录并保存资料。
5. 对违反强制性标准的，责令施工企业立即整改。
6. 施工活动危机工程质量的，向监理工程师或者总监理工程师报告

重点难点专项突破

1. 旁站监理的概念可能会以单项选择题的形式考核。【2021年第一批考过】

2. 记住"24"这个数字，会作为采分点考核单项选择题。【2010年、2012年6月、2012年10月、2018年、2019年、2021年第一批考过】

3. 凡旁站监理人员和施工企业现场质检人员未在旁站监理记录上签字的，不得进行下一道工序施工。【2018年、2019年、2021年第一批考过】

看到这里考生应联想到前面讲到的，在什么情况下施工单位不得进行下一道工序的施工。

4. 还应掌握旁站监理人员实施旁站监理时，发现施工单位违反规定行为或危及工程质量，应该怎么处理。

违反工程建设强制性标准行为的：有权责令施工企业立即整改。【2011年、2021年第一批考过】

发现其施工活动已经或者可能危及工程质量的：应当及时向监理工程师或者总监理工程师报告，由总监理工程师下达局部暂停施工指令或者采取其他应急措施。【2018年考过】

5. 工程监理人员认为工程施工不符合工程设计要求、施工技术标准和合同约定的，有权要求建筑施工企业改正。工程监理人员发现工程设计不符合建筑工程质量标准或者合同约定的质量要求的，应当报告建设单位要求设计单位改正。【2016年、2017年考过】

6. 本考点可能会这样命题：

（1）对需要旁站监理的钢结构施工，施工企业至少应当在钢结构安装前（   ）h，书面通知监理单位派驻工地的监理机构。

A. 24   B. 36
C. 48   D. 60

【答案】A

（2）监理人员实施旁站监理时，发现其施工活动已经或者可能危及工程质量的，应当（　　）。

A. 责令施工企业整改

B. 及时向施工企业项目经理报告，由项目经理下达局部暂停施工指令或者采取其他应急措施

C. 及时向建设行政主管部门报告

D. 及时向监理工程师或者总监理工程师报告，由总监理工程师下达局部暂停施工指令或者采取其他应急措施

【答案】D

2Z102000　施工成本管理

2013—2022 年真题分值统计

命题点	题型	2013年(分)	2014年(分)	2015年(分)	2016年(分)	2017年(分)	2018年(分)	2019年(分)	2020年(分)	2021年(分)	2022年(分)
2Z102010　建筑安装工程费用项目的组成与计算	单项选择题	3	2	1	1	1	1	2	2	5	2
	多项选择题	4	2					2	2	6	
2Z102020　建设工程定额	单项选择题	3	2	2	3	2	2	2	2	1	2
	多项选择题	2	2	2	2	2	2	2	2		2
2Z102030　工程量清单计价	单项选择题		2	2	1	1	2	2	2	1	2
	多项选择题	2		2	2	2	2				
2Z102040　计量与支付	单项选择题	1	2	4	4	3	4	4	4	3	2
	多项选择题		2					2	2		2
2Z102050　施工成本管理的任务、程序和措施	单项选择题	1	2	1		2	1	1	2	2	2
	多项选择题		2		2	2		2	2	2	2
Z102060　施工成本计划和成本控制	单项选择题	2	3	4	5	4	2	2	2	2	2
	多项选择题	4	2	2	2	2	2				
Z102070　施工成本核算、成本分析和成本考核	单项选择题	2	2	1	1		2	1	2	2	2
	多项选择题							2	2		
合计	单项选择题	12	15	15	15	13	14	14	16	16	13
	多项选择题	12	10	8	8	8	8	10	8	8	6

2Z102010　建筑安装工程费用项目的组成与计算

专项突破 1　按费用构成要素划分的建筑安装工程费用项目组成

例题：根据现行《建筑安装工程费用项目组成》规定，下列费用项目中，属于建筑安装工程企业管理费的有（　　）。【2009 年、2010 年、2014 年、2017 年、2020 年考过】

A. 计时工资或计件工资

B. 奖金【2018 年考过】

C. 津贴补贴

D. 加班加点工资

E. 特殊情况下支付的工资【2016 年考过】

F. 材料原价【2011 年、2012 年 10 月考过】

G. 运杂费【2011 年、2012 年 10 月、2019 年考过】

H. 运输损耗费【2011 年、2012 年 6 月、2012 年 10 月、2019 年考过】

I. 采购及保管费【2012 年 10 月、2019 年考过】

J. 折旧费

K. 检修费

L. 维护费

M. 安拆费及场外运输费

N. 机上司机（炉）人员人工费【2011 年、2020 年考过】

O. 燃料动力费【2020 年考过】

P. 仪器仪表使用费

Q. 管理人员工资

R. 办公费

S. 差旅交通费

T. 固定资产使用费

U. 劳动保险和职工福利费【2010 年考过】

V. 工具用具使用费【2009 年考过】

W. 劳动保护费

X. 检验试验费【2017 年考过】

Y. 工会经费

Z. 职工教育经费

A1. 财产保险费

B1. 财务费

C1. 税金【2014 年考过】

D1. 城市维护建设税

E1. 教育费附加

F1. 地方教育附加

G1. 养老保险费

H1. 失业保险费

I1. 医疗保险费

J1. 生育保险费

K1. 工伤保险费【2012 年 6 月、2013 年考过】

L1. 住房公积金

【答案】Q、R、S、T、U、V、W、X、Y、Z、A1、B1、C1、D1、E1、F1

重点难点专项突破

1. 针对本考点，考题难度不大，考生熟练掌握该部分知识点后，可以轻松得分。这些备选项互相作为干扰选项。本考点还可以考核的题目有：

（1）根据我国现行《建筑安装工程费用项目组成》规定，下列施工企业发生的费用中应计入建筑安装工程费用人工费项目中的有（A、B、C、D、E）。【2016年考过】

> 注意：B选项中，奖金包括节约奖、劳动竞赛奖。C选项中，津贴补贴包括流动施工津贴、特殊地区施工津贴、高温（寒）作业临时津贴、高空津贴。E选项中，特殊情况下支付的工资是指根据国家法律、法规和政策规定，因病、工伤、产假、计划生育假、婚丧假、事假、探亲假、定期休假、停工学习、执行国家或社会义务等原因按计时工资标准或计时工资标准的一定比例支付的工资。

（2）根据《建筑安装工程费用项目组成》，因病而按计时工资标准的一定比例支付的工资属于（E）。【2016年真题题干】

（3）根据《建筑安装工程费用项目组成》，构成工程实体的砂子在工地仓储过程中发生的正常损耗，应计入（H）。【2012年10月真题题干】

（4）为保障施工机械正常运转所需替换设备与随机配备工具附具的摊销和维护费用，属于施工机具使用费中的（L）。

（5）根据我国现行《建筑安装工程费用项目组成》规定，建筑安装工程材料费包括（F、G、H、I）。【2012年10月、2019年考过】

（6）根据我国现行《建筑安装工程费用项目组成》规定，属于建筑安装工程施工机械使用费的有（J、K、L、M、N、O）。

（7）根据我国现行《建筑安装工程费用项目组成》规定，属于建筑安装工程施工机具使用费的有（J、K、L、M、N、O、P）。【2020年考过】

> 注意：（7）中所说的施工机具使用费包括施工机械使用费和仪器仪表使用费。

（8）根据我国现行《建筑安装工程费用项目组成》规定，下列费用中，属于规费的有（G1、H1、I1、J1、K1、L1）。

（9）根据我国现行《建筑安装工程费用项目组成》规定，下列费用中，属于社会保险费的有（G1、H1、I1、J1、K1）。

2. C1选项所讲的税金是指按规定缴纳的房产税、车船使用税、土地使用税、印花税等【2014年考过】。注意不是城市维护建设税、教育附加费、地方教育附加。

3. 注意M选项，并非措施项目费中大型机械设备进出场及安拆费。

4. 企业管理费用中还包括技术转让费、技术开发费、投标费、业务招待费、绿化费、广告费、公证费、法律顾问费、审计费、咨询费、保险费等。

5. 本考点除了上述题型外，还会考核下面题型：

（1）根据《建筑安装工程费用项目组成》，施工企业对建筑以及材料、构件和建筑安装物进行一般鉴定、检查所发生的费用，应计入建筑安装工程费用项目中的（ ）。【2017年真题】

A. 措施费   B. 规费

C. 材料费   D. 企业管理费

【答案】D

（2）施工中发生的下列与材料有关的费用中，属于建筑安装工程费中材料费的是（ ）。

A. 对原材料进行鉴定发生的费用

B. 施工机械整体场外运输的辅助材料费

C. 原材料的运输装卸过程中不可避免的损耗费

D. 机械设备日常保养所需的材料费

【答案】C

专项突破2　按造价形成划分的建筑安装工程费用项目组成

例题：根据我国现行《建筑安装工程费用项目组成》的规定，下列费用中，属于建筑安装工程措施项目费的有（ ）。

A. 环境保护费【2009年、2013年考过】

B. 文明施工费【2009年、2013年考过】

C. 安全施工费【2009年、2010年、2013年考过】

D. 临时设施费

E. 建筑工人实名制管理费

F. 夜间施工增加费【2012年6月考过】

G. 二次搬运费【2012年6月、2012年10月考过】

H. 冬雨期施工增加费

I. 已完工程及设备保护费【2012年6月、2022年考过】

J. 工程定位复测费【2014年考过】

K. 特殊地区施工增加费【2014年考过】

L. 大型机械设备进出场及安拆费【2012年6月考过】

M. 脚手架工程费【2012年6月、2014年、2021年第二批考过】

【答案】A、B、C、D、E、F、G、H、I、J、K、L、M

重点难点专项突破

1. 措施项目费的构成要与施工机具使用费、企业管理费、规费的构成内容结合起来学习，这些费用互相作为干扰选项。本考点还可以考核的题目有：

（1）根据我国现行《建筑安装工程费用项目组成》的规定，下列费用中，属于建筑安装工程安全文明施工费的有（A、B、C、D、E）。

（2）工程施工过程中进行全部施工测量放线和复测工作的费用属于（J）。

2. 本考点在 2010 年、2022 年都是逆向命题，是在题干中给出具体的费用内容，判断属于哪类费用，例如：

项目竣工验收前，施工企业按照合同规定对已完成工程和设备采取必要的保护措施所发生的费用应计入（   ）。【2022 年真题】

A. 总承包管理费　　　　　　　　B. 措施项目费

C. 企业管理费　　　　　　　　　D. 其他项目费

【答案】B

3. 本考点中还应掌握以下采分点：

（1）建筑安装工程费按照工程造价形成由分部分项工程费、措施项目费、其他项目费、规费、税金组成。

（2）分部分项工程费、措施项目费、其他项目费包含人工费、材料费、施工机具使用费、企业管理费和利润。

> 这部分知识点可能会这样命题：
>
> 根据我国现行《建筑安装工程费用项目组成》的规定，下列费用中，应计入分部分项工程费的是（   ）。
>
> A. 安全文明施工费
>
> B. 二次搬运费
>
> C. 施工机械使用费
>
> D. 大型机械设备进出场及安拆费
>
> 【答案】C

（3）其他项目费包括暂列金额、计日工和总承包服务费。

专项突破 3　各费用构成要素计算方法

例题：某工程采购的一批钢材的出厂价为 4000 元/t，运费为 100 元/t，运输损耗率为 1%，采购保管费率为 2%，则该批钢材的材料单价为（   ）元/t。【2015 年考过】

A. 4141.00　　　　　　　　　　B. 4182.00

C. 4120.80　　　　　　　　　　D. 4223.82

【答案】D

扫一扫查看本题视频解析

重点难点专项突破

1. 材料单价 = （4000 + 100）×（1 + 1%）×（1 + 2%）= 4223.82 元/t。

2. 本考点虽然公式较多，但考查概率较低，主要掌握材料单价、台班折旧费的计算及规费的计算基础，2021 年第一批、2021 年第二批均有考查。具体见下表：

项目		计算方法
人工费		公式1： $$人工费＝\Sigma(工日消耗量\times 日工资单价)$$ $$日工资单价＝\frac{生产工人平均月工资(计时、计件)＋平均月(奖金＋津贴补贴＋特殊情况下支付的工资)}{年平均每月法定工作日}$$ 注：公式1主要适用于施工企业投标报价时自主确定人工费，也是工程造价管理机构编制计价定额确定定额人工单价或发布人工成本信息的参考依据。 公式2： $$人工费＝\Sigma(工程工日消耗量\times 日工资单价)$$ 日工资单价是指施工企业平均技术熟练程度的生产工人在每工作日(国家法定工作时间内)按规定从事施工作业应得的日工资总额**【2022年考过】**
材料单价		材料单价＝{(材料原价＋运杂费)×[1＋运输损耗率(%)]}×[1＋采购保管费率(%)]
施工机具使用费	施工机械使用费	施工机械使用费＝Σ(施工机械台班消耗量×机械台班单价) 机械台班单价＝台班折旧费＋台班检修费＋台班维护费＋台班安拆费及场外运费＋台班人工费＋台班燃料动力费＋台班车船税费 (1)折旧费计算公式为： $$台班折旧费＝\frac{机械预算价格\times(1－残值率)}{耐用总台班数}$$ $$耐用总台班数＝折旧年限\times 年工作台班$$ (2)检修费计算公式如下： $$台班检修费＝\frac{一次检修费\times 检修次数}{耐用总台班数}$$
	仪器仪表使用费	仪器仪表使用费＝工程使用的仪器仪表摊销费＋维修费
企业管理费费率**【2021年第二批考过】**	直接费为计算基础	$$企业管理费费率(\%)＝\frac{生产工人年平均管理费}{年有效施工天数\times 人工单价}\times 人工费占分部分项工程费的比例(\%)$$
	人工费和机械费合计为计算基础	$$企业管理费费率(\%)＝\frac{生产工人年平均管理费}{年有效施工天数\times\left(人工单价＋\frac{每一工日}{机械使用费}\right)}\times 100\%$$
	人工费为计算基础	$$企业管理费费率(\%)＝\frac{生产工人年平均管理费}{年有效施工天数\times 人工单价}\times 100\%$$
规费		社会保险费和住房公积金应以定额人工费为计算基础**【2021年第一批考过】**，根据工程所在地省、自治区、直辖市或行业建设主管部门规定费率计算。公式为：社会保险费和住房公积金＝Σ(工程定额人工费×社会保险费和住房公积金费率)

3. 本考点可能会这样命题：

(1) 某施工机械预算价格为200万元，预计可使用10年，每年平均工作250个台班，预计净残值率为3%。则该机械台班折旧费为(　　)元。

A. 800

B. 776

C. 638

D. 548

【答案】B

【解析】台班折旧费 $=\dfrac{200\times(1-3\%)}{10\times250}=0.0776$ 万元 $=776$ 元。

（2）某施工企业投标报价时确定企业管理费率以人工费为基础计算，据统计资料，该施工企业生产工人年平均管理费为 1.5 万元，年有效施工天数为 240d，人工单价为 280 元/d，人工费占分部分项工程费的比例为 75%，则该企业的企业管理费费率应为（　　）。

A. 12.15%　　　　　　　　　　　　B. 12.50%

C. 16.74%　　　　　　　　　　　　D. 22.32%

【答案】D

【解析】企业管理费费率 $=\dfrac{1.5\times10000}{240\times280}\times100\%=22.32\%$。

专项突破4　建筑业增值税计算办法

例题：某建设工程项目的造价中人工费为 3000 万元，材料费为 6000 万元，施工机具使用费为 1000 万元，企业管理费为 400 万元，利润为 800 万元，规费为 300 万元，各项费用均不包含增值税可抵扣进项税额，增值税税率为 9%，则增值税销项税额为（　　）万元。**【2019 年真题】**

A. 900　　　　　　　　　　　　　　B. 1035

C. 936　　　　　　　　　　　　　　D. 1008

【答案】B

重点难点专项突破

1. 上述例题的计算过程：税前造价为人工费、材料费、施工机具使用费、企业管理费、利润和规费之和。一般计税方法中，增值税销项税额＝税前造价×9%，则该项目增值税销项税额＝（3000＋6000＋1000＋400＋800＋300）×9%＝1035 万元。

2. 增值税的计税方法包括一般计税法和简易计税法。采用一般计税方法时，建筑业增值税征收率为 9%；采用简易计税方法时，建筑业增值税征收率为 3%。记住两个数字"9%""3%"，可能会考核单项选择题。

3. 本考点可能会这样命题：

关于建筑安装工程费用中建筑业增值税的计算，下列说法中正确的有（　　）。

A. 一般纳税人发生应税行为适用于一般计税方法计税

B. 采用一般计税方法时，建筑业增值税征收率为 3%

C. 采用简易计税方法时，建筑业增值税征收率为 9%

D. 采用一般计税方法时，税前造价不包含增值税的进项税额

E. 采用简易计税方法时，各费用项目均以包含增值税进项税额的含税价格计算

【答案】A、D、E

2Z102020　建设工程定额

专项突破1　建设工程定额的分类

例题：按编制程序和用途，建设工程定额可以分为（　　　）。【2012年10月真题题干】

A. 人工定额
B. 材料消耗定额
C. 施工机械台班使用定额
D. 施工定额
E. 预算定额
F. 概算定额
G. 概算指标
H. 投资估算指标
I. 全国统一定额
J. 行业定额
K. 地区定额
L. 企业定额
M. 建筑工程定额
N. 设备安装工程定额
O. 建筑安装工程费用定额
P. 工具、器具定额
Q. 工程建设其他费用定额

【答案】D、E、F、G、H

重点难点专项突破

1. 本考点还可以考核的题目有：

（1）按生产要素内容，建设工程定额可以分为（A、B、C）。【2022年真题题干】

（2）按编制单位和适用范围，建设工程定额可以分为（I、J、K、L）。

（3）按投资的费用性质，建设工程定额可以分为（M、N、O、P、Q）。

（4）以同一性质的施工过程——工序作为研究对象，表示生产产品数量与时间消耗综合关系的定额是（D）。【2011年、2012年6月、2015年、2020年考过】

（5）施工企业（建筑安装企业）为组织生产和加强管理在企业内部使用的一种定额是（D）。

（6）下列定额中，属于企业定额性质的是（D）。【2009年、2012年6月、2021年第一批考过】

（7）工程建设定额中分项最细、定额子目最多的一种定额是（D）。【2021年第二批考过】

（8）建筑安装施工企业进行施工组织、成本管理、经济核算和投标报价重要依据的一种定额是（D）。【2012年6月考过】

（9）施工企业直接应用于施工项目的施工管理，用来编制施工作业计划、签发施工任务单、签发限额领料单，以及结算计件工资或计量奖励工资的一种定额是（D）。【2010年考过】

（10）下列定额中，（D）是编制预算定额的基础。

（11）下列定额中，（D）是建设工程定额的基础性定额。【2012年6月考过】

（12）下列定额中，以建筑物或构筑物各个分部分项工程为对象编制的定额是（E）。

（13）下列定额中，（E）是以施工定额为基础综合扩大编制的，同时也是编制概算定额的基础。

（14）下列定额中，（E）是编制施工图预算的主要依据，是编制单位估价表、确定工程造价、控制建设工程投资的基础和依据。

（15）下列定额中，属于社会性性质的是（E）。

（16）以扩大的分部分项工程为对象编制的定额为（F）。

（17）以整个建筑物和构筑物为对象，以更为扩大的计量单位来编制的定额是（G）。

（18）下列定额中，（G）是设计单位编制设计概算或建设单位编制年度投资计划的依据，也可作为编制估算指标的基础。【2021年第一批考过】

（19）以独立的单项工程或完整的工程项目为计算对象编制确定的生产要素消耗的数量标准或项目费用标准，根据已建工程或现有工程的价格数据和资料，经分析、归纳和整理编制而成的定额为（H）。

（20）下列定额中，（H）是在项目建议书和可行性研究阶段编制投资估算、计算投资需要量时使用的一种指标，是合理确定建设工程项目投资的基础。

2. 上述题目几乎涵盖了可能会考核到的所有题目。题干（4）、（6）、（10）、（12）、（15）、（16）、（17）、（19）还会进行逆向命题，比如：施工定额的研究对象是（工序）。

3. 关于A选项，人工定额也称劳动定额，是指在正常的施工技术和组织条件下，完成单位合格产品所必需的人工消耗量标准。关于D选项，施工定额能够反映施工企业生产与组织的技术水平和管理水平，由人工定额、材料消耗定额和机械台班使用定额所组成。【2011年、2012年6月考过】

4. 本考点的另一种考试题型是判断正误的题型，2011年、2012年6月、2022年这样考核过，比如：

关于预算定额的说法，正确的是（　　）。【2022年真题】

A. 预算定额以工序为对象进行编制

B. 预算定额可以直接用于施工企业作业计划的编制

C. 预算定额是编制概算定额的基础

D. 预算定额是编制施工定额的依据

【答案】C

专项突破2　人工定额的编制方法

例题：编制人工定额时，为了提高编制效率，对于同类型产品规格多、工序重复、工作量小的施工过程，宜采用的编制方法是（　　）。【2016年、2019年、2020年、2022年考过】

A. 技术测定法

B. 比较类推法

C. 统计分析法

D. 经验估计法

【答案】B

1. 本考点还可以考核的题目有：

（1）根据生产技术和施工组织条件，对施工过程中各工序采用测时法、写实记录法、工作日写实法，测出其工时消耗等资料，再对所获得的资料进行分析，制定出人工定额的方法是（A）。【2021 年第一批考过】

（2）某施工企业编制砌砖墙人工定额，该企业有近 5 年同类工程的施工工时消耗资料，则制定人工定额适合选用的方法是（C）。

（3）根据定额专业人员、经验丰富的工人和施工技术人员的实际工作经验，参考有关定额资料，对施工管理组织和现场技术条件进行调查、讨论和分析制定定额的方法是（D）。

（4）编制人工定额时，通常作为一次性定额使用的是（D）。

（5）制定人工定额常用的方法有（A、B、C、D）。

2. 人工定额的编制方法在考核时，也就上述几种命题方式，一般不会出现逆向命题。

3. 编制人工定额主要包括拟定正常的施工条件及拟定定额时间两项工作，那这两项工作具体包括哪些内容呢？

拟定正常的施工条件	拟定定额时间
（1）拟定施工作业的内容。 （2）拟定施工作业的方法。 （3）拟定施工作业地点的组织。 （4）拟定施工作业人员的组织	在拟定基本工作时间、辅助工作时间、准备与结束时间、不可避免的中断时间，以及休息时间的基础上编制的【2013 年、2019 年考过】

专项突破 3 材料消耗定额的编制方法

例题：编制材料消耗定额，主要包括确定直接使用在工程上的材料净用量和在施工现场内运输及操作过程中的不可避免的废料和损耗。确定材料净用量的方法有（　　）。【2009 年、2021 年第一批考过】

A. 理论计算法　　　　　　　　　B. 测定法

C. 图纸计算法　　　　　　　　　D. 经验法

E. 观察法　　　　　　　　　　　F. 统计法

【答案】A、B、C、D

1. 本考点还可以考核的题目有：

（1）编制砖砌体材料消耗定额时，测定标准砖砌体中砖的净用量，宜采用的方法是（A）。【2012 年真题题干】

（2）材料损耗率可以通过（E、F）计算确定。

2. 本考点中还涉及材料消耗量的计算，公式为：

$$损耗率=\frac{损耗量}{净用量}\times100\%$$

总消耗量＝净用量＋损耗量＝净用量×（1＋损耗率）

> 这部分知识点可能会这样命题：
>
> 正常施工条件下，完成单位合格建筑产品所需某材料的不可避免损耗量为0.80kg。已知该材料损耗率为6.40%，则该材料的总消耗量为（　　）kg。
>
> A. 13.30　　　　　　　　　　　　B. 13.40
>
> C. 12.50　　　　　　　　　　　　D. 11.60
>
> 【答案】A
>
> 【解析】材料损耗率＝损耗量/净用量×100%＝0.80kg/净用量×100%＝6.40%。
>
> 解得：材料净用量＝12.50kg。
>
> 材料消耗量＝材料净用量＋损耗量＝12.50＋0.80＝13.30kg。

专项突破 4　周转性材料消耗定额的编制

例题：影响建设工程周转性材料消耗的因素有（　　）。【2018 年真题题干】

A. 一次使用量【2012 年 10 月、2015 年、2018 年考过】

B. 每周转使用一次材料的损耗【2012 年 10 月、2015 年、2018 年考过】

C. 周转使用次数【2012 年 10 月、2015 年、2018 年考过】

D. 周转材料的最终回收及其回收折价【2012 年 10 月、2015 年、2018 年考过】

E. 摊销量

【答案】A、B、C、D

> **重点难点专项突破**
>
> 1. 本考点还可以考核的题目有：
>
> （1）定额中周转材料消耗量指标，应当用（A、E）两个指标表示。【2010 年、2011 年考过】
>
> （2）施工企业投标报价时，周转材料消耗量应按（E）计算。【2016 年、2019 年考过】
>
> （3）施工企业成本核算时，周转材料消耗量应按（E）计算。
>
> （4）施工企业组织施工时，周转材料消耗量应按（A）计算。
>
> 2. A 选项，一次使用量即第一次制造时的材料消耗。

专项突破 5　施工机械台班使用定额的编制方法

例题：某出料容量 750L 的混凝土搅拌机，每循环一次的正常延续时间为 9min，机械正常利用系数为 0.9。按 8h 工作制考虑,该机械的台班产量定额为(　　)。

 A. 36.02m³/台班

 B. 40m³/台班

 C. 0.28 台班/m³

 D. 0.25 台班/m³

【答案】A

重点难点专项突破

1. 上述例题的计算过程:正常持续时间为 9min＝0.15h;该搅拌机纯工作 1h 循环次数＝1/0.15＝6.67 次;该搅拌机纯工作 1h 正常生产率＝6.67×750＝5002.5m³;该机械的台班产量定额＝机械净工作生产率×工作班延续时间×机械利用系数＝5.0025×8×0.9＝36.02m³。

2. 该考点还会考核公式的表述题,比如:

(1) 施工机械台班产量定额等于(　　)。【2013 年真题】

 A. 机械净工作生产率×工作班延续时间

 B. 机械净工作生产率×机械利用系数

 C. 机械净工作生产率×工作班延续时间×机械运行时间

 D. 机械净工作生产率×工作班延续时间×机械利用系数

【答案】D

(2) 确定施工机械台班定额消耗量前需计算机械时间利用系数,其计算公式正确的是(　　)。

 A. 机械时间利用系数＝机械纯工作 1h 正常生产率×工作班纯工作时间

 B. 机械时间利用系数＝$\dfrac{1}{机械台班产量定额}$

 C. 机械时间利用系数＝$\dfrac{工作班内纯工作时间}{机械工作班时间}$

 D. 机械时间利用系数＝$\dfrac{机械工作班时间}{工作班内纯工作时间}$

【答案】C

专项突破 6　施工机械台班使用定额的形式

例题:斗容量 1m³ 反铲挖土机,挖三类土,装车,挖土深度 2m 以内,小组成员两人,机械台班产量为 4.56(定额单位 100m³),则用该机械挖土 100m³ 的人工时间定额为(　　)。【2016 年真题】

 A. 0.44 台班   B. 0.44 工日

 C. 0.22 台班   D. 0.22 工日

【答案】B

扫一扫查看
本题视频解析

重点难点专项突破

1. 上述例题的计算过程：单位产品人工时间定额（工日）$=\frac{\text{小组成员总人数}}{\text{台班产量}}=\frac{2}{4.56}=0.44$ 工日。

2. 施工机械台班定额的形式包括时间定额和产量定额。历年在此考核的都是时间定额的计算。如果上述题干内容不变，该机械挖土 100m^3 的机械时间定额是多少呢？

单位产品机械时间定额（台班）$=\frac{1}{\text{台班产量}}=\frac{1}{4.56}=0.22$ 台班。

3. 施工机械时间定额包括有效工作时间（正常负荷下的工作时间和降低负荷下的工作时间）、不可避免的中断时间、不可避免的无负荷工作时间。**【2010 年考过】**

2Z102030　工程量清单计价

专项突破 1　分部分项工程费计算

例题：某土方工程，招标工程量清单中挖土方工程数量为 3000m^3。投标人依据地质资料和施工方案计算的实际挖土方量为 3500m^3，挖土方的人、料、机费为 70000 元；人工运土的人、料、机费用 30000 元，机械运土的人、料、机费用 60000 元。企业管理费为 24000 元，利润为 18400 元，不考虑其他因素，则投标人挖土方的投标综合单价为(　　)元。**【2012 年 6 月、2018 年考过】**

A. 52.57　　B. 61.33

C. 57.83　　D. 67.47

【答案】D

重点难点专项突破

1. 上述例题的计算过程：综合单价＝(人、料、机费＋管理费＋利润)/清单工程量＝(70000＋30000＋60000＋24000＋18400)/3000＝67.47 元/m^3。

2. 利用综合单价法计算分部分项工程费需要解决两个核心问题，这两个核心问题是确定各分部分项工程的工程量及其综合单价。就这两个问题还需要掌握以下采分点：

(1) 招标文件中的工程量清单标明的工程量是招标人编制招标控制价和投标人投标报价的共同基础。

(2) 招标文件中的工程量清单标明的工程量是工程量清单编制人按施工图图示尺寸和工程量清单计算规则计算得到的工程净量。

（3）《建设工程工程量清单计价规范》GB 50500—2013 中的工程量清单综合单价是指完成一个规定清单项目所需的人工费、材料和工程设备费、施工机具使用费和企业管理费与利润，以及一定范围内的风险费用。【2010 年、2011 年、2017 年、2018 年、2021 年第一批考过】

3. 综合单价的计算步骤一般会考核三个类型题目：

（1）给出几项工作内容，判断正确步骤的题目。例如：

根据《建设工程工程量清单计价规范》GB 50500—2013，施工企业综合单价的计算有以下工作：①确定组合定额子目并计算各子目工程量；②确定人、料、机单价；③测算人、料、机消耗量；④计算清单项目的综合单价；⑤计算清单项目的管理费和利润；⑥计算清单项目的人、料、机费。正确的步骤是（　　　）。

A. ①—③—②—⑥—⑤—④　　　　　　B. ②—③—①—⑤—⑥—④

C. ③—①—②—⑥—⑤—④　　　　　　D. ①—③—②—④—⑥—⑤

【答案】A

（2）判断某一工作之前或紧接着应进行的工作，或者是判断第一步工作是什么。例如：

采用定额组价方法计算分部分项工程的综合单价时，第一步的工作是（　　　）。【2021 年第二批考过】

A. 确定组合定额子目　　　　　　B. 测算人、料、机消耗量

C. 计算定额子目工程量　　　　　D. 确定人、料、机单价

【答案】A

（3）对具体步骤中的内容，在 2015 年、2022 年都考核了判断正确与错误说法的题目。例如：

关于清单项目和定额子目关系的说法，正确的是（　　　）。【2022 年真题】

A. 清单项目的工程量和定额子目的工程量完全一致

B. 清单项目的工程量和定额子目的工程量可能不一致

C. 清单工程量与定额工程量的计算规则是一致的

D. 清单工程量可以直接用于合同施工过程中的计价

【答案】B

专项突破 2　措施项目费计算

例题： 下列适宜用综合单价法计价的措施项目费有（　　　）。

A. 混凝土模板费　　　　　　　　B. 脚手架工程费

C. 垂直运输费　　　　　　　　　D. 夜间施工费

E. 二次搬运费　　　　　　　　　F. 冬雨期施工费

G. 室内空气污染测试费

【答案】A、B、C

1. 本考点还可以考核的题目有:

(1) 下列适宜用参数法计价的措施项目费有 (D、E、F)。

(2) 下列适宜用分包法计价的措施项目费有 (G)。

2. 本考点除了上述命题方式外,还会这样命题:

工程量清单计价模式中,混凝土模板项目措施费用的计算宜采用(　　)。【2021年第一批真题题干】

专项突破 3　其他项目费计算

例题:根据《建设工程工程量清单计价规范》GB 50500—2013,工程量清单中的其他项目清单包含的内容有(　　)。【2016 年真题题干】

A. 暂列金额　　　　　　　　　　B. 暂估价

C. 计日工　　　　　　　　　　　D. 总承包服务费

【答案】A、B、C、D

本考点还可以考核的题目有:

(1) 根据《建设工程工程量清单计价规范》GB 50500—2013,"其他项目清单"的内容中,(A、B) 由招标人按估算金额确定。

(2) 根据《建设工程工程量清单计价规范》GB 50500—2013,"其他项目清单"的内容中,(C、D) 由承包人根据招标人提出的要求,按估算的费用确定。

专项突破 4　投标报价的编制原则

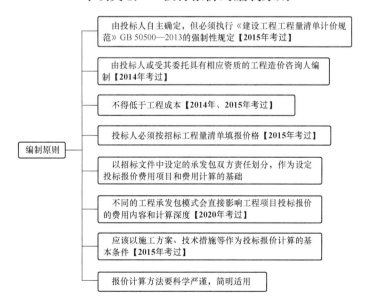

1. 本考点一般会考核判断正确与错误说法的综合题目。

2. 在评标过程中，评标委员会发现投标人的报价明显低于其他投标报价或者在设有标底时明显低于标底的，使得其投标报价可能低于其个别成本的：

（1）应当要求该投标人做出书面说明并提供相关证明材料。

（2）投标人不能合理说明或者不能提供相关证明材料的，由评标委员会认定该投标人以低于成本报价竞标，应当否决其投标。

3. 本考点可能会这样命题：

关于工程量清单计价下施工企业投标报价原则的说法，正确的是（　　）。

A. 为了鼓励竞争，投标报价可以略低于成本

B. 投标报价高于招标控制价的必须下调后采用

C. 确定投标报价时不需要考虑发承包模式

D. 应该以施工方案、技术措施等作为投标报价计算的基本条件

【答案】D

专项突破 5　投标报价的编制与审核

项目	内　　容
单价项目	（1）在招标投标过程中，若出现工程量清单特征描述与设计图纸不符时，投标人应以招标工程量清单的项目特征描述为准，确定投标报价的综合单价【2019 年考过】。若施工中施工图纸或设计变更导致项目特征与招标工程量清单项目特征描述不一致时，发承包双方应按实际施工的项目特征依据合同约定重新确定综合单价。【2012 年 10 月考过】 （2）招标文件中要求投标人承担的风险内容和范围，投标人应将其考虑到综合单价中。在施工过程中，当出现的风险内容及其范围（幅度）在招标文件规定的范围（幅度）内时，综合单价不得变动，合同价款不作调整。 （3）招标工程量清单中提供了暂估单价的材料、工程设备，按暂估的单价进入综合单价
总价项目	措施项目中的安全文明施工费应按照国家或省级、行业建设主管部门的规定计算，不作为竞争性费用【2011 年考过】
其他项目费	（1）暂列金额应按照招标工程量清单中列出的金额填写，不得变动。 （2）暂估价不得变动和更改。暂估价中的材料、工程设备必须按照暂估单价计入综合单价；专业工程暂估价必须按照招标工程量清单中列出的金额填写。【2022 年考过】 （3）计日工应按照招标工程量清单列出的项目和估算的数量，自主确定综合单价并计算计日工金额。【2012 年 10 月考过】 （4）总承包服务费应根据招标工程量列出的专业工程暂估价内容和供应材料、设备情况，按照招标人提出协调、配合与服务要求和施工现场管理需要自主确定
规费和税金	规费和税金必须按国家或省级、行业建设主管部门的规定计算，不得作为竞争性费用【2011 年、2017 年、2020 年考过】
投标总价	投标人在进行工程项目工程量清单招标的投标报价时，不能进行投标总价优惠（或降价、让利），投标人对投标报价的任何优惠（或降价、让利）均应反映在相应清单项目的综合单价中【2020 年考过】

重点难点专项突破

1. 在编制投标报价之前，需要先对工程量清单进行复核。对于复核工程量的目的需要掌握，可能会考核多项选择题。

（1）选择施工方法。

（2）安排人力和机械。

（3）准备材料。

（4）分项工程的单价报价。

2. 应能区分在什么情况下以分部分项工程量清单的项目特征描述为准，什么情况下按实际施工的项目特征。一般会考核单项选择题。

3. 关于其他项目费报价也是需要重点掌握的采分点，可能会考核判断正确与错误说法的综合题目。

4. 本考点可能会这样命题：

（1）投标过程中，投标人发现招标工程量清单项目特征描述与设计图纸的描述不符时，报价时应以（　　）为准。

A. 投标人按规范修正后的项目特征　　　B. 招标工程量清单的项目特征

C. 实际施工项目的具体特征　　　　　　D. 招标文件中的设计图纸及其说明

【答案】B

（2）根据《建设工程工程量清单计价规范》GB 50500—2013，关于投标人其他项目费编制的说法，正确的有（　　）。

A. 专业工程暂估价必须按照招标工程量清单中列出的金额填写

B. 暂列金额应按照招标工程量清单中列出的金额填写，不得变动

C. 计日工应按照招标工程量清单列出的项目和数量自主确定各项综合单价

D. 总承包服务费应根据招标人要求提供的服务和现场管理需要自主确定

E. 材料暂估价由投标人根据市场价格变化自主测算确定

【答案】A、B、C、D

专项突破 6　合同价款的约定

项目	内　容
一般规定	（1）实行招标的工程合同价款应在中标通知书发出之日起30d内，由发承包双方依据招标文件和中标人的投标文件在书面合同中约定。 （2）招标文件与中标人投标文件不一致的地方应以投标文件为准【2021年第一批考过】
约定内容	（1）预付工程款的数额、支付时间及抵扣方式。 （2）安全文明施工费的支付计划、使用要求。【2021年第二批考过】 （3）工程计量与支付工程价款的方式、额度及时间。 （4）工程价款的调整因素、方法、程序、支付及时间。 （5）施工索赔与现场签证的程序、金额确认与支付时间。 （6）承担计价风险的内容、范围以及超出约定内容、范围的调整办法。 （7）工程竣工价款结算编制与核对、支付及时间。 （8）工程质量保证金的数额、预留方式及时间。 （9）违约责任以及发生工程价款争议的解决方法及时间。 （10）与履行合同、支付价款有关的其他事项

1. 招标文件与中标人投标文件不一致时的处理一般会考核单项选择题。

2. 承发包双方合同中约定的合同价款事项可能会考核多项选择题，还会考核判断正确与错误说法的综合题目。

3. 本考点可能会这样命题：

在招标工程的合同价款约定中，若招标文件与中标人投标文件不一致，应以（　　）中的价格为准。

A. 投标文件　　　　　　　　　　B. 招标文件

C. 工程造价咨询机构确认书　　　D. 审计报告

【答案】A

2Z102040　计量与支付

专项突破 1　工程计量的原则与依据

$$
工程计量
\begin{cases}
原则
\begin{cases}
按照合同约定计算规则、图纸及变更指示计量\\
不符合合同要求的工程，不予计量\\
承包人超出施工图纸范围的工程量，不予计量\\
承包人原因造成返工的工程量，不予计量
\end{cases}\\
依据
\begin{cases}
质量合格证书\\
计价规范\\
技术规范中的"计量支付"条款\\
设计图纸
\end{cases}
\end{cases}
$$

1. 首先要掌握不予计量的情形。

2. 除专用合同条款另有约定外，工程量的计量按月进行。要注意：不是必须按月进行。

3. 工程计量的依据可以这样记忆：计量依据，图纸加工程量计规，有合格证书才齐全。

4. 本考点可能会这样命题：

某土方工程根据《建设工程工程量清单计价规范》GB 50500—2013 签订了单价合同，招标清单中土方开挖工程量为 8000m³。施工过程中承包人采用了放坡的开挖方式。完工计量时，承包人因放坡增加土方开挖量 1000m³，因工作面增加土方开挖量 1600m³，因施工操作不慎塌方增加土方开挖量 500m³，则应予结算的土方开挖工程量为（　　）m³。

A. 8000 B. 9000
C. 10600 D. 11100
【答案】A

专项突破 2 单价合同与总价合同的计量程序

```
承包人应于每月25日向监理人报送上月20日至
当月19日已完成的工程量报告,并附具进度付款
申请单、已完成工程量报表和有关资料
```

```
监理人应在收到承包人提交的工程量报告后7d
内完成对承包人提交的工程量报表的审核并报送
发包人,以确定当月实际完成的工程量
```

```
监理人未在收到承包人提交的工程量报表后的7d内
完成审核的,承包人报送的工程量报告中的工程量视
为承包人实际完成的工程量,据此计算工程价款
```

重点难点专项突破

1. 掌握两个时间点:"每月 25 日报送上月 20 日至当月 19 日已完成的工程量报告""7d"。

2. 如果监理人对工程量有异议的应采取的处理措施是:

有权要求承包人进行共同复核或抽样复测。承包人应协助监理人进行复核或抽样复测,并按监理人要求提供补充计量资料。承包人未按监理人要求参加复核或抽样复测的,监理人复核或修正的工程量视为承包人实际完成的工程量。【2021 年第二批考过】

3. 本考点可能会这样命题:

单价合同履行过程中,发现招标工程量清单中出现工程量偏差引起工程量增加,则该合同工程量应按( )计量。

A. 原招标工程量清单中的工程量

B. 招标文件中所附的施工图纸的工程量

C. 承包人在履行合同义务中完成的工程量

D. 承包人提交的已完工程量报告中的数量

【答案】C

专项突破 3 工程计量的方法

例题：根据《建设工程工程量清单计价规范》GB 50500—2013,保养测量设备、保养气象记录设备、维护工地清洁和整洁等可以采用( )进行计量支付。

A. 均摊法 B. 凭据法
C. 估价法 D. 断面法

E. 图纸法   F. 分解计量法

【答案】A

重点难点专项突破

1. 本考点还可以考核的题目有：

(1) 根据《建设工程工程量清单计价规范》GB 50500—2013，建筑工程险保险费、第三方责任险保险费、履约保证金等项目，一般按（B）进行计量支付。

(2) 根据《建设工程工程量清单计价规范》GB 50500—2013，为监理工程师提供测量设备、天气记录设备、通信设备等项目，可以采用（C）进行计量支付。

(3) 主要用于取土坑或填筑路堤土方的计量方法是（D）。

(4) 在工程量清单中，采取按照设计图纸所示的尺寸进行计量的方法是（E）。

(5) 工程量清单中，钻孔桩的桩长一般采用的计量方法是（E）。

(6) 混凝土构筑物体积的计量一般采用的方法是（E）。

(7) 为了解决一些包干项目或较大的工程项目的支付时间过长，影响承包人的资金流动等问题，采用的计量方法是（F）。

2. 本考点可以这样记忆：每月均摊、保险凭据、设备估价、土方断面、图纸尺寸、包干分解。

3. 一般只对三方面项目进行计量：清单中的全部项目、合同中规定的项目、工程变更项目。

专项突破 4　法律法规变化引起的合同价款调整

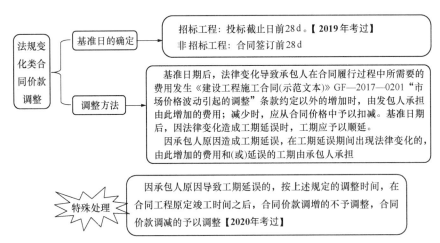

重点难点专项突破

1. 基准日的确定有两个采分点：

(1) "28" 会考查单项选择题，在此设置干扰选项有 "14" "42" "56"。

(2) "投标截止日前" 会与 "合同签订前" 互为干扰选项，也可能还会设置 "招标截止日前""中标通知书发出前"等干扰选项。

2. 如果对基准日的约定不好记忆的话，可以这样来理解：对于招标工程，提交了投标文件后就不可更改合同价款；对于不招标工程，签订合同后就不可更改合同价款。因此基准日就按"不可更改合同价款"时间点来约定。

3. 本考点可能会这样命题：

(1) 某工程施工时处于当地正常的雨季，导致工期延误，在工期延误期间又出现政策变化。根据《建设工程工程量清单计价规范》GB 50500—2013，对由此增加的费用和延误的工期，正确的处理方式是( )。

A. 费用、工期均由发包人承担

B. 费用由发包人承担，工期由承包人承担

C. 费用、工期均由承包人承担

D. 费用由承包人承担，工期由发包人承担

【答案】C

(2) 某工程项目施工合同约定竣工日期为 2018 年 6 月 30 日，在施工中因天气持续下雨导致甲供材料未能及时到货，使工程延误至 2018 年 7 月 30 日竣工。但由于 2018 年 7 月 1 日起当地计价政策调整，导致承包人额外支付了 300 万元工人工资。关于这 300 万元的责任承担的说法，正确的是( )。

A. 发包人原因导致的工期延误，因此政策变化增加的 300 万元应由发包人承担

B. 增加的 300 万元因政策变化造成，属于承包人的责任，应由承包人承担

C. 因不可抗力原因造成工期延误，增加的 300 万元应由承包人承担

D. 工期延误是承包人原因，增加的 300 万元是政策变化造成，应由双方共同承担

【答案】A

专项突破 5　工程量清单缺项引起的合同价款调整

项　目	内　　容
导致工程量清单缺项的原因	(1) 设计变更。 (2) 施工条件改变。 (3) 工程量清单编制错误
价款调整规定	(1) 合同履行期间，由于招标工程量清单中缺项，新增分部分项工程量清单项目的，应按照规范中工程变更相关条款确定单价，并调整合同价款。 (2) 新增分部分项工程量清单项目后，引起措施项目发生变化的，应按照规范中工程变更相关规定，在承包人提交的实施方案被发包人批准后调整合同价款。 (3) 由于招标工程量清单中措施项目缺项，承包人应将新增措施项目实施方案提交发包人批准后，按照规范相关规定调整合同价款

1. 导致工程量清单缺项的原因可能会考核多项选择题。

2. 工程量清单缺项引起的合同价款调整规定会考核判断正确与错误说法的综合题目。例如：

根据《建设工程工程量清单计价规范》GB 50500—2013，在合同履行期间，由于招标工程量清单缺项，新增了分部分项工程量清单项目，关于其合同价款确定的说法，正确的是(　　)。

A. 新增清单项目的综合单价应由监理工程师提出

B. 新增清单项目导致新增措施项目的，承包人应将新增措施项目实施方案提交发包人批准

C. 新增清单项目的综合单价应由承包人提出，但相关措施项目费不能再做调整

D. 新增清单项目应按额外工作处理，承包人可选择做或者不做

【答案】B

专项突破6　工程量偏差引起的合同价款调整

例题： 某独立土方工程，根据《建设工程工程量清单计价规范》GB 50500—2013，签订了固定单价合同，招标工程量为 $2000 \mathrm{m}^3$，承包人投标报价中的综合单价为 30 元/ m^3，合同约定，当实际工程量超过清单工程量 15% 时调整单价，调整系数为 0.9。工程结束时承包人实际完成并经监理工程师确认的工程量为 $2600 \mathrm{m}^3$，则该土方工程的工程量价款为(　　)元。

A. 60900

B. 69000

C. 70200

D. 77100

08
扫一扫查看
本题视频解析

【答案】D

1. 当予以计算的实际工程量与招标工程量清单出现偏差超过15%时，可进行调整。当工程量增加15%以上时，对综合单价的调整原则为：当工程量增加15%以上时，其增加部分的工程量的综合单价应予调低；当工程量减少15%以上时，减少后剩余部分的工程量的综合单价应予调高。**【2016年考过】**

2. 上述例题的解答过程：

合同约定范围内(15%以内)的工程款为：

$2000 \times (1+15\%) \times 30 = 69000$ 元。

超过15%之后部分工程量的工程款为：

$[2600 - 2000 \times (1+15\%)] \times 30 \times 0.9 = 8100$ 元。

则该土方工程的工程量价款 = $69000 + 8100 = 77100$ 元。

应用的公式：

（1）当 $Q_1>1.15Q_0$ 时：$S=1.15Q_0\times P_0+(Q_1-1.15Q_0)\times P_1$

（2）当 $Q_1<0.85Q_0$ 时：$S=Q_1\times P_1$

式中　S——调整后的某一分部分项工程费结算价；

Q_1——最终完成的工程量；

Q_0——招标工程量清单列出的工程量；

P_1——按照最终完成工程量重新调整后的综合单价；

P_0——承包人在工程量清单中填报的综合单价。

3. 如果工程量出现超过 15% 的变化，且该变化引起相关措施项目相应发生变化时，按系数或单一总价方式计价的，工程量增加的措施项目费调增，工程量减少的措施项目费调减。

专项突破 7　计日工引起的合同价款调整

发包人通知承包人以计日工方式实施的零星工作，承包人应予执行。【2014 年考过】

需要采用计日工方式的，经发包人同意后，由监理人通知承包人以计日工计价方式实施相应的工作，其价款按列入已标价工程量清单或预算书中的计日工计价项目及其单价进行计算。

采用计日工计价的任何一项工作，承包人应在该项工作实施过程中，每天提交以下报表和有关凭证报送监理人审查：【2014 年考过】

（1）工作名称、内容和数量；【2022 年考过】

（2）投入该工作的所有人员的姓名、专业、工种、级别和耗用工时；【2022 年考过】

（3）投入该工作的材料类别和数量；【2022 年考过】

（4）投入该工作的施工设备型号、台数和耗用台时；【2022 年考过】

（5）其他有关资料和凭证。

重点难点专项突破

1. 首先要清楚计日工的概念——它是合同范围以外的零星项目或工作。

2. 施工过程中发生的计日工是如何计价的，会作为单项选择题进行考查。

3. 本考点可能会这样命题：

根据《建设工程工程量清单计价规范》GB 50500—2013，施工过程中发生的计日工，应按照（　　）进行计算。

A. 已标价工程量清单或预算书中的计日工计价项目及其单价

B. 计日工发生时承包人提出的综合单价

C. 计日工发生当月市场人工工资单价

D. 计日工发生当月造价管理部门发布的人工指导价

【答案】A

专项突破 8　采用价格指数进行价格调整

例题：某施工合同约定采用价格指数及价格调整公式进行价格调整。调价因素及有关数据见下表。某月完成进度款为 1000 万元，则该月应当支付给承包人的价格调整金额为（　　　）万元。

调价因素及有关数据

项　目	人工	钢材	水泥	砂石料	施工机具使用费	定值
权重系数	0.15	0.15	0.15	0.10	0.20	0.25
基准日价格或指数	80 元/工日	100	110	120	110	—
现行价格或指数	90 元/工日	105	120	110	115	—

A. −35.91

B. 40.64

C. 112.50

D. 130.50

【答案】B

重点难点专项突破

1. 首先看下价格调整公式：

$$\Delta P = P_0 \left[A + \left(B_1 \times \frac{F_{t1}}{F_{01}} + B_2 \times \frac{F_{t2}}{F_{02}} + B_3 \times \frac{F_{t3}}{F_{03}} + \cdots + B_n \times \frac{F_{tn}}{F_{0n}} \right) - 1 \right]$$

如果在题目中明确了"约定采用价格指数及价格调整公式调整价格差额"，我们就可以直接套用该公式。

上述例题的解题过程：

$$\begin{aligned} \text{该月应当支付给承包人} \atop \text{的价格调整金额} &= 1000 \times \left[0.25 + \left(0.15 \times \frac{90}{80} + 0.15 \times \frac{105}{100} + 0.15 \times \frac{120}{110} + \right.\right. \end{aligned}$$

$$\left.\left. 0.10 \times \frac{110}{120} + 0.20 \times \frac{115}{110} \right) - 1 \right] = 40.64 \text{ 万元}。$$

2. 该考点还需要我们掌握以下几个知识点：

（1）价格调整公式中的各可调因子、定值和变值权重，以及基本价格指数及其来源在投标函附录价格指数和权重表中约定。

（2）因承包人原因未按期竣工的，对合同约定的竣工日期后继续施工的工程，在使用价格调整公式时，应采用计划竣工日期与实际竣工日期的两个价格指数中较低的一个作为现行价格指数。

3. 本考点可能会这样命题：

（1）价格调整公式中的各可调因子、定值和变值权重，以及基本价格指数及其来源在（　　　）价格指数和权重表中约定。

A. 合同专用条款

B. 合同补充条款

C. 投标函附录

D. 投标报价说明

【答案】C

（2）某室内装饰工程根据《建设工程工程量清单计价规范》GB 50500—2013 签订了单价合同，约定采用价格指数调整价格差额方法调整价格；原定 6 月竣工的项目因承包人原因推迟至当年 12 月；该项目主材为发包人确认的可调价材料，价格由 300 元/m² 变为 350 元/m²。关于该工程工期延误责任和主材结算价格的说法，正确的是（　　）。【2017 年真题】

A. 发包人承担延误责任，材料价格按 300 元/m² 计算

B. 承包人承担延误责任，材料价格按 350 元/m² 计算

C. 承包人承担延误责任，材料价格按 300 元/m² 计算

D. 发包人承担延误责任，材料价格按 350 元/m² 计算

【答案】C

专项突破 9　采用造价信息进行价格调整

例题：施工合同中约定，承包人承担的钢筋价格风险幅度为±5%，超出部分依据《建设工程工程量清单计价规范》GB 50500—2013 造价信息法调差。已知承包人投标价格、基准期发布价格分别为 2400 元/t、2200 元/t，2018 年 12 月、2019 年 7 月的造价信息发布价为 2000 元/t、2600 元/t。则该两月钢筋的实际结算价格应分别为（　　）元/t。

A. 2280，2520　　　　　　　　B. 2310，2690

C. 2310，2480　　　　　　　　D. 2280，2480

【答案】C

重点难点专项突破

1. 解答该类型题目时，必须根据下表中的关系来分析。

项目	内容			
人工单价变化	发承包双方应按省级或行业建设主管部门或其授权的工程造价管理机构发布的人工成本文件调整合同价款			
材料、工程设备价格变化	条件	材料单价	计算基础	调整
	材料单价<基准单价	跌幅	以材料单价为基础超过 5%	超过部分据实调整
		涨幅	以基准价格为基础超过 5%	
	材料单价>基准单价	跌幅	以基准价格为基础超过 5%	
		涨幅	以材料单价为基础超过 5%	
	材料单价＝基准单价	跌幅或涨幅	以基准价格为基础超过±5%时	
施工机械台班单价或施工机械使用费发生变化	超过省级或行业建设主管部门或其授权的工程造价管理机构规定的范围时，按其规定调整合同价款			

2. 接下来我们根据上表和题目来分析计算：

12 月份的价格为 2000 元/t，价格下跌，基准价 2200 元/t，投标价 2400 元/t，以基准价 2200 元/t 为基础，下跌幅度＝（2200−2000）/2200＝9.09%，则 12 月份的价格＝2400−2200×（9.09%−5%）＝2310 元/t。

7月份的价格为2600元/t，价格增加，基准价2200元/t，投标价2400元/t，以投标价2400元/t为基础，增加幅度＝(2600-2400)/2400＝8.3%，则6月份价格＝2400＋2400×(8.3%-5%)＝2479.2元/t≈2480元/t。

3. 这个考点比较复杂的内容就是关于材料价格的调整。再准备一道题目来练习：

某项目施工合同约定，承包人承租的水泥价格风险幅度为±5%，超出部分采用造价信息法调差，已知投标人投标价格、基准期发布价格为440元/t、450元/t，2018年3月的造价信息发布价为430元/t，则该月水泥的实际结算价格为(　　)元/t。

A. 418　　　　　　　　　　　　B. 427.5

C. 430　　　　　　　　　　　　D. 440

【答案】D

【解析】投标报价440元/t，2018年3月的造价信息发布价为430元/t，下降未超过5%，结算仍按440元。

专项突破10　暂估价的合同价款调整

项目	内　容
发包人原因	因发包人原因导致暂估价合同订立和履行迟延的，由此增加的费用和（或）延误的工期由发包人承担，并支付承包人合理的利润
承包人原因	因承包人原因导致暂估价合同订立和履行迟延的，由此增加的费用和（或）延误的工期由承包人承担

暂估材料或工程设备的单价确定后，在综合单价中只应取代原暂估单价，不应再在综合单价中涉及企业管理费或利润等其他费用的变动

重点难点专项突破

本考点掌握上述表格中内容即可，可能会这样命题：

1. 根据《建设工程工程量清单计价规范》GB 50500—2013，签约合同中的暂估材料在确定单价以后，其相应项目综合单价的处理方式是(　　)。

A. 综合单价不做调整

B. 在综合单价中用确定单价代替原暂估价，并调整企业管理费和利润

C. 在综合单价中用确定单价代替原暂估价，并调整企业管理费，不调整利润

D. 在综合单价中用确定单价代替原暂估价，不再调整企业管理费和利润

【答案】D

2. 根据《建设工程工程量清单计价规范》GB 50500—2013，工程量清单计价的某分部分项工程综合单价为500元/m³，其中暂估材料单价300元，管理费率5%，利润率7%。工程实施后，暂估材料的单价确定为350元。结算时该分部分项工程综合单价为(　　)元/m³。

A. 350.00　　　　　　　　　　　B. 392.00

C. 550.00　　　　　　　　　　　D. 556.18

【答案】C

【解析】暂估材料的单价确定为 350 元，替换原暂估材料单价 300 元，材料单价多出 50 元，则该分部分项工程综合单价＝500＋50＝550 元/m³。

专项突破 11　不可抗力后果的承担

例题：根据《建设工程施工合同（示范文本）》GF—2017—0201，因不可抗力事件导致的损失及增加的费用中，应由承包人承担的是（　　）。

A. 永久工程、已运至施工现场的材料和工程设备的损坏

B. 因工程损坏造成的第三者人员伤亡和财产损失

C. 承包人施工设备的损坏

D. 承包人人员伤亡

E. 发包人人员伤亡

F. 停工期间的工程照管费

G. 工程清理费

H. 修复工程费

【答案】C、D

重点难点专项突破

1. 本考点还可以考核的题目有：

根据《建设工程施工合同（示范文本）》GF—2017—0201，因不可抗力事件导致的损失及增加的费用中，应由发包人承担的是（A、B、E、F、G、H）。

2. 本考点还可能会考核判断正误的表述题。2020 年考过这类型题目。

3. 还有一种命题形式是将各方面的损失金额一一列出，让我们来计算发包人应补偿承包人的金额。只要我们准确确定哪些是由发包人承担的，就不难计算。给大家准备一道题目来练习：

某工程在施工过程中因不可抗力造成如下损失：永久工程损坏修复费用 20 万元，承包人受伤人员医药费 4 万元，施工机具损害损失 5 万元，应发包人要求赶工发生费用 3 万元，停工期间应发包人要求承包人清理现场费用 4 万元。承包人及时向项目监理机构提出索赔申请，并附有相关证明材料。根据《建设工程施工合同（示范文本）》GF—2017—0201，项目监理机构应批准的索赔金额为（　　）万元。

A. 20　　　　　　　　　　　B. 23

C. 27　　　　　　　　　　　D. 31

【答案】C

【解析】永久工程损坏修复费用由发包人承担；承包人受伤人员医药费由承包人

承担；施工机具损害损失由承包人承担；应发包人要求赶工发生费用由发包人承担；停工期间应发包人要求承包人清理现场费用由发包人承担。则项目监理机构应批准的索赔金额＝20＋3＋4＝27万元。

专项突破 12　提前竣工（赶工补偿）

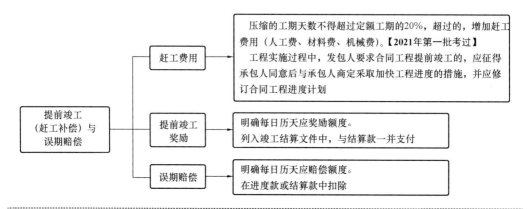

重点难点专项突破

1. "20％"会作为采分点考查单项选择题，可能设置的干扰选项有："5％""10％""15％"。

2. 会在"征得承包人同意"处设置陷阱，可能设置的干扰选项有：工程实施过程中，发包人要求合同工程提前竣工的，承包人必须采取加快工程进度的措施。

3. 赶工费用包括人工费的增加、材料费的增加、机械费的增加，可能会考查多项选择题。

4. 本考点可能会这样命题：

根据《建设工程工程量清单计价规范》GB 50500—2013，关于合同工期的说法正确的是（　　）。

A. 发包人要求合同工程提前竣工的，应承担承包人由此增加的提前竣工费用

B. 招标人压缩的工期天数不得超过定额工期的30％

C. 招标人压缩的工期天数超过定额工期的20％但不超过30％时，不额外支付赶工费用

D. 工程实施过程中，发包人要求合同工程提前竣工的，承包人必须采取加快工程进度的措施

【答案】A

专项突破 13　暂列金额引起的合同价款调整

项目	内　　容
概念	暂列金额是指招标人在工程量清单中暂定并包括在合同价款中的一笔款项

项目	内　　容
用途	用于工程合同签订时尚未确定或者不可预见的所需材料、工程设备、服务的采购，施工中可能发生的工程变更、合同约定调整因素出现时的合同价款调整以及发生的索赔、现场签证确认等的费用【2018年考过】
使用	已签约合同价中的暂列金额由发包人掌握使用。发包人按照合同的规定做出支付后，如有剩余，则暂列金额余额归发包人所有【2014年考过】

重点难点专项突破

1. 区分暂列金额与暂估价。

2. 暂列金额的用途单项选择题、多项选择题都有可能考核。

3. 暂列金额的使用一般会考核单项选择题。

4. 本考点可能会这样命题：

根据《建设工程工程量清单计价规范》GB 50500—2013，关于暂列金额的说法，正确的是（　　　）。

A. 暂列金额应根据招标工程量清单列出的内容和要求估算

B. 暂列金额包括在签约合同价内，属承包人所有

C. 已签约合同价中的暂列金额由发包人掌握使用

D. 用于必然发生但暂时不能确定价格的材料、工程设备及专业工程的费用

【答案】C

专项突破 14　措施项目费的调整

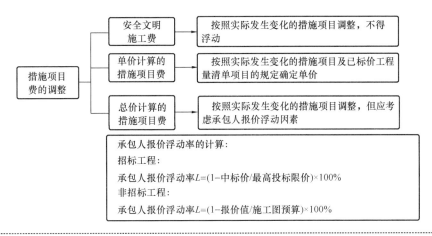

重点难点专项突破

1. 首先应清楚，不管是由于什么原因提出调整措施项目费的，承包人都应事先将实施方案报发包人确认【2019年考过】。如果承包人未事先将拟实施的方案提交给

发包人确认，则视为工程变更不引起措施项目费的调整或承包人放弃调整措施项目费的权利。【2022年考过】

2. 承包人报价浮动率在计算时，是不含安全文明施工费的。在考试中也有可能以计算题的形式出现。例如：

某招标工程的最高投标限价为1.6亿元，某投标人报价为1.55亿元，经修正计算性错误后以1.45亿元的报价中标，则该承包人的报价浮动率为（ ）。【2021年第二批考过】

A. 9.375%   B. 3.125%
C. 9.355%   D. 9.677%

【答案】A

【解析】对于招标工程：报价浮动率＝1－1.45/1.6＝9.375%。

3. 本考点可能会这样命题：

根据《建设工程工程量清单计价规范》GB 50500—2013，工程变更引起施工方案改变并使措施项目发生变化时，关于措施项目费调整的说法，正确的有（ ）。

A. 安全文明施工费按实际发生的措施项目，考虑承包人报价浮动因素进行调整
B. 安全文明施工费按实际发生变化的措施项目调整，不得浮动
C. 对单价计算的措施项目费，按实际发生变化的措施项目和已标价工程量清单项目确定单价
D. 对总价计算的措施项目费一般不能进行调整
E. 对总价计算的措施项目费，按实际发生变化的措施项目并考虑承包人报价浮动因素进行调整

【答案】B、C、E

专项突破15 索赔费用的组成

例题： 某建设工程施工过程中，由发包人供应的材料没有及时到货，导致承包人的工人窝工5个工日，每个工日单价300元；承包人租赁的一台挖土机窝工5个台班，台班租赁费为800元；承包人自有的一台自卸汽车窝工2个台班，该自卸汽车折旧费每台班500元，工作时燃油动力费每台班100元。则承包人可以索赔的费用是（ ）元。【2018年考过】

A. 5000   B. 5500
C. 6500   D. 6600

【答案】C

重点难点专项突破

1. 首先来学习分部分项工程量清单索赔费用的组成内容，通过下表来理解：

项目	内　　容
人工费	(1) 增加工作内容的人工费：应按照计日工费计算。 (2) 停工损失费和工作效率降低的损失费：按窝工费计算
设备费	(1) 当工作内容增加引起设备费索赔时，设备费的标准按照机械台班费计算。 (2) 因窝工引起的设备费索赔，当施工机械属于施工企业自有时，按照机械折旧费计算索赔费用。 (3) 当施工机械是施工企业从外部租赁时，索赔费用的标准按照设备租赁费计算 【2010 年、2011 年考过】
材料费	索赔事件引起的材料用量增加、材料价格大幅度上涨、非承包人原因造成的工期延误而引起的材料价格上涨和材料超期存储费用
管理费	分为现场管理费和企业管理费两部分
利润	对工程范围、工作内容变更等引起的索赔，承包人可按原报价单中的利润百分率计算利润
迟延付款利息	发包人未按约定时间进行付款的，应按约定利率支付迟延付款的利息

2. 掌握了上面知识点，来看上述例题的解题过程：

发包人供应的材料没有及时到货，属于可以索赔的事项。因窝工引起的设备费索赔，当施工机械属于施工企业自有时，按照机械折旧费计算索赔费用；当施工企业从外部租赁时，索赔费用的标准按照设备租赁费计算。工时燃料的费用不能索赔，则承包人可以索赔的费用 $= 5 \times 300 + 5 \times 800 + 2 \times 500 = 6500$ 元。

3. 再补充一个采分点——索赔费用的三个主要计算方法。

(1) 实际费用法：最常用的一种方法。

(2) 总费用法。

(3) 修正总费用法。

4. 本考点可能会这样命题：

(1) 某建设工程项目在施工中发生下列人工费：完成业主要求的合同外工作花费 3 万元；由于业主原因导致工效降低，使人工费增加 3 万元；施工机械故障造成人员窝工损失 1 万元。则施工单位可向业主索赔的合理人工费为（　　）万元。

A. 3　　　　　　　　　　　　　B. 4

C. 6　　　　　　　　　　　　　D. 7

【答案】C

【解析】对于索赔费用中的人工费部分而言，可以索赔的有完成业主要求的合同外工作花费 3 万元；由于业主原因导致工效降低，使人工费增加 3 万元。则可向业主索赔的合理人工费为 3+3＝6 万元。

(2) 因修改设计导致现场停工而引起施工索赔时，承包商自有施工机械的索赔费用宜按机械（　　）计算。

A. 租赁费　　　　　　　　　　　B. 台班费

C. 折旧费　　　　　　　　　　　D. 检修费

【答案】C

专项突破 16 《标准施工招标文件》中合同条款
规定的可以合理补偿承包人索赔的条款

例题：根据《标准施工招标文件》，下列引起承包人索赔的事件中，只能获得工期补偿的是（   ）。

A. 提供图纸延误

B. 延迟提供施工场地

C. 发包人提供材料和工程设备不符合合同要求

D. 发包人的原因造成工期延误

E. 发包人原因引起的暂停施工

F. 发包人原因引起造成暂停施工后无法按时复工

G. 发包人原因造成工程质量达不到合同约定验收标准的

H. 监理人对隐蔽工程重新检查，经检验证明工程质量符合合同要求的

I. 因发包人提供的材料、工程设备造成工程不合格

J. 承包人应监理人要求对材料、工程设备和工程重新检验且检验结果合格

K. 发包人在全部工程竣工前，使用已接收的单位工程导致承包人费用增加的

L. 因发包人违约导致承包人暂停施工

M. 施工过程发现文物、古迹以及其他遗迹、化石、钱币或物品

N. 承包人遇到不利物质条件

O. 发包人提供资料错误导致承包人的返工或造成工程损失

P. 不可抗力

Q. 发包人要求承包人提前竣工

R. 发包人的原因导致工程试运行失败

S. 发包人原因导致的工程缺陷和损失

T. 异常恶劣的气候条件

U. 发包人要求承包人提前交付材料和工程设备

V. 采取合同未约定的安全作业环境及安全施工措施

W. 因发包人原因造成承包人人员工伤事故

X. 基准日后法律变化引起的价格调整

Y. 工程移交后因发包人原因出现的缺陷修复后的试验和试运行

【答案】 T

重点难点专项突破

1. 在考题中，只可索赔工期、只可索赔费用、只可索赔工期和费用、只可索赔费用和利润、可索赔工期、可索赔费用、可索赔利润的索赔事件互相作为干扰选项。还可能会作为考题的题目：

（1）根据《标准施工招标文件》通用合同条款，承包人最有可能同时获得工期、费用和利润补偿的索赔事件有（A、B、C、D、E、F、G、H、I、J、K、L）。

（2）根据《标准施工招标文件》的合同通用条件，承包人通常只能获得费用补偿，但不能得到利润补偿和工期顺延的事件有（U、V、W、X、Y）。

（3）根据《标准施工招标文件》通用合同条款，承包人可能同时获得工期和费用补偿，但不能获得利润补偿的索赔事件有（N、O、P）。【2020年考过】

（4）根据《标准施工招标文件》，下列情形中，承包人可以得到费用和利润补偿而不能得到工期补偿的事件有（Q、R、S）。

（5）下列事件的发生，已经或将造成工期延误，则按照《标准施工招标文件》中相关合同条件，可以获得工期补偿的有（A、B、C、D、E、F、G、H、I、J、K、L、N、O、P、T）。

（6）根据《标准施工招标文件》中的合同条款，下列引起承包人索赔的事件中，可以获得费用补偿的有（A、B、C、D、E、F、G、H、I、J、K、L、M、N、O、P、Q、R、S、U、V、W、X、Y）。

（7）根据《标准施工招标文件》，下列索赔事件引起的费用索赔中，可以获得利润补偿的有（A、B、C、D、E、F、G、H、I、J、K、L、Q、R、S）。

2. 合理补偿承包人索赔条款的考核还有如下题型：

（1）根据《标准施工招标文件》中的合同条款，关于合理补偿承包人索赔的说法，正确的有（　　）。

A. 承包人遇到不利物质条件可进行工期和费用索赔

B. 发生不可抗力只能进行工期和费用索赔

C. 异常恶劣天气导致工期延误只能进行工期索赔

D. 发包人原因引起的暂停施工可以进行工期、费用和利润索赔

E. 发包人提供资料错误只可以进行工期、费用索赔

【答案】A、B、C、D

（2）某施工项目6月份因异常恶劣的气候条件停工3d，停工费用8万元；之后因停工待图损失3万元，因施工质量不合格，返工费用4万元。根据《标准施工招标文件》，施工承包商可索赔的费用为（　　）万元。

A. 15　　　　　　　　　　　　　B. 11

C. 7　　　　　　　　　　　　　D. 3

【答案】D

【解析】异常恶劣的气候条件停工3d，停工费用8万元，只可索赔工期3d。因施工质量不合格，返工费用4万元这属于承包人的原因，不可索赔费用。因停工待图损失3万元，属于发包人的责任，可索赔费用3万元。

专项突破 17　保障农民工工资支付的规定

项目	内　　容
《保障农民工工资支付条例》规定	（1）农民工工资应当以货币形式，通过银行转账或者现金支付给农民工本人，不得以实物或者有价证券等其他形式替代。 （2）建设单位应当向施工单位提供工程支付担保。人工费用拨付周期不得超过1个月。

项目	内　容
《保障农民工工资支付条例》规定	（3）施工总承包单位与分包单位应当依法与所招用的农民工订立劳动合同并进行实名登记，具备条件的行业应当通过相应的管理服务信息平台进行用工实名登记、管理。 （4）分包单位对所招用农民工的实名制管理和工资支付负直接责任。施工总承包单位对分包单位劳动用工和工资发放等情况进行监督。分包单位拖欠农民工工资的，由施工总承包单位先行清偿，再依法进行追偿。工程建设项目转包，拖欠农民工工资的，由施工总承包单位先行清偿，再依法进行追偿。 （5）工程建设领域推行分包单位农民工工资委托施工总承包单位代发制度
《保障中小企业款项支付条例》的规定	（1）机关、事业单位从中小企业采购货物、工程、服务，应当自货物、工程、服务交付之日起30日内支付款项；合同另有约定的，付款期限最长不得超过60日。 （2）不得以法定代表人或者主要负责人变更，履行内部付款流程，或者在合同未作约定的情况下以等待竣工验收批复、决算审计等为由，拒绝或者迟延支付中小企业款项。 （3）机关、事业单位和大型企业迟延支付中小企业款项的，应当支付逾期利息。 （4）除依法设立的投标保证金、履约保证金、工程质量保证金、农民工工资保证金外，工程建设中不得收取其他保证金

重点难点专项突破

1. 本考点如果考核，主要是判断正确与错误说法的综合题目。

2. 本考点可能会这样命题：

根据《保障农民工工资支付条例》，关于农民工工资的说法，正确的是（　　）。

A. 分包单位拖欠农民工工资的，由施工总承包单位先行清偿，再依法进行追偿

B. 农民工工资可以以部分实物或者有价证券的方式发放给农民工本人

C. 人工费用拨付周期最长不得超过 3 个月

D. 施工总承包单位应对分包单位所招用农民工的实名制管理和工资支付负直接责任

【答案】A

专项突破 18　安全文明施工费的支付

项目	内　容
承担人员	安全文明施工费由发包人承担，发包人不得以任何形式扣减该部分费用。因基准日期后合同所适用的法律或政府有关规定发生变化，增加的安全文明施工费由发包人承担【2020 年、2021 年第一批考过】
支付时间及额度	除专用合同条款另有约定外，发包人应在工程开工后 28d 内预付安全文明施工费总额的 50%，其余部分与进度款同期支付【2020 年、2021 年第二批考过】
使用规定	承包人对安全文明施工费应专款专用，在财务账目中单独列项备查，不得挪作他用，否则发包人有权要求其限期改正；逾期未改正的，可以责令其暂停施工，由此增加的费用和（或）延误的工期由承包人承担【2020 年、2021 年第一批考过】

1. 该考点内容虽少，但每一句话都可以作为一个采分点出现。

2. "28d" 可能会设置的干扰选项有："14d""21d""42d"。

3. 没有按时支付超过 7d 的，有权发出预付的催告通知，发包人收到通知后 7d 内仍未支付的，承包人有权暂停施工。

4. 本考点可能会这样命题：

根据《建设工程施工合同（示范文本）》GF—2017—0201，关于安全文明施工费的说法，正确的是(   )。

　A. 承包人对安全文明施工费应专款专用，并在财务账目中单独列项备查

　B. 基准日期后合同所适用的法律发生变化，由此增加的安全文明施工费由承包人承担

　C. 经发包人同意，承包人采取合同约定以外的安全措施所产生的费用，由承包人承担

　D. 发包人应在开工后 42d 内预付安全文明施工费总额的 60%

【答案】A

专项突破 19　工程竣工结算的计价原则

项目		计价原则
单价项目		分部分项工程和措施项目中的单价项目应依据双方确认的工程量与已标价工程量清单的综合单价计算；如发生调整的，应以发承包双方确认调整的综合单价计算
总价项目		措施项目中的总价项目应依据已标价工程量清单的项目和金额计算；发生调整的，应以发承包双方确认调整的金额计算，其中安全文明施工费应按国家或省级、行业建设主管部门的规定计算
其他项目	计日工	按发包人实际签证确认的事项计算
	暂估价	按计价规范相关规定计算
	总承包服务费	依据已标价工程量清单的金额计算；发生调整的，应以发承包双方确认调整的金额计算
	索赔费用	依据发承包双方确认的索赔事项和金额计算
	现场签证费用	依据发承包双方签证资料确认的金额计算
	暂列金额	应减去工程价款调整（包括索赔、现场签证）金额计算，如有余额归发包人
规费和税金		按国家或省级、建设主管部门的规定计算
工程计量结果和合同价款		发承包双方在合同工程实施过程中已经确认的工程计量结果和合同价款，在竣工结算办理中应直接进入结算

1. 该考点在考试时，一般会考核判断正确与错误说法的综合题目。

2. 掌握工程竣工结算书编制与核对的责任分工。

承包人或受其委托具有相应资质的工程造价咨询人编制，发包人或受其委托具有相应资质的工程造价咨询人核对。

3. 本考点可能会这样命题：

关于工程竣工结算计价原则的说法，正确的有（　　）。

A. 计日工按发包人实际签证确认的事项计算

B. 总承包服务费按已标价工程量清单的金额计算，不应调整

C. 现场签证费用应依据发承包双方签证资料确认的金额计算

D. 工程实施过程中发承包双方已经确认的工程计量结果和合同价款，应直接进入结算

E. 总价措施项目应依据合同约定的项目和金额计算，不得调整

【答案】A、C、D

专项突破 20　竣工结算款支付

例题：根据《建设工程施工合同（示范文本）》GF—2017—0201，除专用合同条款另有约定外，承包人应在工程竣工验收合格后（　　）d 内向发包人和监理人提交竣工结算申请单，并提交完整的结算资料。

A. 7　　　　　　　　B. 14　　　　　　　　C. 28　　　　　　　　D. 56

【答案】C

重点难点专项突破

1. 本考点还可以考核的题目有：

（1）根据《建设工程施工合同（示范文本）》GF—2017—0201，发包人在收到承包人提交竣工结算申请书后（C）d 内未完成审批且未提出异议的，视为发包人认可承包人提交的竣工结算申请单。

> 注意：自发包人收到承包人提交的竣工结算申请单后第 29 天起视为已签发竣工付款证书。

（2）根据《建设工程施工合同（示范文本）》GF—2017—0201，除专用合同条款另有约定外，发包人应在签发竣工付款证书后的（B）d 内，完成对承包人的竣工付款。

（3）根据《建设工程施工合同（示范文本）》GF—2017—0201，发包人逾期支付竣工付款超过（D）d 的，按照中国人民银行发布的同期同类贷款基准利率的两倍支付违约金。

（4）根据《建设工程施工合同（示范文本）》GF—2017—0201，承包人对发包人签认的竣工付款证书有异议的，对于有异议部分应在收到发包人签认的竣工付款证书后（A）d 内提出异议，并由合同当事人按照专用合同条款约定的方式和程序进行复核，或按照争议解决约定处理。

2. 本考点中还应掌握一个采分点是竣工结算申请单的内容，2019 年在此考核了一道多项选择题。具体内容包括：

(1) 竣工结算合同价格。

(2) 发包人已支付承包人的款项。

(3) 应扣留的质量保证金。已缴纳履约保证金的或提供其他工程质量担保方式的除外。

(4) 发包人应支付承包人的合同价款。

3. 接下来我们再补充一个采分点——最终结清。我们也根据上述例题中的数字，将这个采分点可能考核的题目作总结。

(1) 根据《建设工程施工合同（示范文本）》GF—2017—0201，除专用合同条款另有约定外，承包人应在缺陷责任期终止证书颁发后（A）d 内，按专用合同条款约定的份数向发包人提交最终结清申请单，并提供相关证明材料。

> 注意：最终结清申请单应列明质量保证金、应扣除的质量保证金、缺陷责任期内发生的增减费用。

(2) 根据《建设工程施工合同（示范文本）》GF—2017—0201，除专用合同条款另有约定外，发包人应在收到承包人提交的最终结清申请单后（B）d 内完成审批并向承包人颁发最终结清证书。

> 注意：发包人逾期未完成审批，又未提出修改意见的，视为发包人同意承包人提交的最终结清申请单，且自发包人收到承包人提交的最终结清申请单后 15d 起视为已颁发最终结清证书。

(3) 根据《建设工程施工合同（示范文本）》GF—2017—0201，除专用合同条款另有约定外，发包人应在颁发最终结清证书后（A）d 内完成支付。

专项突破 21　质量保证金的处理

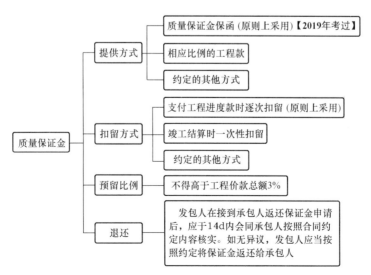

专项突破 22　工　程　保　修

项目	内　　容
保修责任	（1）工程保修期从工程竣工验收合格之日起算。 （2）发包人未经竣工验收擅自使用工程的，保修期自转移占有之日起算。 （3）具体分部分项工程的保修期由合同当事人在专用合同条款中约定，但不得低于法定最低保修年限
修复费用	（1）保修期内，因承包人原因造成工程的缺陷、损坏，承包人应负责修复，并承担修复的费用以及因工程的缺陷、损坏造成的人身伤害和财产损失。 （2）保修期内，因发包人使用不当造成工程的缺陷、损坏，可以委托承包人修复，但发包人应承担修复的费用，并支付承包人合理利润。 （3）因其他原因造成工程的缺陷、损坏，可以委托承包人修复，发包人应承担修复的费用，并支付承包人合理的利润，因工程的缺陷、损坏造成的人身伤害和财产损失由责任方承担
修复通知	在保修期内，发包人在使用过程中，发现已接收的工程存在缺陷或损坏必须立即修复的，发包人可以口头通知承包人并在口头通知后48h内书面确认，承包人应在专用合同条款约定的合理期限内到达工程现场并修复缺陷或损坏
未能修复	因承包人原因造成工程的缺陷或损坏，承包人拒绝维修，且经发包人书面催告后仍未修的，发包人有权自行修复或委托第三方修复，所需费用由承包人承担

A. 发包人未经竣工验收擅自使用工程的，保修期自转移占有之日起算

B. 各分部工程的保修期应该是相同的

C. 工程保修期从工程完工之日起计算

D. 工程保修期可以根据具体情况适当低于法定最低保修年限

【答案】A

（2）根据《建设工程施工合同（示范文本）》GF—2017—0201，关于工程保修期内修复费用的说法，正确的是（   ）。

A. 因承包人原因造成的工程缺陷，承包人应负责修复，并承担修复费用，但不承担因工程缺陷导致的人身伤害

B. 因第三方原因造成的工程损坏，可以委托承包人修复，发包人应承担修复费用，并支付承包人合理利润

C. 因发包人不当使用造成的工程损坏，承包人应负责修复，发包人应承担合理的修复费用，但不额外支付利润

D. 因不可抗力造成的工程损坏，承包人应负责修复，并承担相应的修复费用

【答案】B

专项突破 23　合同解除的价款结算与支付

例题： 因不可抗力解除合同的，发包人应向承包人支付的费用有（   ）。

A. 合同解除前承包人已完成工作的价款

B. 承包人为工程订购的并已交付给承包人，或承包人有责任接受交付的材料、工程设备和其他物品的价款

C. 发包人要求承包人退货或解除订货合同而产生的费用，或因不能退货或解除合同而产生的损失

D. 承包人撤离施工现场前以及遣散承包人人员的费用

E. 按照合同约定在合同解除前应支付给承包人的其他款项

F. 扣减承包人按照合同约定应向发包人支付的款项

G. 按照合同约定在合同解除前应支付的违约金

H. 按照合同约定应退还的质量保证金

I. 因解除合同给承包人造成的损失

【答案】A、B、C、D、E、F

重点难点专项突破

1. 本考点还可以考核的题目有：

因发包人违约解除合同后的，发包人应向承包人支付的费用有（A、B、D、F、G、H、I）。

2. 应掌握因不可抗力解除合同的条件是什么。

因不可抗力导致合同无法履行连续超过 84d 或累计超过 140d 的，发包人和承包人均有权解除合同。【2022 年考过】

3. 应能区分合同履行过程中，发生哪些情形，属于发包人违约；发生哪些情形，属于承包人违约。

> 注意：除专用合同条款另有约定外，承包人按"发包人违约的情形"条款约定暂停施工满 28d 后，发包人仍不纠正其违约行为并致使合同目的不能实现的，或发包人明确表示或者以其行为表明不履行合同主要义务的；承包人有权解除合同，发包人应承担由此增加的费用，并支付承包人合理的利润。【2021 年第二批考过】

4. 因承包人违约解除合同的，合同但事人应在合同解除后 28d 内完成估价、付款和清算，并按下列约定执行：

(1) 合同解除后，承包人实际完成工作对应的合同价款，以及承包人已提供的材料、工程设备、施工设备和临时工程等的价值。

(2) 合同解除后，承包人应支付的违约金。

(3) 合同解除后，因解除合同给发包人造成损失。

(4) 合同解除后，承包人应按照发包人要求和监理人的指示完成现场的清理和撤离。

2Z102050　施工成本管理的任务、程序和措施

专项突破 1　施工成本的组成

例题：建设工程项目施工成本由直接成本和间接成本所组成。下列施工单位发生的各项费用支出中，可以计入施工直接成本的是(　　)。【2021 年第一批考过】

A. 人工费

B. 材料费

C. 施工机具使用费

D. 管理人员工资

E. 办公费

F. 差旅交通费

【答案】A、B、C

重点难点专项突破

1. 本考点还可以考核的题目有：

(1) 下列施工费用，应计入施工间接成本的有 (D、E、F)。

(2) 建设工程项目施工成本包括 (A、B、C、D、E、F)。【2009 年考过】

2. 注意：间接成本是非直接计入工程但必须发生的费用。

专项突破 2　成本管理的任务和程序

项目		内　　容
任务	成本计划	（1）以货币形式编制施工项目在计划期内的生产费用、成本水平、成本降低率以及为降低成本所采取的主要措施和规划的书面方案。 （2）是建立项目成本管理责任制、开展成本控制和核算的基础。【2014年、2019年考过】 （3）是项目降低成本的指导文件，是设立目标成本的依据。 （4）项目成本计划一般由施工单位编制。 （5）成本计划可按成本组成、项目结构和工程实施阶段进行编制。 编制成本计划时应遵循的原则： （1）从实际情况出发；【2022年考过】 （2）与其他计划相结合；【2022年考过】 （3）采用先进技术经济指标；【2022年考过】 （4）统一领导、分级管理；【2022年考过】 （5）适度弹性【2022年考过】
	成本控制	（1）成本控制是在施工过程中，对影响成本的各种因素加强管理，并采取各种有效措施，将实际发生的各种消耗和支出严格控制在成本计划范围内；通过动态监控并及时反馈，严格审查各项费用是否符合标准，计算实际成本和计划成本之间的差异并进行分析，进而采取多种措施，减少或消除损失浪费。【2022年考过】 （2）建设工程项目施工成本控制应贯穿于项目从投标阶段开始直至保证金返还的全过程。 （3）成本控制可分为事先控制、事中控制（过程控制）和事后控制【2014年考过】
	成本核算	（1）施工成本核算包括两个基本环节：一是按照规定的成本开支范围对施工成本进行归集和分配，计算出施工费用的实际发生额；二是根据成本核算对象，采用适当的方法，计算出该施工项目的总成本和单位成本。 （2）施工成本核算一般以单位工程为对象，但也可以按照承包工程项目的规模、工期、结构类型、施工组织和施工现场等情况，结合成本管理要求，灵活划分成本核算对象。【2017年考过】 （3）对竣工工程的成本核算，应区分为竣工工程现场成本和竣工工程完全成本，分别由项目管理机构和企业财务部门进行核算分析，其目的在于分别考核项目管理绩效和企业经营效益【2017年、2018年考过】
	成本分析	（1）成本分析是在成本核算的基础上，对成本的形成过程和影响成本升降的因素进行分析，以寻求进一步降低成本的途径，包括有利偏差的挖掘和不利偏差的纠正。【2010年考过】 （2）成本分析贯穿于施工成本管理的全过程。 （3）成本偏差的控制，分析是关键，纠偏是核心，要针对分析得出的偏差发生原因，采取切实措施，加以纠正【2014年考过】
	成本考核	成本考核是指在项目完成后，对项目成本形成中的各责任者，按项目成本目标责任制的有关规定，将成本的实际指标与计划、定额、预算进行对比和考核，评定施工项目成本计划的完成情况和各责任者的业绩，并以此给予相应的奖励和处罚
程序		（1）掌握生产要素的价格信息。 （2）确定项目合同价。 （3）编制成本计划，确定成本实施目标。 （4）进行成本控制。 （5）进行项目过程成本分析。 （6）进行项目过程成本考核。 （7）编制项目成本报告。 （8）项目成本管理资料归档

重点难点专项突破

1. 成本管理的任务采分点比较多，可能就某一句话单独命题，也可能以判断正确与错误说法的综合题目的考核。例如：

(1) 对竣工项目进行工程现场成本核算的目的是（　　）。【2018 年真题】

A. 评价财务管理效果　　　　　　B. 考核项目管理绩效

C. 核算企业经营效益　　　　　　D. 评价项目成本效益

【答案】B

(2) 建设工程项目施工成本控制涉及的时间范围是（　　）。

A. 从施工准备开始至项目交付使用为止

B. 从工程投标开始至项目竣工结算完成为止

C. 从工程投标开始至项目保证金返还为止

D. 从施工准备开始至项目竣工结算完成为止

【答案】C

(3) 关于建设工程项目施工成本的说法，正确的是（　　）。

A. 施工成本计划是对未来的成本水平和发展趋势作出估计

B. 施工成本核算是通过实际成本与计划成本的对比，评定成本计划的完成情况

C. 施工成本考核是通过成本的归集和分配，计算施工项目的实际成本

D. 施工成本管理是通过采取措施，把成本控制在计划范围内，并最大程度的节约成本

【答案】D

2. 成本管理的程序考核题型有两种：

(1) 给出各工作程序，判断正确的步骤。例如：

某施工成本管理涉及以下工作：①掌握生产要素的价格信息；②进行成本控制；③确定项目合同价；④编制成本计划，确定成本实施目标。正确的工作程序是（　　）。

A. ①③④②　　　　　　　　　　B. ④①③②

C. ①③②④　　　　　　　　　　D. ①④③②

【答案】A

(2) 判断某项工作紧前或者紧接着应进行的工作。例如：

根据项目成本管理任务，成本考核前需要完成的工作有（　　）。【2021 年第一批真题】

A. 编制成本计划、确定成本实施目标

B. 编制项目成本报告

C. 项目成本管理资料归档

D. 进行成本控制

E. 进行项目过程成本分析

【答案】A、D、E

专项突破 3 施工成本管理的措施

例题： 下列施工成本管理措施中，属于组织措施的是(　　)。【2022 年真题题干】

A. 实行项目经理责任制

B. 落实施工成本管理的组织机构和人员，明确各级施工成本管理人员的任务和职能分工、权利和责任【2011 年、2022 年考过】

C. 编制施工成本控制工作计划，确定合理详细的工作流程【2019 年、2020 年、2021 年第二批考过】

D. 加强施工定额管理和施工任务单管理，控制活劳动和物化劳动的消耗【2013 年考过】

E. 加强施工调度，避免因施工计划不周和盲目调度造成窝工损失、机械利用率降低、物料积压【2012 年 6 月、2012 年 10 月、2019 年考过】

F. 进行技术经济分析，确定最佳的施工方案【2012 年 6 月、2020 年考过】

G. 结合施工方法，进行材料使用的比选，在满足功能要求的前提下，通过代用、改变配合比、使用添加剂等方法降低材料消耗的费用【2016 年、2017 年、2019 年、2020 年、2021 年第一批考过】

H. 确定最合适的施工机械、设备使用方案【2011 年、2019 年、2021 年第二批考过】

I. 结合项目的施工组织设计及自然地理条件，降低材料的库存成本和运输成本

J. 应用先进的施工技术，运用新材料，使用现金的机械设备【2020 年考过】

K. 编制资金使用计划，确定、分解施工成本管理目标【2020 年考过】

L. 对施工成本管理目标进行风险分析，并制定防范性对策【2021 年第二批考过】

M. 施工中严格控制各项开支，及时准确地记录、收集、整理、核算实际支出的费用

N. 对各种变更，及时做好增减账，及时落实业主签证，及时结算工程款【2012 年 6 月、2016 年、2019 年考过】

O. 通过偏差原因分析和未完工程施工成本预测，发现一些潜在的可能引起未完工程施工成本增加的问题，及时采取预防措施【2016 年、2020 年考过】

P. 选用合适的合同结构【2016 年、2021 年第二批考过】

Q. 在合同的条款中应仔细考虑一切影响成本和效益的因素，特别是潜在的风险因素

【答案】A、B、C、D、E

重点难点专项突破

1. 本考点还可以考核的题目有：

(1) 下列施工成本管理的措施中，属于技术措施的有（F、G、H、I、J）。【2020 年真题题干】

(2) 下列施工成本管理的措施中，属于经济措施的有（K、L、M、N、O）。【2020 年考过】

(3) 下列施工成本管理的措施中，属于合同措施的有（P、Q）。

2. 本考点除了上述考核题型外，还会这样命题：

施工成本管理的各项措施中，通过加强施工定额管理和施工任务单管理，控制活劳动和物化劳动消耗的措施属于（A）。

A. 组织措施　　　　　　　　　B. 技术措施

C. 经济措施　　　　　　　　　D. 合同措施

3. 采用合同措施控制施工成本，应贯穿整个合同周期，包括从合同谈判开始到合同终结的全过程。【2014 年考过】

2Z102060 施工成本计划和成本控制

专项突破 1 施工成本计划的类型

例题：施工企业在施工项目投标及签订合同阶段编制的估算成本计划，属于（　　）成本计划。【2014 年考过】

A. 竞争性　　　　　　　　　　B. 指导性

C. 实施性　　　　　　　　　　D. 战略性

E. 参考性

【答案】A

重点难点专项突破

1. 本考点还可以考核的题目有：

（1）下列施工成本计划中，（A）成本计划以招标文件中的合同条件、投标者须知、技术规范、设计图纸和工程量清单等为依据，以有关价格条件说明为基础，结合调研和现场踏勘、答疑等情况，根据本企业自身的工料消耗标准、水平、价格资料和费用指标，对本企业完成招标工程所需要支出的全部费用的估算。

（2）某施工企业经过投标获得了某工程的施工任务，合同签订后，公司有关部门开始选派项目经理并编制成本计划，该阶段所编制的成本计划属于（B）。【2012 年 6 月真题题干】

（3）以合同价为依据，按照企业的预算定额标准制定的设计预算成本计划，属于（B）成本计划。

（4）以项目实施方案为依据，以落实项目经理责任目标为出发点，采用企业的施工定额，通过编制施工预算而形成的施工成本计划是一种（C）成本计划。【2010 年真题题干】

> 注意：上题中"施工定额"在 2009 年、2011 年、2012 年 10 月均作为采分点考核了单项选择题。"施工预算"在 2020 年作为采分点考核单项选择题。

（5）项目施工准备阶段的施工预算成本计划属于（C）成本计划。

专项突破 2　施工预算的内容

例题： 施工预算的内容是以单位工程为对象，进行人工、材料、机械台班数量及其费用总和的计算。它由编制说明和预算表格两部分组成，其中预算表格部分包括(　　)。

A. 工程量计算汇总表　　　　　　　B. 施工预算工料分析表

C. 人工汇总表　　　　　　　　　　D. 材料消耗量汇总表

E. 施工预算表　　　　　　　　　　F. "两算"对比表

【答案】A、B、C、D、E、F

重点难点专项突破

1. 本考点还可以考核的题目有：

(1) 为了便于生产、调度、计划、统计及分期材料供应，根据工程情况，可将工程量按分层、分段、分部位进行汇总，然后进行单位工程汇总的表格为 (A)。

(2) 将已汇总的人工、材料、机械台班消耗数量分别乘以所在地区的人工工资标准、材料预算价格、机械台班单价，计算出人料机费的表格为 (E)。

(3) 将计算出的人工、材料、机械台班消耗数量，以及人工费、材料费、机械费等与施工图预算进行对比，找出节约或超支的原因，作为开工之前的预测分析依据的表格为 (F)。

2. "两算"对比表是指同一工程内容的施工预算与施工图预算的对比分析表。

专项突破 3　施工图预算与施工预算的对比

项目		施工预算	施工图预算
区别	编制依据	施工定额【2009 年、2016 年、2021 年第二批考过】	预算定额【2016 年、2021 年第二批考过】
	适用范围	施工企业内部管理用的一种文件，与发包人无直接关系【2009 年、2021 年第二批】	既适用于发包人，又适用于承包人【2009 年、2016 年、2021 年第二批考过】
	发挥作用	施工企业组织生产、编制施工计划、准备现场材料、签发任务书、考核功效、进行经济核算的依据【2011 年、2016 年、2021 年第二批考过】	投标报价【2009 年、2016 年、2021 年第二批考过】
对比分析内容		施工预算的人工数量及人工费比施工图预算一般要低 6% 左右。 施工定额的用工量一般都比预算定额低。 施工预算的材料消耗量及材料费一般低于施工图预算。 施工机具部只能采用两种预算的机具费进行对比分析。如果施工预算的机具费大量超支而又无特殊原因，则应考虑改变原施工方案，尽量做到不亏损而略有盈余。 施工预算的脚手架是根据施工方案确定的搭设方式和材料计算的，施工图预算则综合了脚手架搭设方式，按不同结构和高度，以建筑面积为基数计算的；施工预算模板是按混凝土与模板的接触面积计算，施工图预算的模板则按混凝土体积综合计算	

重点难点专项突破

1. 施工图预算与施工预算的 3 个区别是常考考点，可能会就每一项不同单独命题，也可能会以判断正确与错误说法的综合题目考核。

2. 施工预算和施工图预算对比的方法有实物对比法和全额对比法。

3. 本考点可能会这样命题：

（1）在编制施工成本计划时通常需要进行"两算"对比，"两算"指的是（　　）。

A. 设计概算、施工图预算　　　　　　B. 施工图预算、施工预算

C. 设计概算、投资估算　　　　　　　D. 设计概算、施工预算

【答案】B

（2）关于施工预算、施工图预算"两算"对比的说法，正确的是（　　）。

A. "两算"对比的方法包括实物对比法

B. 施工预算的编制以预算定额为依据，施工图预算的编制以施工定额为依据

C. 一般情况下，施工图预算的人工数量及人工费比施工预算低

D. 一般情况下，施工图预算的材料消耗量及材料费比施工预算低

【答案】A

专项突破 4　施工成本计划的编制方法

例题：某工程按月编制的成本计划如下图所示，若 6 月、7 月实际完成的成本为 700 万元和 1000 万元，其余月份的实际成本与计划相同，则关于成本偏差的说法，正确的有（　　）。【2015 年真题题干】

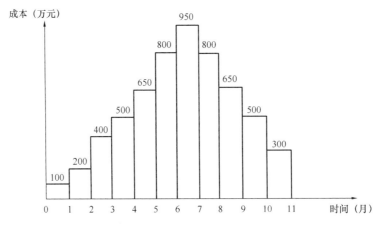

A. 第 6 个月末的计划成本累计值为 2650 万元

B. 第 6 个月末的实际成本累计值为 2550 万元

C. 第 7 个月末的计划成本累计值为 3600 万元

D. 第 7 个月末的实际成本累计值为 3550 万元

E. 若绘制 S 形曲线，所有工作的时间宜按最迟开始时间开始【**2015 年、2017 年、2018 年、2019 年考过**】

88

【答案】A、B、C、D、E

<hr/>

重点难点专项突破

1. 施工成本计划的编制方法有3种：（1）按成本组成编制成本计划的方法；（2）按项目结构编制成本计划的方法；（3）按工程实施阶段编制成本计划的方法。上述例题是考核第（3）种方法。2016年考核了同样的题型。下面对这道题进行分析：

A选项：第6个月末的计划成本累计值＝100＋200＋400＋500＋650＋800＝2650万元。

B选项：第6个月末的实际成本累计值＝100＋200＋400＋500＋650＋700＝2550万元。

C选项：第7个月末的计划成本累计值＝100＋200＋400＋500＋650＋800＋950＝3600万元。

D选项：第7个月末的实际成本累计值＝100＋200＋400＋500＋650＋700＋1000＝3550万元。

E选项：一般而言，所有工作都按最迟开始时间开始，对节约资金贷款利息是有利的，但同时，也降低了项目按期竣工的保证率。

2. 按实施进度编制成本计划，通常可在控制项目进度的网络图的基础上进一步扩充得到。即在建立网络图时，一方面确定完成各项工作所需花费的时间，另一方面确定完成这一工作合适的成本支出计划。对成本支出计划可能分解过细，以至于不可确定每项工作的成本支出计划，反之亦然。因此在编制网络计划时，在充分考虑进度控制对项目划分要求的同时，还要考虑确定成本支出计划对项目划分的要求，做到两者兼顾【**2022年考过**】。掌握两种形式：

（1）在时标网络图上按月编制的成本计划（如例题图）。

（2）利用时间-成本曲线（S形曲线）表示（如下图所示）。

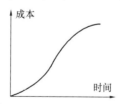

时间-成本累积曲线的绘制步骤如下：

① 确定工程项目进度计划，编制进度计划的横道图。

② 根据每单位时间内完成的实物工程量或投入的人力、物力和财力，计算单位时间（月或旬）的成本，在时标网络图上按时间编制成本支出计划。

③ 计算规定时间 t 计划累计支出的成本额。其计算方法为：各单位时间计划完成的成本额累加求和。

④ 按各规定时间的 Q_t 值，绘制S形曲线。

3. 按成本组成编制成本计划的方法：施工成本可以按成本构成分解为人工费、材料费、施工机具使用费、企业管理费等。【**2022年考过**】

4. 按项目结构编制成本计划的方法：总施工成本分解到单项工程和单位工程中，再进一步分解为分部工程和分项工程【2010年、2022年考过】。在编制成本支出计划时，要在项目总体层面上考虑总的预备费，也要在主要的分项工程中安排适当的不可预见费【2012年6月考过】。

5. 本考点可能会这样命题：

（1）绘制时间-成本累积曲线的环节有：①计算单位时间成本；②确定工程项目进度计划；③计算计划累计支出的成本额；④绘制S形曲线。正确的绘制步骤是（　　）。

A. ①—②—③—④   B. ②—①—③—④
C. ①—③—②—④   D. ②—③—④—①

【答案】B

（2）某项目按施工进度编制的施工成本计划如下图所示，则4月份计划成本是（　　）万元。

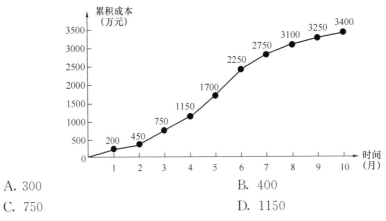

A. 300   B. 400
C. 750   D. 1150

【答案】B

【解析】4月份计划成本＝1150－750＝400万元。

（3）某项目施工成本计划如下图所示，则5月末计划累积成本支出为（C）万元。

项目名称	成本强度（万元/月）	工程进度（月）				
		1	2	3	4	5
A	10					
B	20					
C	15					
D	30					
E	25					

A. 75   B. 180
C. 270   D. 325

【答案】C

专项突破 5　施工成本控制的依据

例题：工程项目施工成本控制的依据有(　　)。

A. 合同文件　　　　　　　　　　　B. 成本计划

C. 进度报告　　　　　　　　　　　D. 工程变更与索赔资料

E. 各种资源的市场信息

【答案】A、B、C、D、E

重点难点专项突破

1. 本考点还可以考核的题目有：

（1）施工成本控制要以（A）为依据，围绕降低工程成本这个目标，从预算收入和实际成本两方面，努力挖掘增收节支潜力，以求获得最大的经济效益。

（2）施工成本控制需要进行实际成本情况与施工成本计划的比较，其中实际成本情况是通过（C）反映的。【2010 年真题题干】

（3）下列施工成本控制依据中，能提供工程实际完成量及工程款实际支付情况的是（C）。【2009 年真题题干】

2. 成本计划是根据施工项目的具体情况制定的施工成本控制方案，既包括预定的具体成本控制目标，又包括实现控制目标的措施和规划，是施工成本控制的指导文件。【2011 年考过】

专项突破 6　施工成本控制的程序

例题：成本的过程控制包括管理行为控制程序和指标控制程序。下列内容属于管理行为控制程序的有(　　)。【2020 年考过】

A. 建立成本管理体系的评审组织和评审程序

B. 建立成本管理体系运行的评审组织和评审程序

C. 目标考核，定期检查

D. 制定对策，纠正偏差

E. 确定成本管理分层次目标

F. 采集成本数据，监测成本形成过程

G. 找出偏差，分析原因

H. 调整改进成本管理方法

【答案】 A、B、C、D

重点难点专项突破

1. 本考点还可以考核的题目有：

下列内容属于指标控制程序的有（D、E、F、G、H）。

2. 记住一句话：管理行为控制程序是对成本全过程控制的基础，指标控制程序则是成本进行过程控制的重点。两个程序既相对独立又相互联系，既相互补充又相互制约。

专项突破 7 赢 得 值 法

例题： 某工程主要工作是混凝土浇筑，中标的综合单价是 400 元/m^3，计划工程量是 8000m^3。施工过程中因原材料价格提高使实际单价为 500 元/m^3，实际完成并经监理工程师确认的工程量是 9000m^3。若采用赢得值法进行综合分析，正确的结论有（　　）。**【2017 年真题题干】**

A. 已完工作预算费用为 360 万元

B. 费用偏差为－90 万元，超出预算费用

C. 进度偏差为 40 万元，进度提前

D. 已完工作实际费用为 450 万元

E. 计划工作预算费用为 320 万元

F. 费用绩效指数为 0.8，超支

G. 进度绩效指数为 1.125，进度提前

【答案】 A、B、C、D、E、F、G

重点难点专项突破

1. 本考点在 2010 年、2012 年 6 月、2012 年 10 月、2013 年、2014 年、2015 年、2016 年、2017 年、2018 年、2021 年第一批考试中均有考核。考核主要以计算题为主。

2. 赢得值法需要计算 3 个基本参数和 4 个评价指标，而且计算公式都很相似，靠记忆容易混淆，可以按下列方法记忆：

（1）3 个基本参数

参数	计算	说明	理想状态
已完工作预算费用（*BCWP*）	已完成工作量×预算单价	实际希望支付的钱（执行预算）	*ACWP*、*BCWS*、*BCWP* 三条曲线靠得很近、平稳上升，表示项目按预定计划目标进行。如果三条曲线离散度不断增加，预示可能发生关系到项目成败的重大问题**【2015 年、2016 年考过】**
计划工作预算费用（*BCWS*）	计划工作量×预算单价	希望支付的钱（计划预算）	
已完工作实际费用（*ACWP*）	已完成工作量×实际单价	实际支付的钱（执行成本）	

（2）4 个评价指标

指标	计算	记忆	评价	记忆	说明	意义
费用偏差（CV）	$BCWP-ACWP$	两"已完"相减，预算减实际	<0，超支；>0，节支	得负不利，得正有利	反映的是绝对偏差，仅适合于对同一项目作偏差分析【2015 年、2016 年考过】	在项目的投资、进度综合控制中引入赢得值法，可以克服过去进度、投资分开控制的缺点。赢得值法即可定量地判断进度、投资的执行效果
进度偏差（SV）	$BCWP-BCWS$	两"预算"相减，已完减计划	<0，延误；>0，提前			
费用绩效指数（CPI）	$BCWP/ACWP$	—	<1，超支；>1，节支	大于 1 有利，小于 1 不利	反映的是相对偏差，在同一项目和不同项目比较中均可采用【2016 年考过】	
进度绩效指数（SPI）	$BCWP/BCWS$	—	<1，延误；>1，提前			

3. 学习了上面内容，再来看例题如何解答：

已完工作预算费用＝9000×400＝3600000 元＝360 万元。

计划工作预算费用＝8000×400＝3200000 元＝320 万元。

已完工作实际费用＝9000×500＝4500000 元＝450 万元。

费用偏差＝360－450＝－90 万元，项目运行超出预算费用。

进度偏差＝360－320＝40 万元，进度提前。

费用绩效指数＝360/450＝0.8，超支，实际费用高于预算费用。

进度绩效指数＝360/320＝1.125，进度提前。

4. 本考点可能会这样命题：

（1）某工程项目截至 8 月末的有关费用数据为：$BCWP$ 为 980 万元，$BCWS$ 为 820 万元，$ACWP$ 为 1050 万元，则其 SV 为（　　）万元。

A. －160　　　　　　　　　　B. 160

C. 70　　　　　　　　　　　D. －70

【答案】B

【解析】解答本题的关键就是搞清楚这几个参数的含义，至于计算过程就比较简单了。计算过程：980－820＝160 万元。这样考核的概率不是很大。

（2）某分项工程某月计划工程量为 3200m²，计划单价为 15 元/m²，月底核定承包商实际完成工程量为 2800m²，实际单价为 20 元/m²，则该工程的已完工作实际费用（$ACWP$）为（　　）元。

A. 56000　　　　　　　　　　B. 42000

C. 48000　　　　　　　　　　D. 64000

【答案】A

【解析】本题应该是考核赢得值法中最简单的计算题了。已完工作实际费用＝2800×20＝56000 元。

（3）某分部工程计划工程量 5000m³，预算单价 380 元/m³，实际完成工程量为 4500m³，实际单价 400 元/m³。用赢得值法分析该分部工程的施工费用偏差为（　　）元。

A. －100000　　　　　　　　　B. －190000

C. －200000　　　　　　　　　D. －90000

【答案】D

【解析】费用偏差＝4500×380－4500×400＝－90000 元。

（4）某施工企业进行土方开挖工程，按合同约定 3 月份的计划工程量为 2400m³，计划单价是 12 元/m³；到月底检查时，确认承包商实际完成的工程量为 2000m³，实际单价为 15 元/m³。则该工程的进度偏差（SV）和进度绩效指数（SPI）分别为（　　）。

A. －0.6 万元，0.83　　　　　　B. －0.48 万元，0.83

C. 0.6 万元，0.80　　　　　　　D. 0.48 万元，0.80

【答案】B

【解析】已完工作预算费用＝200×12＝2.4 万元，计划工作预算费用＝2400×12＝2.88 万元，进度偏差＝2.4－2.88＝－0.48 万元，进度绩效指数＝2.4/2.88＝0.83。

（5）某土方工程，月计划工程量 2800m³，预算单价 25 元/m³；到月末时已完成工程量 3000m³，实际单价 26 元/m³。对该项工作采用赢得值法进行偏差分析的说法，正确的是（　　）。

A. 已完成工作实际费用为 75000 元

B. 费用绩效指标＞1，表明项目运行超出预算费用

C. 进度绩效指标＜1，表明实际进度比计划进度拖后

D. 费用偏差为－3000 元，表明项目运行超出预算费用

【答案】D

【解析】已完成工作实际费用＝3000×26＝78000 元，已完工作预算费用＝3000×25＝75000 元，计划工作预算费用＝2800×25＝70000 元；费用偏差＝75000－78000＝－3000 元，表示项目运行超出预算费用。费用绩效指数＝75000/78000＝0.96＜1，表示超支，即实际费用高于预算费用；进度绩效指数＝75000/70000＝1.07＞1，表示进度提前，即实际进度比计划进度快。

（6）某分项工程采用赢得值法分析得到：已完工作预算费用（BCWP）＞计划工作预算费用（BCWS）＞已完工作实际费用（ACWP）。则该工程（　　）。

A. 费用超支　　　　　　　　　B. 费用节余

C. 进度延误　　　　　　　　　D. 进度提前

E. 费用绩效指数大于 1

【答案】B、D、E

专项突破 8　偏差分析的表达方法

例题：某混凝土工程的清单综合单价 1000 元/m³，按月结算，其工程量和施工进度数据见下表。按赢得值法计算，3 月末已完工作实际费用（ACWP）是 979 万元。该工程 3 月末参数或指标正确的有（　　）。

工作名称	计划工程量（m³/月）	实际工程量（m³/月）	工程进度（月）			
			1	2	3	4
工作 A	4500	4500				
工作 B	2500	2300				
工作 C	1200	1250				

图例：实际进度 ▨　　计划进度 ▭

A. 已完工作预算费用（BCWP）是 910 万元
B. 费用偏差（CV）是 −69 万元
C. 进度偏差（SV）是 −160 万元
D. 费用绩效指数（CPI）是 0.93
E. 计划工作预算费用（BCWS）是 1070 万元

【答案】 A、B、C、D、E

重点难点专项突破

1. 解答本题也是需要应用赢得值法的几个公式的，我们来看下解题过程：

(1) 已完工作预算费用 $(BCWP) = 1000 \times (4500 + 2300 \times 2) = 910$ 万元。

(2) 计划工作预算费用 $(BCWS) = 1000 \times (4500 + 2500 \times 2 + 1200) = 1070$ 万元。

(3) 已完工作实际费用 $(ACWP) = 979$ 万元。

(4) 费用偏差 $(CV) = 910 - 979 = -69$ 万元。

(5) 进度偏差 $(SV) = 910 - 1070 = -160$ 万元。

(6) 费用绩效指数 $(CPI) = BCWP / ACWP = 910 / 979 = 0.93$。

2. 用横道图法进行费用偏差分析，是用不同的横道标识已完工作预算费用（BCWP）、计划工作预算费用（BCWS）和已完工作实际费用（ACWP），横道图法具有形象、直观、一目了然等优点，它能够准确表达出费用的绝对偏差，而且能直观地表明偏差的严重性。

3. 再来看本考点中的另一采分点——曲线法（如下图所示）。

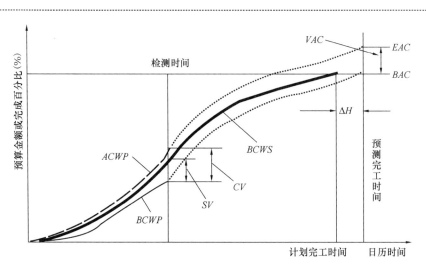

BAC——项目完工预算，指编计划时预计的项目完工费用。

EAC——预测的项目完工估算，指计划执行过程中根据当前的进度、费用偏差情况预测的项目完工总费用。

VAC——预测项目完工时的费用偏差。

$$VAC = BAC - EAC$$

4. 本考点可能会这样命题：

某项目地面铺贴的清单工程量为 $1000m^2$，预算费用单价 60 元/m^2，计划每天施工 $100m^2$。第 6 天检查时发现，实际完成 $800m^2$，实际费用为 5 万元。根据上述情况，预计项目完工时的费用偏差（VAC）是（　　）元。

A. —2000

B. —2500

C. 2000

D. 2500

【答案】B

【解析】

BAC＝完工的计划工程量×预算价＝$1000×60$＝60000 元。

EAC＝工程量×预测的价格（实际单价）。

实际的价格＝$50000/800$＝62.5 元/m^2。

EAC＝$1000×62.5$＝62500 元。

VAC＝$BAC-EAC$＝$60000-62500$＝—2500 元。

专项突破 9　偏差原因分析与纠偏措施

例题： 偏差分析的一个重要目的就是要找出引起偏差的原因，从而有可能采取有针对性的措施，减少或避免相同原因的再次发生。下列费用偏差原因中，属于业主原因的有（　　）。

A. 人工涨价

B. 材料涨价

C. 设备涨价

D. 利率、汇率变化

E. 设计错误　　　　　　　　　　F. 设计漏项

G. 设计标准变化　　　　　　　　H. 设计保守

I. 图纸提供不及时　　　　　　　J. 增加内容

K. 投资规划不当　　　　　　　　L. 组织不落实

M.建设手续不全　　　　　　　　N. 协调不佳

O. 未及时提供场地　　　　　　　P. 施工方案不当

Q. 材料代用　　　　　　　　　　R. 施工质量有问题

S. 赶进度　　　　　　　　　　　T. 工期拖延

U. 自然因素　　　　　　　　　　V. 基础处理

W.社会原因　　　　　　　　　　X. 法律法规政策变化

【答案】J、K、L、M、N、O

重点难点专项突破

1. 本考点还可以考核的题目有：

（1）下列费用偏差原因中，属于物价上涨原因的有（A、B、C、D）。

（2）下列费用偏差原因中，属于设计原因的有（E、F、G、H、I）。

（3）下列费用偏差原因中，属于施工原因的有（P、Q、R、S、T）。

（4）下列费用偏差原因中，属于客观原因的有（U、V、W、X）。

2. 本考点的另外一种考核题型是：

某工程基坑开挖恰逢雨季，造成承包商雨期施工增加费用超支，产生此费用偏差的原因是(　　)。【2017 年、2021 年第二批考过】

A. 业主原因　　　　　　　　　　B. 设计原因

C. 施工原因　　　　　　　　　　D. 客观原因

【答案】D

2Z102070　施工成本核算、成本分析和成本考核

专项突破 1　施工成本核算的原则、范围和程序

例题：根据《企业会计准则第 15 号——建造合同》，工程成本包括从建造合同签订开始至合同完成止所发生的、与执行合同有关的直接费用和间接费用。下列属于工程成本直接费用的有(　　)。

A. 材料费用　　　　　　　　　　B. 人工费用

C. 机械使用费　　　　　　　　　D. 材料搬运费

E. 材料装卸保管费　　　　　　　F. 燃料动力费

G. 临时设施摊销费　　　　　　　H. 生产工具用具使用费

I. 检验试验费　　　　　　　　　J. 工程定位复测费

K. 工程点交费　　　　　　　　　L. 场地清理费

【答案】A、B、C、D、E、F、G、H、I、J、K、L

<hr>

重点难点专项突破

1. 本考点还可以考核的题目有：

根据《企业会计准则第 15 号——建造合同》，工程成本中的其他直接费包括施工过程中发生的（D、E、F、G、H、I、J、K、L）。

2. 项目成本核算应坚持形象进度、产值统计、成本归集同步的原则，即三者的取值范围应是一致的。【2015 年、2017 年考过】

3. 关于直接费用与间接费用还会以计算题的形式进行考核，通过一道题目来说明。

某施工单位为订立某工程项目建造合同共发生差旅费、投标费 50 万元。该项目工程完工时共发生人工费 600 万元，差旅费 5 万元，管理人员工资 98 万元，材料采购及保管费 15 万元。根据《企业会计准则第 15 号——建造合同》，间接费用是（　　）万元。

A. 50
B. 55
C. 70
D. 103

【答案】D

【解析】间接费用企业下属的施工单位或生产单位为组织和管理施工生产活动所发生的费用【2020 年考过】，即 5＋98＝103 万元。

4. 成本核算的程序会有下面两种考核题型：

（1）工程成本核算包括的环节有：①对应计入工程成本的各项费用，区分哪些应当计入本月的工程成本，哪些由其他月份的工程成本负担；②对发生的费用进行审核，确定应计入工程成本的费用和计入各项期间费用的数额；③确定本期已完工程实际成本；④核算竣工工程实际成本。则正确的核算程序是（　　）。

A. ①②③④
B. ①②④③
C. ②①③④
D. ②③①④

【答案】C

（2）施工项目成本核算的程序中，将每个月应计入工程成本的生产费用，在各个成本对象之间进行分配和归集，计算各工程成本后需进行的工作是（　　）。

A. 对所发生的费用进行审核，确定应计入成本的费用和期间费用

B. 将应计入工程成本的各项费用，区分计入本月或其他月份的工程成本

C. 对未完工程进行盘点，确定本期已完工程实际成本

D. 将已完工程成本转入工程结算成本

【答案】C

<hr>

专项突破 2　施工成本核算的方法

例题：施工项目成本核算的方法主要有表格核算法和会计核算法。其中会计核算法的

特点包括(   )。

 A. 简便易懂
        B. 方便操作

 C. 实用性较好
        D. 难以实现较为科学严密的审核制度

 E. 覆盖面较小
        F. 科学严密

 G. 人为控制的因素较小
     H. 核算的覆盖面较大

 I. 对核算工作人员的专业水平和工作经验要求较高

【答案】F、G、H、I

重点难点专项突破

本考点还可以考核的题目有:

(1) 采用会计核算法进行施工项目成本核算的优点有 (F、G、H)。

(2) 采用会计核算法进行施工项目成本核算的缺点有 (I)。

(3) 采用表格核算法进行施工项目成本核算的优点有 (A、B、C)。

(4) 采用表格核算法进行施工项目成本核算的缺点是 (D、E)。

专项突破3 施工成本分析的依据、内容和步骤

例题:下列施工成本分析依据中,属于既可对已发生的,又可对尚未发生或正在发生的经济活动进行核算的是(   )。

 A. 会计核算
        B. 统计核算

 C. 业务核算
        D. 成本核算

【答案】C

重点难点专项突破

1. 本考点还可以考核的题目有:

(1) 下列施工成本分析依据中,一般是对已经发生的经济活动进行核算的是 (A、B)。

(2) 下列施工成本分析依据中,通过全面调查和抽样调查等特有的方法,不仅能提供绝对数指标,还能提供相对数和平均数指标,可以计算当前的实际水平,还可以确定变动速度以预测发展趋势的核算是 (B)。

2.D选项是可能会出现的干扰选项。

3. 本考点还应掌握以下采分点:

(1) 会计核算主要是价值核算。

(2) 业务核算的范围比会计、统计核算要广。

(3) 业务核算的目的在于迅速取得资料,以便在经济活动中及时采取措施进行调整。

(4) 统计核算的计量尺度比会计宽,可以用货币计算,也可以用实物或劳动量计量。

4. 成本分析的内容可能会考核多项选择题，包括：（1）时间节点成本分析；（2）工作任务分解单元成本分析；（3）组织单元成本分析；（4）单项指标成本分析；（5）综合项目成本分析。

5. 成本分析的步骤在2021年第一批的考试中考核了判断正确顺序的题目，除了这种题型，还会可能会给出某项工作，判断其前面的工作或紧接着应进行的工作。

施工成本分析的主要工作有：①收集成本信息；②选择成本分析方法；③分析成本形成原因；④进行成本数据处理；⑤确定成本结果。正确的步骤是（ ）。【2021年第一批真题】

A. ①—②—④—⑤—③   B. ②—③—①—⑤—④

C. ①—③—②—④—⑤   D. ②—①—④—③—⑤

【答案】D

专项突破4　成本分析的基本方法

例题： 某施工项目经理对商品混凝土的施工成本进行分析，发现其目标成本是44万元，实际成本是48万元，因此要分析产量、单价、损耗率等因素对混凝土成本的影响程度，最适宜采用的分析方法是（ ）。【2011年真题题干】

A. 比较法   B. 因素分析法

C. 差额计算法   D. 比率法

【答案】B

重点难点专项突破

1. 成本分析的基本方法包括4种，单项选择题、多项选择题都可能会考核。如果考核多项选择题，那么其干扰选项会怎么设置呢？可能会是成本核算的方法，也可能会是偏差分析的方法。本考点还可以考核的题目有：

（1）下列施工成本分析方法中，通过技术经济指标的对比，检查目标的完成情况，分析产生差异的原因，进而挖掘内部潜力的方法是（A）。

（2）下列施工成本分析方法中，可以用来分析各种因素对成本影响程度的是（B）。

（3）下列施工成本分析方法中，利用各个因素的目标值与实际值的差额来计算其对成本影响程度的方法是（C）。

（4）下列施工成本分析方法中，先把对比分析的数值变成相对数，再观察其相互之间关系的方法是（D）。

（5）工程项目施工成本分析的基本方法有（A、B、C、D）。【2009年考过】

2. 比较法又称指标对比分析法；因素分析法又称连环置换法。

3. 在本考点中还会考核一个非常重要的计算题——利用因素分析法分析各因素对成本影响程度的分析。通过2018年真题来讲解：

某单位产品1月份成本相关参数见下表，用因素分析法计算，单位产品人工消耗量变动对成本的影响是（　　）元。【2018年真题】

某单位产品1月份成本相关参数表

项目	单位	计划值	实际值
产品产量	件	180	200
单位产品人工消耗量	工日/件	12	11
人工单价	元/工日	100	110

A. −18000　　　　　　　　　　　B. −19800

C. −20000　　　　　　　　　　　D. −22000

【答案】C

【解析】首先我们来看下因素分析法的计算步骤：

（1）确定分析对象，并计算出实际与目标数的差异。

（2）确定该指标是由哪几个因素组成的，并按其相互关系进行排序（排序规则是：先实物量，后价值量；先绝对值，后相对值）。

（3）以目标数为基础，将各因素的目标数相乘，作为分析替代的基数。

（4）将各个因素的实际数按照上面的排列顺序进行替换计算，并将替换后的实际数保留下来。

（5）将每次替换计算所得的结果，与前一次的计算结果相比较，两者的差异即为该因素对成本的影响程度。

（6）各个因素的影响程度之和，应与分析对象的总差异相等。

本题的解题过程如下：

顺序	连环替代计算	差异（元）	因素分析
目标数	180×12×100＝216000		
第一次替代	200×12×100＝240000	24000	由于产量增加20件，成本增加24000元
第二次替代	200×11×100＝220000	−20000	由于产品人工消耗量减少1工日/件，成本减少20000元
第三次替代	200×11×110＝242000	22000	由于人工单价每工日提高10元，成本增加22000元
合计		24000−20000＋22000＝26000	

　　4. 下面再提供两个类似的题目练习一下：

　　（1）某商品混凝土目标成本与实际成本对比见下表，关于其成本分析的说法，正确的有（　　）。【2014年真题】

某商品混凝土目标成本与实际成本对比表

项目	单位	目标	实际
产量	m³	600	640
单价	元	715	755
损耗	％	4	3

A. 产量增加使成本增加了 28600 元

B. 实际成本与目标成本的差额是 51536 元

C. 单价提高使成本增加了 26624 元

D. 该商品混凝土目标成本是 497696 元

E. 损耗率下降使成本减少了 4832 元

【答案】B、C、E

【解析】本题的计算过程如下：

1）以目标数 600×715×（1+4％）＝446160 元为分析替代的基础。

① 第一次替代产量因素，以 640m³ 替代 600m³，640×715×（1+4％）＝475904 元；

② 第二次替代单价因素，以 755 元/m³ 替代 715 元/m³，并保留上次替代后的值，640×755×（1+4％）＝502528 元；

③ 第三次替代损耗率因素，以 3％替代 4％，并保留上次替代后的值，640×755×（1+3％）＝497696 元。

2）计算差额：

第一次替代与目标数的差额＝475904－446160＝29744 元。

第二次替代与第一次替代的差额＝502528－475904＝26624 元。

第三次替代与第二次替代的差额＝497696－502528＝－4832 元。

3）产量增加使成本增加了 29744 元，单价提高使成本增加了 26624 元，而损耗率下降使成本减少了 4832 元。实际成本与目标成本的差额＝497696－446160＝51536 元。

（2）某分部工程商品混凝土消耗情况见下表，则由于混凝土量增加导致的成本增加额为（　　）元。【2013 年真题】

某分部工程商品混凝土消耗情况表

项目	单位	计划	实际
消耗量	m³	300	320
单价	元/m³	430	460

A. 9200

B. 9600

C. 8600

D. 18200

【答案】C

【解析】计划成本＝300×430＝129000 元；用实际消耗量 320m³ 替代计划成本中的计划消耗量 300m³ 得：320×430＝137600 元；由于混凝土梁增加导致的成本增加额＝137600－129000＝8600 元。

5. 在本考点中还会考核一个计算题——利用差额计算法分析各因素对成本的影响程度。一起来看这个题目：

某施工项目某月的成本数据见下表，应用差额计算法得到预算成本增加对成本的影响是（　　）万元。

某施工项目某月的成本数据表

项目	单位	计划	实际
预算成本	万元	600	640
成本降低率	％	4	5

A. 12.0   B. 8.0

C. 6.4   D. 1.6

【答案】D

【解析】预算成本增加对成本降低额的影响程度：$(640-600) \times 4\% = 1.6$ 万元。

6. 比率法包括相关比率法、构成比率法、动态比率法，首先可以考核一个多项选择题；第二，可能会给我们一个成本分析表，让我们判断所给选项的说法是否正确；第三，还会考查我们这三个比率法的作用【2022年考过】。2021年第二批考试中考核了动态比率法的应用。一起来看下这个类型题目：

某工程各门窗安装班组的相关经济指标见下表，按照成本分析的比率法，人均效益最好的班组是（   ）。

工程各门窗安装班组的相关经济指标表

项目	班组甲	班组乙	班组丙	班组丁
工程量（m²）	5400	5000	4800	5200
班组人数（人）	50	45	42	43
班组人工费（元）	150000	126000	147000	129000

A. 甲   B. 乙

C. 丙   D. 丁

【答案】A

【解析】在一般情况下，都希望以最少的工资支出完成最大的产值。因此，用产值工资率指标来考核人工费的支出水平，可以很好地分析人工成本。经对比甲的人均效益最优。

专项突破 5   综合成本的分析方法

例题： 综合成本分析方法包括（   ）。

A. 分部分项工程成本分析   B. 月（季）度成本分析

C. 年度成本分析   D. 竣工成本综合分析

【答案】A、B、C、D

重点难点专项突破

1. 本考点还可以考核的题目有：

对施工项目进行综合成本分析时，可作为分析基础的是（A）。【2010年、2014年、2015年、2018年、2020年考过】

2. 分部分项工程成本分析是考试的重点，应掌握以下采分点：

（1）分部分项工程成本分析的对象为已完成分部分项工程。【2010年、2014年考过】

（2）分部分项工程成本分析方法是进行预算成本、目标成本和实际成本的"三算"对比。【2010年考过】

（3）分部分项工程成本分析预算成本来自投标报价成本。【2019年考过】

（4）分部分项工程成本分析目标成本来自施工预算。【2014年、2019年考过】

（5）分部分项工程成本分析实际成本来自施工任务单的实际工程量、实耗人工和限额领料单的实耗材料。【2019年考过】

（6）没有必要对每一个分部分项工程都进行成本分析。【2010年考过】

（7）对于主要分部分项工程必须进行成本分析。

3. 关于年度成本分析，掌握3个采分点：

（1）企业成本要求一年结算一次，不得将本年成本转入下一年度。而项目成本则以项目的寿命周期为结算期，要求从开工到竣工到保修期结束连续计算，最后结算出成本总量及其盈亏。【2019年考过】

（2）年度成本分析的依据是年度成本报表。【2019年考过】

（3）年度成本分析的重点是针对下一年度的施工进展情况制定切实可行的成本管理措施，以保证施工项目成本目标的实现。

4. 单位工程竣工成本分析的内容可能会考核多项选择题，包括3方面：（1）竣工成本分析；（2）主要资源节超对比分析；（3）主要技术节约措施及经济效果分析。

5. 本考点还可能会这样命题：

（1）分部分项工程成本分析"三算"对比分析，是指（　　）的比较。

A. 预算成本、目标成本、实际成本　　B. 概算成本、预算成本、决算成本

C. 月度成本、季度成本、年度成本　　D. 预算成本、计划成本、目标成本

【答案】A

（2）单位工程竣工成本分析的内容包括（　　）。

A. 专项成本分析　　　　　　　　　　B. 竣工成本分析

C. 成本总量构成比例分析　　　　　　D. 主要资源节超对比分析

E. 主要技术节约措施及经济效果分析

【答案】B、D、E

专项突破6　成本项目分析方法与专项成本分析方法

例题：在建设工程项目施工成本分析中，专项成本分析方法包括（　　）。

A. 成本盈亏异常分析　　　　　　　　B. 工期成本分析

C. 资金成本分析　　　　　　　　　　D. 人工费分析

E. 材料费分析　　　　　　　　　　　F. 机械使用费分析

G. 管理费分析

【答案】A、B、C

1. 本考点还可以考核的题目有：

在建设工程项目施工成本分析中，成本项目分析方法包括（D、E、F、G）。

2. 工期成本分析一般采用比较法，即将计划工期成本与实际工期成本进行比较，然后应用"因素分析法"分析各种因素的变动对工期成本差异的影响程度。

3. 进行资金成本分析通常应用"成本支出率"指标，即成本支出占工程款收入的比例——这是计算题采分点。我们通过下面题目进行说明：

某施工项目在进行资金成本分析时，其计算期实际工程款收入为 280 万元，计算期实际成本支出为 130 万元，计划工期成本为 180 万元，则该项目成本支出率为（ ）。

A. 17.86%   B. 46.43%

C. 64.29%   D. 72.22%

【答案】B

【解析】计划工程成本 180 万元为干扰条件。成本支出率＝计算期实际成本支出/计算期实际工程款收入×100%＝130/280×100%＝46.43%。

4. 材料费分析包括主要材料和结构件费用的分析、周转材料使用费分析、采购保管费分析、材料储备资金分析。

专项突破 7 成本考核的依据和方法

例题：成本考核的主要依据是成本计划确定的各类指标。下列施工成本计划指标中，属于质量指标的有（ ）。【2013 年考过】

A. 按子项汇总的工程项目计划总成本指标

B. 按分部汇总的各单位工程（或子项）计划成本指标

C. 按人工、材料、机具等各主要生产要素计划成本指标

D. 设计预算成本计划降低率

E. 责任目标成本计划降低率

F. 设计预算总成本计划降低额

G. 责任目标总成本计划降低额

【答案】D、E

1. 本考点还可以考核的题目有：

（1）下列施工成本计划指标中，属于数量指标的是（A、B、C）。

（2）下列施工成本计划指标中，属于效益指标的是（F、G）。【2021 年第二批考过】

2. 成本考核应以项目成本降低额、项目成本降低率作为项目管理机构成本考核的主要指标。【2016 年、2018 年考过】

2Z103000 施工进度管理

2013—2022年真题分值统计

命题点	题型	2013年(分)	2014年(分)	2015年(分)	2016年(分)	2017年(分)	2018年(分)	2019年(分)	2020年(分)	2021年(分)	2022年(分)
2Z103010 建设工程项目进度控制的目标和任务	单项选择题	2	2	1	1	3	1	2	2	1	1
	多项选择题		2	2	2	2	2		4	2	4
2Z103020 施工进度计划的类型及其作用	单项选择题	2		2	1		1		1	1	1
	多项选择题	2	2		2		2		2	2	
Z103030 施工进度计划的编制方法	单项选择题	5	6	5	6	4	7	5	4	7	5
	多项选择题	4	2	2	2	4	2	6	2	2	2
2Z103040 施工进度控制的任务和措施	单项选择题	1	2	2	1	2	2	2	2		2
	多项选择题	2	2	2	2	2	2	2		2	2
合计	单项选择题	10	10	10	9	9	11	9	9	9	9
	多项选择题	8	8	8	8	8	8	8	8	8	8

2Z103010 建设工程项目进度控制的目标和任务

专项突破1 建设工程项目的总进度目标的内涵

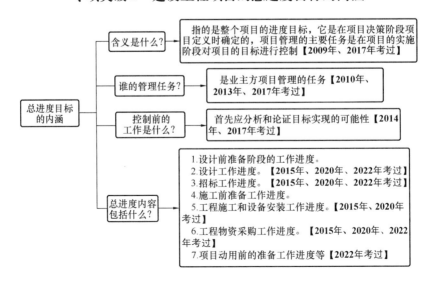

1. 总进度目标的含义，属于谁的管理任务，控制前的工作都是典型的单项选择题采分点，考核题目也都比较简单。

2. 项目总进度的内容一般会以多项选择题进行考核。

3. 本考点可能会这样命题：

在进行建设工程项目总进度目标控制前，首先应（　　）。

A. 论证进度目标实现的经济性　　　B. 确定调整进度目标的方法

C. 制定进度控制措施　　　　　　　D. 论证进度目标是否合理

【答案】D

专项突破2　建设工程项目总进度目标的论证

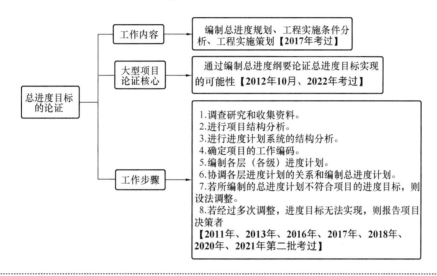

1. 总进度目标的工作内容要注意，它并不是单纯的总进度规划的编制，该采分点在 2017 年作为备选项考核了判断正确与错误说法的综合题目，还有可能会考核多项选择题。

2. 大型建设工程项目总进度目标论证的核心工作一般会考核单项选择题。总进度纲要的内容要掌握，在 2018 年考核了一道多项选择题。

3. 总进度目标论证的工作步骤是高频考点，要重点掌握。考核题型一般有三种：

（1）给出几项工作，判断正确的顺序。这个题型在 2013 年、2016 年、2017 年、2020 年、2021 年第二批考过。例如：

建设工程项目总进度目标论证的工作包括：①编制各层进度计划；②项目结构分析；③编制总进度计划；④项目的工作编码。其正确的工作程序是（　　）。

A. ④—③—②—①　　　　　　B. ②—④—①—③

C. ②—④—③—①   D. ④—②—①—③

【答案】B

（2）给出某一项工作，判断其紧前的工作或者紧接着应进行的工作。这个题型在2011年、2018年考过。例如：

根据项目总进度目标论证的工作步骤，进度计划系统结构分析的紧后工作是（　　）。

A. 项目结构分析   B. 编制各层进度计划

C. 项目的工作编码   D. 编制总进度计划

【答案】C

（3）关于总进度目标论证工作步骤的表述题目。例如：

关于建设工程项目总进度目标论证工作顺序的说法，正确的是（　　）。

扫一扫查看
本题视频解析

A. 先进行计划系统结构分析，后进行项目工作编码

B. 先进行项目工作编码，后进行项目结构分析

C. 先编制总进度计划，后编制各层进度计划

D. 先进行项目结构分析，后进行资料收集

【答案】A

无论是哪种题型，考生需要掌握的就是其工作步骤的顺序，而且主要掌握该步骤中的中间几项步骤。

专项突破 3　建设工程项目进度计划系统

例题： 由不同深度的计划构成的进度计划系统包括（　　）。**【2016 年、2019 年考过】**

A. 总进度规划（计划）   B. 项目子系统进度规划（计划）

C. 项目子系统中的单项工程进度计划   D. 控制性进度规划（计划）

E. 指导性进度规划（计划）   F. 实施性（操作性）进度计划

G. 业主方编制的整个项目实施的进度计划   H. 设计进度计划

I. 施工和设备安装进度计划   J. 采购和供货进度计划

K. 5 年（或多年）建设进度计划   L. 年度、季度、月度和旬计划

【答案】A、B、C

重点难点专项突破

1. 本考点还可以考核的题目有：

（1）由不同功能的计划构成的进度计划系统包括（D、E、F）。**【2022 年考过】**

（2）由不同项目参与方的计划构成的进度计划系统包括（G、H、I、J）。

（3）由不同周期的计划构成的进度计划系统包括（K、L）。

2. 建设工程项目进度计划系统的构成，命题时不外乎两种形式，第一种就是上述例题题型；第二种题型是下面这种类型。

建设工程项目进度计划系统分为总进度计划、子系统进度计划和单项工程进度计

划，这是根据进度计划的不同(　　)编制的。

A. 功能　　　　　　B. 周期　　　　　　C. 深度　　　　　　D. 编制主体

【答案】A

3. 本考点还可能考核判断正确与错误说法的表述题，涉及的采分点有：

(1) 建设工程项目进度计划系统是由多个相互关联的进度计划组成的系统，它是项目进度控制的依据。【2012年6月、2021年第一批考过】

(2) 项目进度计划系统是逐步完善的。【2012年6月、2014年、2017年考过】

(3) 业主方和项目各参与方可以编制多个不同的建设工程项目进度计划系统。【2021年第一批考过】

(4) 在建设工程项目进度计划系统中各进度计划或各子系统进度计划编制和调整时必须注意其相互间的联系和协调。【2012年6月、2021年第一批考过】

不同需要和不同用途构建的进度计划系统	内部关系
由不同深度的计划构成进度计划系统	联系和协调
由不同功能的计划构成进度计划系统	联系和协调
由不同项目参与方的计划构成进度计划系统	联系和协调
由不同周期的计划构成进度计划系统	

(5) 建设工程项目管理有多种类型，代表不同方利益的项目管理（业主方和项目参与各方）都有进度控制的任务，但是，其控制的目标和时间范畴是不相同的。【2014年、2017年、2021年第一批考过】

(6) 建设项目是在动态条件下实施的，进度控制也就必须是一个动态的管理过程【2014年考过】，它由下列环节组成：

① 进度目标的分析和论证，以论证进度目标是否合理，目标有否可能实现。【2014年考过】

② 在收集资料和调查研究的基础上编制进度计划。

③ 定期跟踪检查所编制的进度计划执行情况，若其执行有偏差，则采取纠偏措施，并视必要调整进度计划。

④ 进度控制的过程是在确保进度目标的前提下，在项目进展的过程中不断调整进度计划的过程。【2014年、2017年、2019年考过】

专项突破4　建设工程项目进度控制的任务

参与方	内　　容
业主方	控制整个项目实施阶段的进度。【2009年、2012年10月、2020年考过】 业主方进度控制包括控制设计准备阶段的工作进度、设计工作进度、施工进度、物资采购工作进度以及项目动用前准备阶段的工作进度
设计方	(1) 依据设计任务委托合同对设计工作进度的要求控制设计工作进度。 (2) 设计方应尽可能使设计工作的进度与招标、施工和物资采购等工作进度相协调。 (3) 设计进度计划主要是确定各设计阶段的设计图纸（包括有关的说明）的出图计划【2015年考过】
施工方	(1) 依据施工任务委托合同对施工进度的要求控制施工工作进度。【2010年、2011年、2012年10月、2021年第二批考过】 (2) 施工方应视项目的特点和施工进度控制的需要，编制深度不同的控制性和直接指导项目施工的进度计划，以及按不同计划周期编制的计划，如年度、季度、月度和旬计划等【2010年、2012年6月、2020年考过】

参与方	内　　容
供货方	依据供货合同对供货的要求控制供货工作进度。供货进度计划应包括供货的所有环节，如采购、加工制造、运输等【2012 年 10 月考过】

重点难点专项突破

1. 就本考点而言，讲述的内容不多，历年考试多为单项选择题，题型比较简单，应争取在此不丢分。

2. 本考点可能会这样命题：

（1）建设项目供货方进度控制的任务是依据（　　）对供货的要求控制供货进度。

A. 供货合同　　　　　　　　　　B. 施工总进度计划

C. 运输条件　　　　　　　　　　D. 施工承包合同

【答案】A

（2）施工方应视施工项目的特点和施工进度控制的需要，编制（　　）等进度计划。

A. 施工总进度纲要　　　　　　　B. 不同深度的施工进度计划

C. 不同功能的施工进度计划　　　D. 不同计划周期的施工进度计划

E. 不同项目参与方的施工进度计划

【答案】B、C、D

2Z103020　施工进度计划的类型及其作用

专项突破 1　施工进度计划的类型

例题： 施工方所编制的与施工进度有关的计划包括施工企业的施工生产计划和建设工程项目施工进度计划。下列与施工进度有关的计划中，属于施工企业的施工生产计划的有（　　）。

A. 年度生产计划【2021 年第一批考过】

B. 季度生产计划【2021 年第一批考过】

C. 月度生产计划

D. 旬生产计划

E. 整个项目施工总进度方案【2021 年第二批考过】

F. 施工总进度规划

G. 施工总进度计划

H. 子项目施工进度计划【2021 年第一批考过】

I. 单体工程施工进度计划【2021 年第二批考过】

J. 项目施工的年度施工计划

K. 项目施工的季度施工计划

L. 项目施工的月度施工计划

M. 旬施工作业计划【2021 年第一批考过】

【答案】A、B、C、D

重点难点专项突破

1. 本考点还可以考核的题目有：

（1）下列与施工进度有关的计划中，属于工程项目施工进度计划的有（E、F、G、H、I、J、K、L、M）。

（2）下列与施工进度有关的计划中，属于施工方工程项目管理范畴的有（E、F、G、H、I、J、K、L、M）。【2021 年第一批真题题干】

2. 本考点还应掌握以下采分点，可能会作为判断正确与错误说法题目中的备选项，也可能会单独成题：

（1）施工企业的施工生产计划，属企业计划的范畴。

（2）建设工程项目施工进度计划，属工程项目管理的范畴。【2010 年、2018 年考过】

（3）建设工程项目施工进度计划依据企业的施工生产计划的总体安排和履行施工合同的要求，以及施工的条件和资源利用的可能性编制。【2010 年、2018 年、2022 年考过】

（4）小型项目只需编制施工总进度计划。【2011 年考过】

（5）施工企业的施工生产计划与建设工程项目施工进度计划虽属两个不同系统的计划，但是，两者是紧密相关的。【2013 年、2021 年第二批考过】

（6）施工企业的生产计划编制有一个自下而上和自上而下的往复多次的协调过程。【2018 年考过】

（7）建设工程项目施工进度计划若从计划的功能区分，可分为控制性施工进度计划、指导性施工进度计划和实施性施工进度计划。【2013 年考过】

专项突破 2 控制性施工进度计划与实施性施工进度计划的作用

例题：实施性施工进度计划的主要作用有（   ）。【2009 年、2014 年、2015 年、2016 年、2017 年、2020 年考过】

A. 确定施工作业的具体安排

B. 确定一个月度或旬的人工需求

C. 确定一个月度或旬的施工机械的需求

D. 确定一个月度或旬的建筑材料的需求

E. 确定一个月度或旬的资金的需求

F. 论证施工总进度目标

G. 施工总进度目标的分解，确定里程碑事件的进度目标

H. 作为编制实施性进度计划的依据

I. 作为编制与该项目相关的其他各种进度计划的依据或参考依据

J. 作为施工进度动态控制的依据

【答案】A、B、C、D、E

重点难点专项突破

1. 命题人通常将两个计划的作用同时作为备选项，以判断正误形式考核。本考点还可以考核的题目有：

控制性施工进度计划的主要作用有（F、G、H、I、J）。

2. 控制性施工进度计划编制的主要目的是重要采分点，它与控制性施工进度计划的作用是一致的。

> 目的是通过计划的编制，以对施工承包合同所规定的施工进度目标进行再论证，并对进度目标进行分解，确定施工的总体部署，并确定为实现进度目标的里程碑事件的进度目标（或称其为控制节点的进度目标），作为进度控制的依据。【2009 年、2010 年、2012 年 10 月、2018 年、2020 年、2021 年第二批考过】

3. 控制性进度计划的内容与实施性进度计划的内容应对比记忆。一般以单项选择题形式考核。

控制性进度计划的内容	实施性进度计划的内容
施工总进度规划或施工总进度计划【2015 年考过】	月度施工计划和旬施工作业计划（直接组织施工作业的计划）【2009 年、2010 年、2011 年、2013 年、2015 年、2021 年第一批考过】

2Z103030　施工进度计划的编制方法

专项突破 1　横道图进度计划的编制方法

优点

表头为工作及其简要说明，项目进展可以表示在时间表格上【2018 年考过】

按照所表示工作的详细程度，时间单位可以为小时、天、周、月等。通常这时时间单位用日历表示，此时可表示非工作时间【2022 年考过】。可按照时间先后、责任、项目对象、同类资源等进行工作排序【2016 年、2018 年考过】

可将工作简要说明直接放在横道上，一行可容纳多项工作也可将最重要的逻辑关系标注在内【2014 年、2016 年、2021 年第二批考过】

可用于小型项目或大型项目子项目上，或可用于计算资源需量、概要预示进度【2016 年考过】

缺点

工作之间的逻辑关系可以设法表达，但不易表达清楚【2009 年、2010 年、2011 年、2012 年 10 月、2014 年、2018 年、2021 年第二批考过】

适用于手工编织【2010 年、2012 年 10 月】

不能确定计划的关键工作、关键线路与时差【2009 年、2010 年、2011 年、2012 年 10 月、2014 年考过】

计划调整只能用手工方式进行，其工作量较大【2009 年、2011 年、2012 年 10 月、2014 年、2021 年第二批考过】

难以适应较大的进度计划系统【2009 年、2010 年、2011 年、2012 年 10 月、2016 年考过】

专项突破2　双代号网络计划的基本概念

例题：各工作间逻辑关系表及相应双代号网络图如下图所示，图中虚箭线的作用是（　　）。

工作	A	B	C	D
紧前工作	—	—	A	A、B

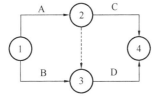

扫一扫查看
本题视频解析

A. 联系　　　　　　　　　　　　B. 区分

C. 断路　　　　　　　　　　　　D. 指向

【答案】A

考试怎么考		采分点
箭线（工作）	（1）双代号网络计划中虚工作的含义是什么？ （2）根据所给网络图，判断逻辑关系是否正确	工作名称标注在箭线的上方，完成该项工作所需要的持续时间标注在箭线的下方。 任意一条实箭线都要占用时间、消耗资源。 虚箭线既不占用时间，也不消耗资源，一般起着工作之间的联系、区分和断路三个作用。（可能会考核多项选择题） 在双代号网络图中，通常将被研究的工作用 $i-j$ 工作表示。紧排在本工作之前的工作称为紧前工作；紧排在本工作之后的工作称为紧后工作；与之平行进行的工作称为平行工作
节点	（1）判断正确与错误说法的综合题目 （2）对概念的考核	一项工作应当只有唯一的一条箭线和相应的一对节点，且要求箭尾节点的编号小于其箭头节点的编号。网络图节点的编号顺序应从小到大，可不连续，但不允许重复【2021年第二批考过】
线路	判断正确与错误说法的综合题目	网络图中从起始节点开始，沿箭头方向顺序通过一系列箭线与节点，最后达到终点节点的通路称为线路【2020年考过】
逻辑关系	可能会根据所给网络图，判断工作的先后顺序	包括工艺关系和组织关系，在网络中均应表现为工作之间的先后顺序

关于紧前工作、紧后工作、平行工作，可能会这样命题：

（1）某双代号网络图如下图所示，关于各项工作逻辑关系的说法，正确的是（　　）。【2021年第一批真题】

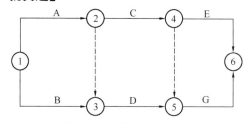

A. 工作 G 的紧前工作有工作 C 和工作 D

B. 工作 B 的紧后工作有工作 C 和工作 D

C. 工作 D 的紧后工作有工作 E 和工作 G

D. 工作 C 的紧前工作有工作 A 和工作 B

【答案】A

【解析】工作 B 的紧后工作是工作 D，所以选项 B 错误。工作 D 的紧后工作是工作 G，所以选项 C 错误。工作 C 的紧前工作是工作 A，所以选项 D 错误。

（2）某工程施工进度计划如下图所示，下列说法中，正确的有（　　）。【2012年6月真题】

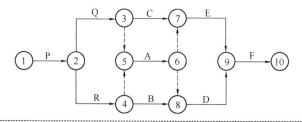

A. R 的紧后工作有 A、B   B. E 的紧前工作只有 C

C. D 的紧后工作只有 F   D. P 没有紧前工作

E. A、B 的紧后工作都有 D

【答案】A、C、D、E

（3）某双代号网络图如下图所示，正确的是(　　)。

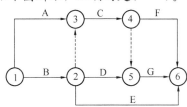

A. 工作 C、D 应同时完成

B. 工作 B 的紧后工作只有工作 C、D

C. 工作 C、D 完成后即可进行工作 G

D. 工作 D 完成后即可进行工作 F

【答案】C

【解析】工作 C、D 为平行工作，不一定要同时完成，故 A 选项错误。工作 B 的紧后工作有工作 C、D、E，故 B 选项错误。工作 C、D 为工作 G 的紧前工作，当两项工作均完成后即可进行工作 G，故 C 选项正确。工作 D 完成后即可进行工作 G，故 D 选项错误。

（4）某工程工作逻辑关系见下表，C 工作的紧后工作有(　　)。

工作	A	B	C	D	E	F	G	H
紧前工作	—	—	A	A、B	C	B、C	D、E	C、F、G

A. 工作 D   B. 工作 E

C. 工作 F   D. 工作 G

E. 工作 H

【答案】B、C、E

【解析】通过逻辑关系表可知，E 工作的紧前工作有 C；F 工作的紧前工作有 C；H 工作的紧前工作有 C。

专项突破 3　双代号网络计划的绘图规则

类型	错误画法	图例
是否存在多个起点节点？	如果存在两个或两个以上的节点只有外向箭线、而无内向箭线，就说明存在多个起点节点。图中节点①和②就是两个起点节点	
是否存在多个终点节点？	如果存在两个或两个以上的节点只有内向箭线、而无外向箭线，就说明存在多个终点节点。图中节点⑧、⑨就是两个终点节点	

续表

<table>
<tr><th>类型</th><th>错误画法</th><th>图例</th></tr>
<tr><td rowspan="2">是否存在节点编号错误?</td><td>如果箭尾节点的编号大于箭头节点的编号，就说明存在节点编号错误</td><td>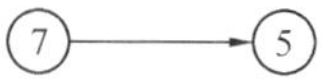</td></tr>
<tr><td>如果节点的编号出现重复，就说明存在节点编号错误</td><td rowspan="2">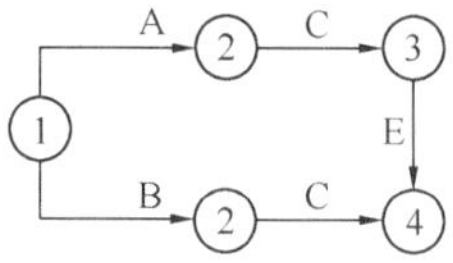</td></tr>
<tr><td>是否存在工作代号重复?</td><td>如果某一工作代号出现两次或两次以上，就说明工作代号重复。图中的工作C出现了两次</td></tr>
<tr><td rowspan="2">是否存在多余虚工作?</td><td>如果某一虚工作的紧前工作只有虚工作，那么该虚工作是多余的。图中虚工作⑤→⑥是多余的</td><td>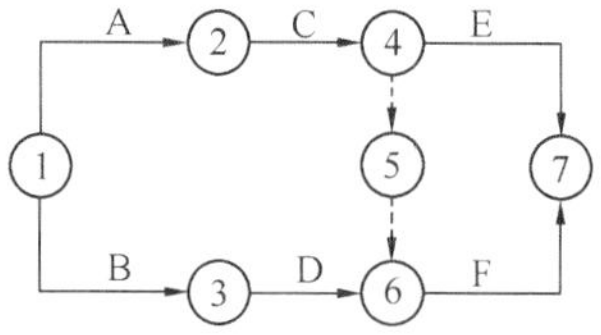</td></tr>
<tr><td>如果某两个节点之间既有虚工作，又有实工作，那么该虚工作也是多余的。图中虚工作②→④是多余的</td><td>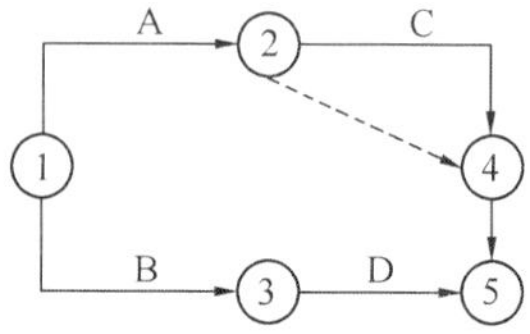</td></tr>
<tr><td>是否存在循环回路?</td><td>如果从某一节点出发沿着箭线的方向又回到了该节点，这就说明存在循环回路</td><td>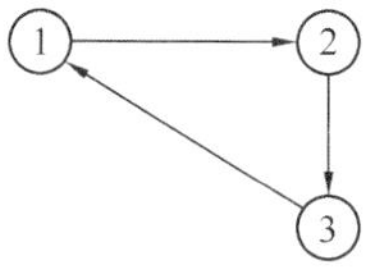</td></tr>
<tr><td>是否存在逻辑关系错误?</td><td>根据题中所给定的逻辑关系逐一在网络图中核对，只要有一处与给定的条件不相符，就说明逻辑关系错误。图中，工作H的紧前工作是C、D和E，可以确定逻辑关系错误</td><td><table><tr><td>工作名称</td><td>A</td><td>B</td><td>C</td><td>D</td><td>E</td><td>G</td><td>H</td><td>I</td></tr><tr><td>紧前工作</td><td>—</td><td>—</td><td>A</td><td>A</td><td>A、B</td><td>C</td><td>D</td><td>E</td></tr></table>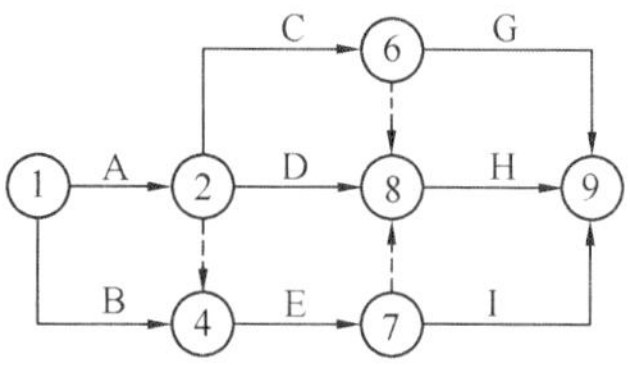</td></tr>
</table>

重点难点专项突破

1. 在《建设工程施工管理》科目中命题者会给出一定的绘图条件和绘制的双代号网络计划，让考生判断作图错误之处有哪些；在《专业工程管理与实务》科目中有可能需要考生亲自绘制双代号网络计划，再根据网络计划解决其他问题。这一考点可以作为考题的题型大致有以下三类：

（1）用文字叙述双代号网络图的绘制方法，判断是否正确。

（2）题干中给出各工作的逻辑关系，判断选项中哪个是正确的网络图。

（3）题目给出一个错误的双代号网络图，判断该图中存在哪些错误。

2. 接下来给大家准备些题目来练习：

（1）某双代号网络计划如下图所示（时间单位：d），存在的绘图错误是（   ）。

【2021年第二批真题】

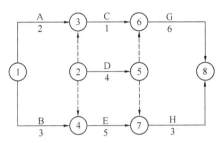

A. 有多个起点节点

B. 工作标识不一致

C. 节点编号不连续

D. 时间参数有多余

【答案】A

【解析】存在①、②两个起点节点。

（2）下图所示网络图中，存在的绘图错误是（   ）。【2019年真题】

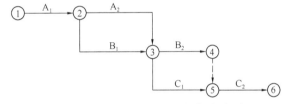

A. 节点编号错误

B. 存在多余节点

C. 有多个终点节点

D. 工作编号重复

【答案】D

【解析】D选项，工作A_2和工作B_1都用工作2—3表示是错误的。

（3）根据下表逻辑关系绘制的双代号网络图如下，存在的绘图错误是（   ）。

【2017年真题】

工作名称	A	B	C	D	E	G	H
紧前工作	—	—	A	A	A、B	C	E

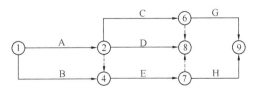

A. 节点编号不对

B. 逻辑关系不对

C. 有多个起点节点

D. 有多个终点节点

【答案】D

【解析】双代号网络图必须正确表达已定的逻辑关系。本题中的逻辑关系均正确。双代号网络图中应只有一个起点节点和一个终点节点。本题中存在⑧、⑨两个终点节点。

（4）某工程有 A、B、C、D、E 五项工作，其逻辑关系为 A、B、C 完成后 D 开始，C 完成后 E 才能开始，则据此绘制的双代号网络图是（　　）。【2016 年真题】

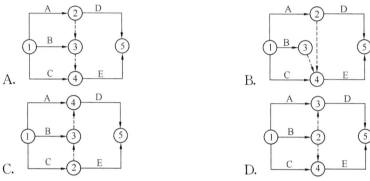

【答案】C

【解析】A、B、C 都是 D 的紧前工作，C 是 E 的紧前工作，D、E 之间没有逻辑搭接关系。

（5）根据双代号网络图绘图规则，下列网络图中的绘图错误有（　　）处。【2015 年真题】

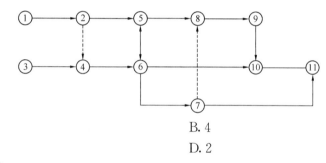

A. 5 B. 4
C. 3 D. 2

【答案】B

【解析】存在①、③两个起点节点；⑤、⑥之间是双向箭头的连线；⑩-⑪之间出现带无箭头的连线；⑦、⑧与⑥、⑩之间出现交叉。

（6）下列双代号网络图中，存在的绘图错误有（　　）。

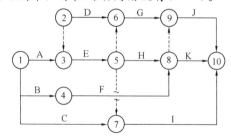

A. 存在多个起点节点　　　　　　　B. 箭线交叉的方式错误
C. 存在相同节点编号的工作　　　　D. 存在没有箭尾节点的箭线
E. 存在多余的虚工作

【答案】A、E

【解析】选项 A 错误，有①、②两个起点节点。选项 E 错误，存在多余虚工作。

（7）关于网络图绘图规则的说法，正确的有（　　　）。

A. 双代号网络图只能有一个起点节点，单代号网络图可以有多个

B. 双代号网络图箭线不宜交叉，单代号网络图箭线适宜交叉

C. 网络图中均严禁出现循环回路

D. 双代号网络图中，母线法可用于任意节点

E. 网络图中节点编号可不连续

【答案】C、E

专项突破 4　双代号网络计划时间参数的计算

例题： 某工程网络计划如下图所示，工作 D 的最迟开始时间是第（　　　）天。

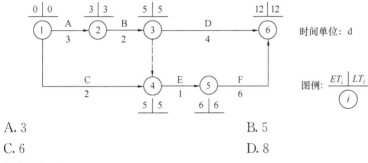

时间单位：d

图例： $\dfrac{ET_i \mid LT_i}{i}$

扫一扫查看
本题视频解析

A. 3　　　　　　　　　　　　　　　B. 5

C. 6　　　　　　　　　　　　　　　D. 8

【答案】D

重点难点专项突破

1. 这部分内容是本章最重要的考点，考生必须完全掌握其知识点。鉴于其重要性，首先将可能会考核到的采分点给大家做下总结。

时间参数	计　算
最早开始时间、最早完成时间	（1）工作的最早完成时间：$EF_{i-j}=ES_{i-j}+D_{i-j}$。 （2）其他工作的最早开始时间应等于其紧前工作最早完成时间的最大值，即 $ES_{i-j}=\max\{EF_{h-i}\}=\max\{ES_{h-i}+D_{h-i}\}$【2011 年、2016 年考过】
计算工期	网络计划的计算工期应等于以网络计划终点节点为箭头节点的工作的最早完成时间的最大值，即 $T_c=\max\{EF_{i-n}\}=\max\{ES_{i-n}+D_{i-n}\}$【2011 年、2012 年 6 月、2014 年、2019 年、2021 年第二批考过】
最迟完成时间、最迟开始时间	（1）以网络计划终点节点为完成节点的工作，其最迟完成时间等于网络计划的计划工期，即 $LF_{i-n}=T_p$。 （2）工作的最迟开始时间：$LS_{i-j}=LF_{i-j}-D_{i-j}$。【2012 年 6 月、2018 年、2020 年考过】 （3）其他工作的最迟完成时间应等于其紧后工作最迟开始时间的最小值，即 $LF_{i-j}=\min\{LS_{j-k}\}=\min\{LF_{j-k}-D_{j-k}\}$【2016 年、2022 年考过】

时间参数	计　算
总时差	工作的总时差等于该工作最迟完成时间与最早完成时间之差，或该工作最迟开始时间与最早开始时间之差，即 $TF_{i-j}=LF_{i-j}-EF_{i-j}=LS_{i-j}-ES_{i-j}$【2012 年 10 月考过】
自由时差	（1）对于有紧后工作的工作，其自由时差等于本工作之紧后工作最早开始时间减本工作最早完成时间所得之差的最小值，即 $FF_{i-j}=\min \{ES_{j-k}-EF_{i-j}\}=\min \{ES_{j-k}-ES_{i-j}-D_{i-j}\}$。【2018 年、2021 年第二批、2020 年、2022 年考过】 （2）对于无紧后工作的工作，也就是以网络计划终点节点为完成节点的工作，其自由时差等于计划工期与本工作最早完成时间之差，即 $FF_{i-n}=T_{\mathrm{p}}-EF_{i-n}=T_{\mathrm{p}}-ES_{i-n}-D_{i-n}$【2013 年、2017 年、2018 年考过】

学习过上面知识，例题就好解答了。工作 D 的紧后工作的最迟开始时间为 12，即工作 D 的工作最迟完成时间为 12，工作 D 的最迟开始时间＝最迟完成时间－持续时间＝12－4＝8。

2. 本考点大致有三种题型。

第一种就是已知某工作和其紧后工作的部分时间参数来求该工作的其他时间是参数，下面我们来看一下这类型题目会怎么考。

（1）若工作 A 持续 4 天，最早第 2 天开始，有两个紧后工作：工作 B 持续 1d，最迟第 10 天开始，总时差 2d；工作 C 持续 2d，最早第 9 天完成。则工作 A 的自由时差是（　）d。【2022 年真题】

A. 0　　　　　　　　　　　　　B. 1
C. 2　　　　　　　　　　　　　D. 3

【答案】C

【解析】工作的自由时差为不影响紧后工作最早开始时间的最小值，工作 A 有两项紧后工作 B、C，工作 B 的最迟开始时间为第 10 天，总时差为 2d，故工作 B 最早开始时间为第 8 天，工作 C 最早完成时间为第 9 天（意思为第 9 天下班时刻），持续时间为 2d，故工作 C 的最早开始时间为第 8 天，工作 A 持续 4d，最早第 2 天开始，工作 A 自由时差为 min{8－4－2；8－4－2}＝2d。

（2）网络计划中，某项工作的最早开始时间是第 4 天，持续 2d，两项紧后工作的最迟开始时间是第 9 天和第 11 天。该项工作的最迟开始时间是第（　）天。【2020 年真题】

A. 6　　　　　　　　　　　　　B. 8
C. 7　　　　　　　　　　　　　D. 9

【答案】C

【解析】工作最迟时间参数受到紧后工作的约束，故其计算顺序应从终点节点起，逆着箭线方向依次逐项计算。本工作的最迟完成时间＝紧后工作的最迟开始时间的最小值＝min ｛9、11｝＝9，本工作最迟开始时间＝本工作最迟完成时间－本工作持续时间＝9－2＝7。

（3）某网络计划中，工作 Q 有两项紧前工作 M、N，M、N 工作的持续时间分别为 4d 和 5d，M、N 工作的最早开始时间分别是第 9 天和第 11 天，则工作 Q 的最早开始时间为第（　　）天。【2016 年真题】

A. 9　　　　　　　　　　B. 13

C. 15　　　　　　　　　　D. 16

【答案】D

【解析】M、N 工作的持续时间分别为 4d、5d，M、N 的最早开始时间分别为第 9 天、第 11 天，那么 M、N 工作的最早完成时间分别为第 13 天、第 16 天。所以工作 Q 的最早开始时间是第 16 天。

（4）某网络计划中，工作 A 有两项紧后工作 C 和 D，C、D 工作的持续时间分别为 12d、7d，C、D 工作的最迟完成时间分别为第 18 天、第 10 天，则工作 A 的最迟完成的时间是第（　　）天。【2016 年真题】

A. 3　　　　　　　　　　B. 5

C. 6　　　　　　　　　　D. 8

【答案】A

【解析】C、D 工作的最迟开始时间分别为第 6 天和第 3 天，所以工作 A 的最迟完成时间是第 3 天。

（5）某网络计划中，工作 N 的持续时间为 6d，最迟完成时间为第 25 天；该工作三项紧前工作的最早完成时间分别为第 10 天、第 12 天和第 13 天，则工作 N 的总时差是（　　）d。

A. 4　　　　　　　　　　B. 6

C. 8　　　　　　　　　　D. 12

【答案】B

【解析】首先判断工作 N 的最早开始时间：其 3 项紧前工作的最早完成时间的最大值，即第 13 天。最迟完成时间为第 25 天，持续时间为 6d，则工作 N 的最迟开始时间，为 19d。总时差等于其最迟开始时间减去最早开始时间，或等于最迟完成时间减去最早完成时间。工作的总时差＝最迟开始时间－最早开始时间＝25－19＝6d。

通过上面这些题目，我们来总结下如何快速判断双代号网络计划中各工作的总时差。

（1）如果某工作在双代号网络计划中只有唯一一条线路通过，那么该工作的总时差等于该条线路的总时差。

（2）如果某工作在双代号网络计划中有不止一条线路通过，那么该工作的总时差就等于所通过的各条线路总时差的最小值。

（3）网络计划中各条线路的总时差等于计算工期减去该条线路的持续时间。

（4）用一句话来概括，双代号网络计划中的某工作的总时差就等于该双代号网络计划的计算工期减去经过该工作的所有线路的持续时间之和的最大值。

（6）某工作有两个紧前工作，最早完成时间分别是第 2 天和第 4 天，该工作持续时间是 5d，则其最早完成时间是第（　　）天。

A. 7   B. 11
C. 6   D. 9

【答案】D

【解析】最早开始时间＝max｛2，4｝＝4，最早完成时间＝4＋5＝9。

第二种题型就是已知双代号网络计划来求某工作的时间参数，来看一下这类型题目会怎么考。

（1）某项目网络计划如下图所示（时间单位：d），关于D工作的说法，正确的是（　　）。【2022年真题】

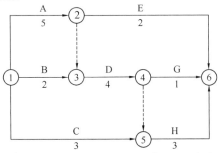

A. 工作D只能出现在关键线路上　　B. 工作D只能出现在非关键线路上
C. 工作D可以出现在非关键线路上　D. 工作D总时差不为零

【答案】C

【解析】D工作分别经过线路A→D→G、A→D→H、B→D→G、B→D→H，其中A→D→H为关键线路，其余3条为非关键线路。故A、B选项错误，C选项正确。D工作是属于关键工作，总时差为0，故D选项错误。

（2）某双代号网络计划如下图所示（时间单位：d），计算工期是（　　）d。【2021年第二批真题】

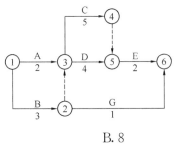

A. 10   B. 8
C. 9   D. 11

【答案】A

【解析】本题可以采用找平行线路上持续时间最长的工作相加，则计算工期＝3＋5＋2＝10d。

（3）下列网络计划中，工作E的最迟开始时间是（　　）。【2012年6月真题】

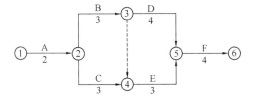

A. 4   B. 5
C. 6   D. 7

【答案】C

【解析】工作最迟时间参数受到紧后工作的约束，故其计算顺序应从终点节点起，逆着箭线方向依次逐项计算。工作F为终点节点，故其最迟完成时间为13，其最迟开始时间为13－4＝9，工作E的紧后工作为工作F，因此工作E的最迟完成时间为9，其最迟开始时间为9－3＝6。

（4）某双代号网络计划如下图所示（单位：d），则工作E的自由时差为( )d。

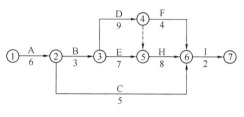

A. 0   B. 4
C. 2   D. 15

【答案】C

【解析】本题的关键线路为：A→B→D→H→I（或①→②→③→④→⑤→⑥→⑦）。H的最早开始时间为6＋3＋9＝18。E工作的最早完成时间等于6＋3＋7＝16。工作E的自由时差＝18－16＝2d。

（5）某工程网络计划如下图所示（时间单位：d），图中工作E的最早完成时间和最迟完成时间分别是( )d。

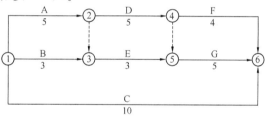

A. 8和10   B. 5和7
C. 7和10   D. 5和8

【答案】A

【解析】工作E的最早完成时间＝5＋3＝8。工作E的最迟完成时间＝5＋5＝10。

（6）某工程网络计划如下图所示（时间单位：d），图中工作D的自由时差和总时差分别是( )d。

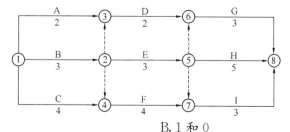

A. 0和3   B. 1和0
C. 1和1   D. 1和3

【答案】D

【解析】工作 D 的自由时差＝［（3＋3）－（3＋2）］＝1d。工作 D 的总时差＝（11－3－2－3）＝3d。

（7）某双代号网络计划如下图所示（图中粗实线为关键工作），若计划工期等于计算工期，则自由时差一定等于总时差且不为零的工作有（　　）。

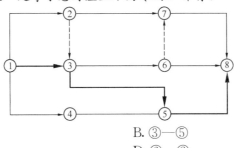

A. ①—②
B. ③—⑤
C. ④—⑤
D. ⑥—⑧
E. ②—⑦

【答案】C、D

【解析】当计划工期等于计算工期时，只要完成节点是关键节点，那么这项工作的自由时差和总时差是相等的，且不一定为零。

第三种题型就是对时间参数计算的表述题，来看一下这类型题目会怎么考。

（1）关于工程网络计划中工作最迟完成时间计算的说法，正确的有（　　）。【2022 年真题】

A. 等于其所有紧后工作最迟完成时间的最小值
B. 等于其所有紧后工作间隔时间的最小值
C. 等于其所有紧后工作最迟开始时间的最小值
D. 等于其完成节点的最迟时间
E. 等于其最早完成时间与总时差的和

【答案】C、D、E

【解析】本工作的最迟完成时间如果是最后一项工作，等于计划工期。当计算工期等于计划工期时等于完成节点的最早完成时间，和节点的最迟时间，等于所有紧后工作最迟开始时间的最小值。故 C、D 选项正确，A 选项错误。总时差等于最迟开始时间减去最早开始时间，或等于最迟完成时间减去最早完成时间，所以本工作最迟完成时间＝最早完成时间＋总时差，故 E 选项正确。B 选项是自由时差的计算。

（2）用工作计算法计算双代号网络计划的时间参数时，自由时差宜按（　　）计算。【2018 年真题】

A. 工作完成节点的最迟时间减去开始节点的最早时间再减去工作的持续时间
B. 所有紧后工作的最迟开始时间的最小值减去本工作的最早完成时间
C. 本工作与所有紧后工作之间时间间隔的最小值
D. 所有紧后工作的最早开始时间的最小值减去本工作的最早开始时间和持续时间

【答案】D

（3）关于双代号网络计划的工作最迟开始时间的说法，正确的是（　　）。【2018 年真题】

A. 最迟开始时间等于各紧后工作最迟开始时间的最大值

B. 最迟开始时间等于各紧后工作最迟开始时间的最小值

C. 最迟开始时间等于各紧后工作最迟开始时间的最大值减去持续时间

D. 最迟开始时间等于各紧后工作最迟开始时间的最小值减去持续时间

【答案】D

（4）在计算双代号网络计划的时间参数时，工作的最早开始时间应为其所有紧前工作（　　）。【2011 年真题】

A. 最早完成时间的最小值　　B. 最早完成时间的最大值

C. 最迟完成时间的最小值　　D. 最迟完成时间的最大值

【答案】B

3. 最后再学习一下节点计算法计算双代号网络计划时间参数。

时间参数	计算
节点最早时间	（1）网络计划起点节点，如未规定最早时间时，其值等于零。 （2）其他节点的最早时间的计算：$ET_j=\max\{ET_i+D_{i-j}\}$。 （3）网络计划的计算工期等于网络计划终点节点的最早时间，即 $T_c=ET_n$
计划工期	（1）当已规定了要求工期时，计划工期不应超过要求工期，即 $T_P<T_c$ （2）当未规定要求工期时，可令计划工期等于计算工期，即 $T_p=T_c$
节点最迟时间	（1）网络计划终点节点的最迟时间等于网络计划的计划工期，即 $LT_n=T_p$。 （2）其他节点的最迟时间的计算：$LT_i=\min\{LT_j-D_{i-j}\}$。
最早开始时间	工作的最早开始时间等于该工作开始节点的最早时间，即 $ES_{i-j}=ET_i$
最早完成时间	工作的最早完成时间等于该工作开始节点的最早时间与其持续时间之和，即 $EF_{i-j}=ET_i+D_{i-j}$
最迟完成时间	工作的最迟完成时间等于该工作完成节点的最迟时间，即 $LF_{i-j}=LT_j$
最迟开始时间	工作的最迟开始时间等于该工作完成节点的最迟时间与其持续时间之差，即 $LS_{i-j}=LT_j-D_{i-j}$
总时差	工作的总时差等于该工作完成节点的最迟时间减去该工作开始节点的最早时间所得差值再减其持续时间，即 $TF_{i-j}=LF_{i-j}-EF_{i-j}=LT_j-(ET_i+D_{i-j})=LT_j-ET_i-D_{i-j}$
自由时差	自由时差等于本工作的紧后工作最早开始时间减本工作最早完成时间所得之差的最小值，即 $FF_{i-j}=\min\{ES_{j-k}-ES_{i-j}-D_{i-j}\}=\min\{ES_{j-k}\}-ES_{i-j}-D_{i-j}=\min\{ET_j\}-ET_i-D_{i-j}$。 特别需要注意的是，如果本工作与其各紧后工作之间存在虚工作时，其中的 ET_j 应为本工作紧后工作开始节点的最早时间，而不是本工作完成节点的最早时间

专项突破 5　单代号网络图的基本符号及绘图规则

例题：某单代号网络图如下图所示，其逻辑关系表述正确的是（　　）。【2022 年真题】

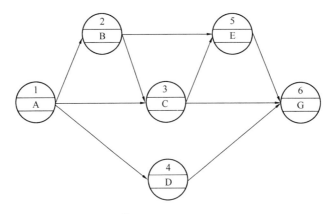

A. 工作 B 完成后，即可进行工作 E

B. 工作 C 完成后，即可进行工作 G

C. 工作 E、D 均完成后，才能进行工作 G

D. 工作 B、C 均完成后，才能进行工作 E

【答案】D

重点难点专项突破

1. 首先要熟悉单代号网络的基本符号：节点和箭线。

项目	内 容
节点	(1) 每一个节点表示一项工作，节点宜用圆圈或矩形表示。节点所表示的工作名称、持续时间和工作代号等应标注在节点内。【2022 年考过】 (2) 节点必须编号。编号标注在节点内，其号码可间断，但严禁重复。【2022 年考过】 (3) 箭线的箭尾节点编号应小于箭头节点的编号。 (4) 一项工作必须有唯一的一个节点及相应的一个编号
箭线	(1) 箭线表示紧邻工作之间的逻辑关系，既不占用时间，也不消耗资源。【2022 年考过】 (2) 箭线水平投影的方向应自左向右，表示工作的行进方向。 (3) 工作之间的逻辑关系包括工艺关系和组织关系，在网络图中均表现为工作之间的先后顺序

上述例题中，工作 E 的紧前工作有工作 B 和 C，所以工作 B 和 C 均完成后，才能进行工作 E。

2. 双代号网络图的绘图规则会有两种考查形式：

(1) 表述型题目。比如：

关于单代号网络计划绘图规则的说法，正确的是（　　　）。

A. 不允许出现虚工作

B. 箭线不能交叉

C. 只能有一个起点节点，但可以有多个终点节点

D. 不能出现双向箭头的连线

【答案】D

(2) 题目给出一个错误的双代号网络图，让我们判断该图中存在哪些错误。比如：

某单代号网络图如下图所示，存在的错误有(　　)。

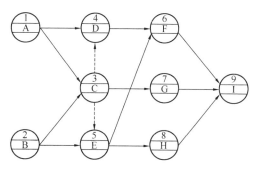

A. 多个起点节点

B. 没有终点节点

C. 有多余虚箭线

D. 出现交叉箭线

E. 出现循环回路

【答案】A、C、D

专项突破6　单代号网络计划时间参数的计算

例题：某单代号网络计划中，相邻两项工作的部分时间参数如下图所示（时间单位：d），此两项工作的间隔时间（$LAG_{i,j}$）是(　　)d。【2021年第二批真题】

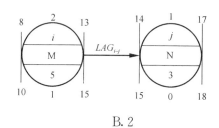

A. 0

B. 2

C. 3

D. 1

【答案】D

重点难点专项突破

1. 这部分内容是本章的重要考点，考生必须完全掌握其知识点。鉴于其重要性，首先将可能会考核到的采分点给大家做下总结。

时间参数	计　算
计算最早开始时间和最早完成时间	工作最早完成时间等于该工作最早开始时间加上其持续时间，$EF_i = ES_i + D_i$。 工作最早开始时间等于该工作的各个紧前工作的最早完成时间的最大值，如工作j的紧前工作的代号为i，则$ES_j = \max\{EF_i\} = \max\{ES_i + D_i\}$【2019年考过】
网络计划的计算工期T_c	T_c等于网络计划的终点节点n的最早完成时间EF_n，即$T_c = EF_n$【2013年、2014年考过】

时间参数	计　算
相邻两项工作之间的 时间间隔 $LAG_{i,j}$	相邻两项工作 i 和 j 之间的时间间隔 $LAG_{i,j}$，等于紧后工作 j 的最早开始时间 ES_j 和本工作的最早完成时间 EF_i 之差，即 $LAG_{i,j}=ES_j-EF_i$【2014 年、2018 年、2021 年第二批考过】
工作总时差 TF_i	工作 i 的总时差 TF_i 应从网络计划的终点节点开始，逆着箭线方向依次逐项计算。 　网络计划终点节点的总时差 TF_n，如计划工期等于计算工期，其值为零，即 $TF_n=0$。 　其他工作 i 的总时差 TF_i 等于该工作的各个紧后工作 j 的总时差 TF_j 加该工作与其紧后工作之间的时间间隔 $LAG_{i,j}$ 之和的最小值，即 $TF_i=\min\{TF_j+LAG_{i,j}\}$【2012 年 6 月、2014 年、2017 年、2019 年考过】
工作自由时差	工作 i 若无紧后工作，其自由时差 FF_n 等于计划工期 T_p 减该工作的最早完成时间 EF_n，即 $FF_n=T_p-EF_n$。 　当工作 i 有紧后工作 j 时，其自由时差 FF_i 等于该工作与其紧后工作 j 之间的时间间隔 $LAG_{i,j}$ 的最小值，即 $FF_i=\min\{LAG_{i,j}\}$【2009 年、2012 年 6 月、2014 年、2019 年考过】
工作的最迟开始时间 和最迟完成时间	工作 i 的最迟开始时间 LS_i 等于该工作的最早开始时间 ES_i 与其总时差 TF_i 之和，即 $LS_i=ES_i+TF_i$。【2014 年、2019 年考过】 　工作 i 的最迟完成时间 LF_i 等于该工作的最早完成时间 EF_i 与其总时差 TF_i 之和，即 $LF_i=EF_i+TF_i$。【2015 年、2021 年第一批、2022 年考过】

2. 学习了上面知识点，再来看下例题应该怎么解答。

相邻两项工作 i 和 j 之间的时间间隔 $LAG_{i,j}$ 等于紧后工作 j 的最早开始时间 ES_j 和本工作的最早完成时间 EF_i 之差，即 $LAG_{i,j}=14-13=1d$。

3. 本考点大致有三种题型。

第一种就是已知某工作和其紧后工作的部分时间参数来求该工作的其他时间是参数，来看一下这类型题目会怎么考。

（1）某工作有 2 个紧后工作，紧后工作的总时差分别是 3d 和 5d，对应的间隔时间分别是 4d 和 3d，则该工作的总时差是（　　）d。【2019 年真题】

A. 6　　　　　　　　　　　　　　B. 8

C. 9　　　　　　　　　　　　　　D. 7

【答案】D

【解析】该工作的总时差 $=\min\{(3+4),(5+3)\}=7d$。

（2）某网络计划中，工作 F 有且仅有两项并行的紧后工作 G 和 H，G 工作的最迟开始时间为第 12 天，最早开始时间为第 8 天；H 工作的最迟完成时间是为第 14 天，最早完成时间为第 12 天。工作 F 与 G、H 的时间间隔分别为 4d 和 5d，则 F 工作的总时差为（　　）d。【2017 年真题】

A. 4　　　　　　　　　　　　　　B. 5

C. 7　　　　　　　　　　　　　　D. 8

【答案】C

【解析】F 工作的总时差＝min ｛（12－8）＋4，（14－12）＋5｝＝7d。

（3）某网络计划中，工作 M 的最早完成时间为第 8 天，最迟完成时间为第 13 天，工作的持续时间为 4d，与所有紧后工作的间隔时间最小值为 2d，则该工作的自由时差为（　　）d。【2012 年 6 月真题】

A. 2　　　　　　　　　　　B. 3

C. 4　　　　　　　　　　　D. 5

【答案】A

【解析】当工作有紧后工作时，其自由时差等于该工作与其紧后工作之间的时间间隔之和的最小值，则该工作的自由时差为 2d。

第二种题型就是已知单代号网络计划来求某工作的时间参数，来看一下这类型题目会怎么考。

（1）单代号网络计划中，工作 C 的已知时间参数标注如下图所示（单位：d），则该工作的最迟开始时间、最早完成时间和总时差分别是（　　）d。【2019 年真题】

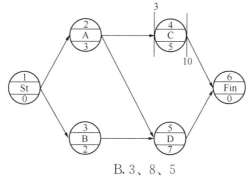

A. 3、10、5　　　　　　　　B. 3、8、5

C. 5、10、2　　　　　　　　D. 5、8、2

【答案】D

【解析】工作 C 的最早开始时间＝3d。工作 C 的最早完成时间＝3＋5＝8d。工作 C 的最迟完成时间为 10d，则总时差＝10－8＝2d。工作 C 的最迟开始时间＝3＋2＝5d。

（2）某单代号网络计划如下图所示（时间单位：d），工作 5 的最迟完成时间是（　　）。【2015 年真题】

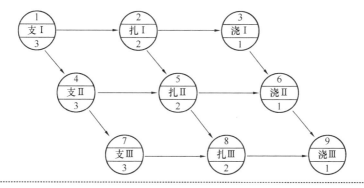

A. 10   B. 9

C. 8   D. 7

【答案】B

【解析】由于工作的最早完成时间应等于本工作的最早开始时间与其持续时间之和，依次类推得出工作5的最早开始时间为6，最早完成时间为6+2=8。

相邻两项工作之间的时间间隔是指其紧后工作的最早开始时间与本工作最早完成时间的差值。故 $LAG_{5,6}=8-8=0d$，$LAG_{5,8}=9-8=1d$，$LAG_{6,9}=11-9=2d$，$LAG_{8,9}=11-11=0d$。

网络计划终点节点所代表的工作的总时差应等于计划工期与计算工期之差，当计划工期等于计算工期时，该工作的总时差为零。故工作9的总时差为0。

其他的总时差应等于本工作与其各紧后工作之间的时间间隔加该紧后工作的总时差所得之和的最小值。工作6的总时差=2+0=2d，工作8的总时差为0。

工作5的总时差=min{0+2，1+0}=1d。工作的最迟完成时间等于本工作的最早完成时间与其总时差之和，故工作5的最迟完成时间=8+1=9d。

（3）某分部工程的单代号网络计划如下图所示（时间单位：d），正确的有（　　）。【2014年真题】

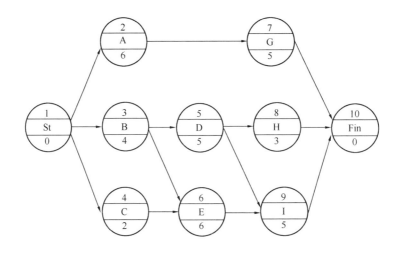

A. 有两条关键线路

B. 计算工期为15

C. 工作G的总时差和自由时差均为4

D. 工作D和I之间的时间间隔为1

E. 工作H的自由时差为2

【答案】B、C、D

【解析】2015年是针对B选项的考核，网络图都是一样。本题的计算过程如下图所示。

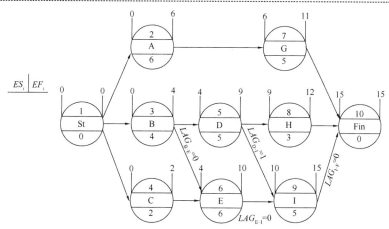

由图可知关键线路为B→E→I，只有一条，计算工期为15，故A选项错误，B选项正确。工作G的总时差＝0＋15－11＝4，工作G的自由时差＝15－11＝4，故C选项正确。工作D和I之间的时间间隔＝10－9＝1，故D选项正确。工作H的自由时差＝15－12＝3，故E选项错误。

（4）某工程的网络计划如下图所示（时间单位：d），图中工作B和E之间、工作C和E之间的时间间隔分别是（　　）d。

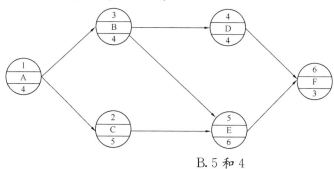

A.1和0

B.5和4

C.0和0

D.4和4

【答案】A

【解析】ES_A＝0，EF_A＝0＋4＝4。ES_B＝0，EF_B＝4＋4＝8。ES_C＝0，EF_C＝4＋5＝9。ES_D＝0，EF_D＝8＋4＝12。ES_E＝max｛EF_B，EF_C｝＝max｛8，9｝＝9，EF_D＝9＋6＝15。

由此可知，$LAG_{B,E}$＝ES_E－EF_B＝9－8＝1；$LAG_{C,E}$＝ES_E－EF_C＝9－9＝0。

（5）某工程单代号网络计划如下图所示，时间参数正确的有（　　）。

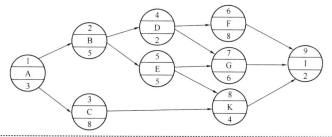

A. 工作 G 的最早开始时间为 10　　B. 工作 G 的最迟开始时间为 13

C. 工作 E 的最早完成时间为 13　　D. 工作 E 的最迟完成时间为 15

E. 工作 D 的总时差为 1

【答案】B、C、E

【解析】本题的关键线路为 A→B→E→G→I。

工作 G 的紧前工作有工作 D、E，工作 G 的最早开始时间＝max{(3＋5＋2)，(3＋5＋5)}＝13，故 A 选项错误。

工作 G 的最迟开始时间＝13＋0＝13，故 B 选项正确。

工作 E 只有一项紧前工作，所以其最早开始时间＝3＋5＝8，最早完成时间＝8＋5＝13，故 C 选项正确。

工作 E 的最迟完成时间＝13＋0＝13，故 D 选项错误。

工作 D 的总时差＝min{(10－10)＋1，(11－10)＋0}＝1，故 E 选项正确。

第三种题型就是对时间参数计算的表述题，下面我们来看一下这类型题目会怎么考。

单代号网络计划时间参数计算中，相邻两项工作之间的时间间隔（$LAG_{i,j}$）是（　　）。【2018 年真题】

A. 紧后工作最早开始时间和本工作最早开始时间之差

B. 紧后工作最早开始时间和本工作最早完成时间之差

C. 紧后工作最早完成时间和本工作最早开始时间之差

D. 紧后工作最迟完成时间和本工作最早完成时间之差

【答案】B

专项突破 7　关键工作的判断

正确说法	错误说法
（1）总时差最小的工作是关键工作。【2021 第二批考过】 （2）最迟开始时间与最早开始时间相差最小的工作是关键工作。【2012 年 10 月考过】 （3）最迟完成时间与最早完成时间相差最小的工作是关键工作。【2012 年 10 月考过】 （4）关键线路上的工作均为关键工作。 （5）关键工作的持续时间最长【2012 年 10 月考过】	（1）双代号网络计划中两端节点均为关键节点的工作的关键工作。 （2）双代号网络计划中持续时间最长的工作是关键工作。 （3）单代号网络计划中与紧后工作之间时间为零的工作是关键工作。 （4）自由时差最小的工作就是关键工作

重点难点专项突破

1. 如何确定网络计划中的关键工作，考生掌握上述备选项的内容就完全可以应对考试。

2. 本考点大致有三种题型：

（1）关键工作与关键线路一起考核，考试时会这样问：关于网络计划中关键工作与关键线路的说法，正确的是（   ）。

（2）根据网络计划图，判断是否为关键工作。比如：

某双代号网络计划如下图所示（时间单位：d），其关键工作有（   ）。

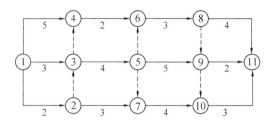

A. 工作⑧→⑪
B. 工作⑦→⑩
C. 工作③→⑤
D. 工作①→④
E. 工作⑤→⑨

【答案】C、E

（3）根据网络计划图，结合时间参数计算、关键线路判断等综合考核。比如：

某钢筋混凝土基础工程，包括支模板、绑扎钢筋、浇筑混凝土三道工序，每道工序安排一个专业施工队进行，分三段施工，各工序在一个施工段上的作业时间分别为3d、2d、1d，关于其施工网络计划的说法，正确的有（   ）。【2015年真题】

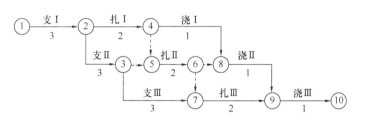

扫一扫查看
本题视频解析

A. 工作①—②是关键工作

B. 只有1条关键路线

C. 工作⑤—⑥是非关键工作

D. 节点⑤的最早时间是5

E. 虚工作③—⑤是多余的

【答案】A、B、C

【解析】该施工网络计划的关键线路是①→②→③→⑦→⑨→⑩，由此可知A、B、C选项正确。节点5的最早时间＝max｛3＋2，3＋3｝＝6，故D选项错误。判断是否为虚工作的方法是：如某一虚工作的紧前工作只有虚工作，那么该虚工作是多余的；如果某两个节点之间既有虚工作，又有实工作，那么该虚工作也是多余的。由此可以判断虚工作③—⑤不是多余的。

3. 当计算工期不能满足要求工期时，通过压缩关键工作的持续时间来满足工期要求。在选择缩短持续时间的关键工作时，宜考虑的因素有哪些呢？

专项突破 8　关键线路的判断

正确说法	错误说法
（1）在各条线路中，有一条或几条线路的时间最长，称为关键线路。【2022 年考过】 （2）线路上所有工作持续时间之和最长的线路是关键线路。【2013 年、2021 第二批考过】 （3）双代号网络计划中，当 $T_p = T_c$ 时，自始至终由总时差为 0 的工作组成的线路是关键线路。 （4）双代号网络计划中，自始至终由关键工作组成的线路是关键线路。 （5）关键线路上可能有虚工作存在。 （6）一个网络计划能有一条或几条关键线路。【2012 年 6 月考过】 （7）关键线路有可能转移。【2012 年 6 月考过】 （8）在单代号网络计划中，从起点节点到终点节点均为关键工作，且所有工作的时间间隔为零的线路为关键线路	（1）由总时差为零的工作组成的线路是关键线路。 （2）关键线路只有一条。【2021 第二批考过】 （3）关键线路一经确定不可转移。【2021 第二批考过】 （4）双代号网络计划中由关键节点连成的线路是关键线路。【2013 年考过】 （5）双代号网络计划中无虚箭线的线路是关键线路【2013 年、2012 年 10 月考过】

重点难点专项突破

关于关键线路的考核，大致有两种题型。

第一种题型就是已知网络计划判断关键线路，下面我们来看一下这类型题目会怎么考。

（1）某建设工程网络计划如下图所示（时间单位：月），该网络计划的关键线路有（　　）。【2018 年真题】

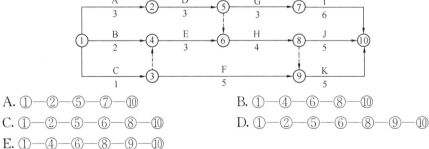

A. ①—②—⑤—⑦—⑩　　　　　　B. ①—④—⑥—⑧—⑩
C. ①—②—⑤—⑥—⑧—⑩　　　D. ①—②—⑤—⑥—⑧—⑨—⑩
E. ①—④—⑥—⑧—⑨—⑩

【答案】A、C、D

（2）某单代号网络计划如下图所示，其关键线路有（　　）。【2016 年真题】

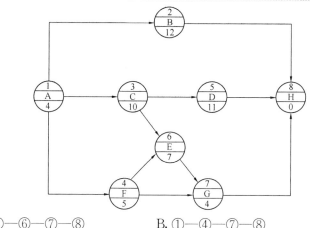

A. ①—④—⑥—⑦—⑧   B. ①—④—⑦—⑧

C. ①—③—⑥—⑦—⑧   D. ①—②—⑧

E. ①—③—⑤—⑧

【答案】C、E

(3) 某双代号网络计划如下图所示，关键线路有(　　)条。

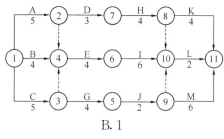

A. 3   B. 1

C. 2   D. 4

【答案】A

第二种题型就是对关键线路的表述题，下面来看一下这类型题目会怎么考。

(1) 关于双代号网络计划的说法，正确的有(　　)。【2012年6月真题】

A. 可能没有关键线路

B. 至少有一条关键线路

C. 在计划工期等于计算工期时，关键工作为总时差为零的工作

D. 在网络计划执行过程中，关键线路不能转移

E. 由关键节点组成的线路就是关键线路

【答案】B、C

(2) 关于判别网络计划关键线路的说法，正确的是(　　)。

A. 相邻两工作间的间隔时间均为零的线路

B. 双代号网络计划中无虚箭线的线路

C. 总持续时间最长的线路

D. 双代号网络计划中由关键节点组成的线路

【答案】C

专项突破 9 时 差 的 应 用

例题： 自由时差是指在不影响（   ）的前提下，本工作可以利用的机动时间。

A. 总工期
B. 其紧后工作最早开始时间
C. 其紧后工作最迟开始时间
D. 其紧后工作最迟完成时间

【答案】B

重点难点专项突破

1. 本考点还可以考核的题目有：

总时差是指在不影响（A）的前提下，可以利用的机动时间。

2. 关于时差的运用有两种题型：

第一种题型是分析题干中的条件对总工期及后续工作开始时间的影响，比如：

（1）某网络计划中，已知工作 M 的持续时间为 6d，总时差和自由时差分别为 3d 和 1d；检查中发现该工作实际持续时间为 9d，则其对工程的影响是（   ）。【2016 年真题】

A. 既不影响总工期，也不影响其紧后工作的正常进行

B. 不影响总工期，但使其紧后工作的最早开始时间推迟 2d

C. 使其紧后工作的最迟开始时间推迟 3d，并使总工期延长 1d

D. 使其紧后工作的最早开始时间推迟 1d，并使总工期延长 3d

扫一扫查看
本题视频解析

【答案】B

（2）工程网络计划执行过程中，如果某项工作实际进度拖延的时间超过其自由时差，则该工作（   ）。

A. 必定影响其紧后工作的最早开始

B. 必定变为关键工作

C. 必定导致其后续工作的完成时间推迟

D. 必定影响工程总工期

【答案】A

这类型题目的解答思路：

（1）某项工作的拖延如果没有超过其总时差，此时该工作的实际进度不会影响总工期；如果超过其总时差，此时该工作的实际进度会影响总工期，且拖延的时间与总时差的差值就是延误总工期的时间。

（2）某项工作的拖延如果没有超过其自由时差，此时该工作的实际进度不会影响其紧后工作的最早时间开始；如果超过其自由时差，此时该工作的实际进度会影响其紧后工作的最早时间开始，且拖延的时间与自由时差的差值就是后续工作最早开始拖后的时间。

第二种题型是对时差的表述题，比如：

（1）关于工作的总时差、自由时差及相邻两工作间隔时间关系的说法，正确的有（　　）。【2016年真题】

A. 工作的自由时差一定不超过其紧后工作的总时差

B. 工作的自由时差一定不超过其相应的总时差

C. 工作的总时差一定不超过其紧后工作的自由时差

D. 工作的自由时差一定不超过其紧后工作之间的间隔时间

E. 工作的总时差一定不超过其紧后工作之间的间隔时间

【答案】B、D

（2）关于网络计划时差的说法，错误的是（　　）。【2012年10月真题】

A. 总时差是在不影响其紧后工作最迟完成时间的前提下，本工作可以利用的机动时间

B. 对同一工作而言，总时差总是大于等于自由时差

C. 自由时差是在不影响其紧后工作最迟开始时间的前提下，本工作可以利用的机动时间

D. 总时差是在不影响总工期的前提下，本工作可以利用的机动时间

【答案】C

2Z103040　施工进度控制的任务和措施

专项突破1　施工进度控制的任务

例题：施工方进度控制的主要工作环节包括编制施工进度计划及相关的资源需求计划、组织施工进度计划的实施、施工进度计划的检查与调整。施工企业在施工进度计划检查后编制的进度报告，其内容包括（　　）。【2011年、2013年、2018年考过】

A. 进度计划实施情况的综合描述【2013年、2018年考过】

B. 实际工程进度与计划进度的比较【2011年、2013年考过】

C. 进度计划在实施过程中存在的问题及其原因分析【2011年、2013年、2018年考过】

D. 进度执行情况对工程质量、安全和施工成本的影响情况【2011年、2018年考过】

E. 将采取的措施

F. 进度的预测【2011年、2018年考过】

G. 跟踪检查，收集实际进度数据

H. 实际进度数据与进度计划对比

I. 分析计划执行的情况

J. 对产生的偏差，采取措施予以纠正或调整计划

K. 检查措施的落实情况

【答案】A、B、C、D、E、F

1. 本考点还可以考核的题目有：

在进度计划实施过程中，应进行的工作包括（G、H、I、J、K）。

2. 题干部分中，施工方进度控制的主要工作环节可能会考顺序题目，2022 年考核的是首先应进行的环节，还可能会考多项选择题。如果考核多项选择题，干扰选项可能这样设置："论证施工项目的进度目标""确定施工项目的进度目标""进度控制工作流程的编制""进度控制工作职能分工"。

3. 施工进度计划检查的内容以及施工进度计划调整的内容一般会考核多项选择题。

进度计划检查的内容 【2016 年、2020 年、2021 年第一批考过】	施工进度计划的调整 【2009 年、2014 年、2015 年考过】
（1）检查工程量的完成情况。 （2）检查工作时间的执行情况。 （3）检查资源使用及进度保证的情况。 （4）前一次进度计划检查提出问题的整改情况	（1）工程量的调整。 （2）工作（工序）起止时间的调整。 （3）工作关系的调整。 （4）资源提供条件的调整。 （5）必要目标的调整

专项突破 2　施工进度控制的措施

例题：下列施工方进度控制的措施中，属于组织措施的有（　　）。【2019 年真题题干】

A. 重视健全项目管理的组织体系【2017 年、2021 年第二批考过】

B. 设有专门的工作部门和符合进度控制岗位资格的专人负责进度控制工作【2012 年10 月考过】

C. 进行项目管理组织设计的任务分工的职能分工【2019 年考过】

D. 编制施工进度控制的工作流程【2012 年 10 月、2014 年、2015 年、2016 年、2017年、2019 年、2020 年考过】

E. 进行进度控制会议的组织设计【2012 年 10 月考过】

F. 采用工程网络计划技术【2009 年、2016 年、2017 年、2018 年、2019 年、2021 年第二批考过】

G. 选择合适的施工承发包方式【2013 年、2014 年考过】

H. 选择合理的合同结构【2013 年、2014 年、2017 年考过】

I. 分析影响项目工程进度的风险，并采取风险管理措施【2017 年考过】

J. 重视信息技术的应用【2012 年 10 月、2015 年、2016 年、2017 年、2018 年、2019年、2021 年第二批考过】

K. 落实加快施工进度的经济激励措施【2021年第二批考过】

L. 编制工程资金需求计划和资源需求计划【2012年10月、2017年、2018年、2019年考过】

M. 优化项目的设计方案【2013年考过】

N. 优选施工方案【2012年10月、2015、2016、2017年考过】

O. 分析工程设计变更的必要性和可能性【2018年、2019年考过】

P. 优选施工技术、施工方法、施工机械【2012年10月、2013年、2014年、2015年考过】

【答案】A、B、C、D、E

重点难点专项突破

1. 施工方进度控制的措施主要包括组织措施、管理措施、经济措施和技术措施【2010年考过】。组织是目标能否实现的决定性因素【2018年考过】。本考点还可以考核的题目有：

（1）下列施工方进度控制的措施中，属于管理措施的有（F、G、H、I、J）。

（2）下列施工方进度控制的措施中，属于经济措施的有（K、L）。

（3）下列施工方进度控制的措施中，属于技术措施的有（M、N、O、P）。

2. 针对这部分内容可能会有两种命题方式，可能会考核一道单项选择题，一道多项选择题：

一是在选项中给出某建设工程项目在实施过程中的具体进度控制工作，要求考生判断属于何种进度控制的措施（例题题型）。

二是在题干中给出某建设工程项目在实施过程中的具体进度控制工作，要求考生判断属于何种进度控制的措施。比如：

施工方进度控制措施中，采用工程网络计划实现进度控制科学化的措施属于（　　）。

A. 组织措施 　　　　　　　B. 经济措施

C. 管理措施 　　　　　　　D. 技术措施

【答案】C

3. 进度控制的管理措施涉及管理的思想、方法和手段、承发包模式、合同管理和风险管理。

4. 施工进度控制在管理理念方面存在的主要问题应熟悉，可能会这样考核：

在进度控制中，缺乏动态控制观念的表现是（　　）。

A. 不重视进度计划的比选 　　B. 不重视进度计划的调整

C. 不注意分析影响进度的风险 　D. 同一项目不同进度计划之间的关联性不够

【答案】B

2Z104000 施工质量管理

2013—2022 年真题分值统计

命题点	题型	2013 年（分）	2014 年（分）	2015 年（分）	2016 年（分）	2017 年（分）	2018 年（分）	2019 年（分）	2020 年（分）	2021 年（分）	2022 年（分）
2Z104010 施工质量管理与施工质量控制	单项选择题	2	2	2	2	2	2	2	2		2
	多项选择题		2	2	2	2	2		2	2	2
2Z104020 施工质量管理体系	单项选择题	2	3	3	1	3	2	2	3	4	2
	多项选择题		2	2	2	2	2	2	2		2
2Z104030 施工质量控制的内容和方法	单项选择题	3	3	3	4	3	3	4	3	5	3
	多项选择题	4								2	4
2Z104040 施工质量事故预防与处理	单项选择题	2	2	2	3	1	2	2	2	2	2
	多项选择题	2	2	2	2		2	2	4	2	
2Z104050 建设行政管理部门对施工质量的监督管理	单项选择题	1	2	2	2	2	2	2	2	2	2
	多项选择题	2	2	2	2	2	2	2	2	2	2
合计	单项选择题	10	12	12	12	11	11	12	12	13	11
	多项选择题	8	8	8	8	8	8	8	10	8	10

2Z104010 施工质量管理与施工质量控制

专项突破 1 施工质量管理和施工质量控制的内涵

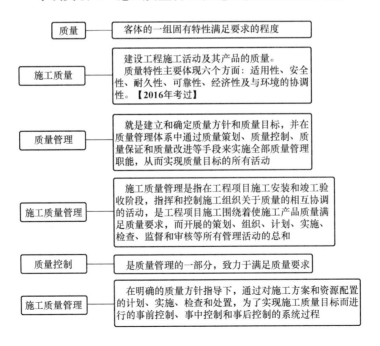

质量	客体的一组固有特性满足要求的程度
施工质量	建设工程施工活动及其产品的质量。质量特性主要体现六个方面：适用性、安全性、耐久性、可靠性、经济性及与环境的协调性。【2016年考过】
质量管理	就是建立和确定质量方针和质量目标，并在质量管理体系中通过质量策划、质量控制、质量保证和质量改进等手段来实施全部质量管理职能，从而实现质量目标的所有活动
施工质量管理	施工质量管理是指在工程项目施工安装和竣工验收阶段，指挥和控制施工组织关于质量的相互协调的活动，是工程项目施工围绕着使施工产品质量满足质量要求，而开展的策划、组织、计划、实施、检查、监督和审核等所有管理活动的总和
质量控制	是质量管理的一部分，致力于满足质量要求
施工质量管理	在明确的质量方针指导下，通过对施工方案和资源配置的计划、实施、检查和处置，为了实现施工质量目标而进行的事前控制、事中控制和事后控制的系统过程

1. 本考点主要是区分以上几个概念。

2. 本考点可能会这样命题：

(1) 根据《质量管理体系 基础和术语》GB/T 19000—2016，建设工程质量控制的定义是( )。

A. 参与工程建设者为了保证工程项目质量所从事工作的水平和完善程度

B. 对建筑产品具备的满足规定要求能力的程度所作的有系统的检查

C. 为达到工程项目质量要求所采取的作业技术和活动

D. 工程项目质量管理的一部分，致力于满足质量要求的一系列相关活动

【答案】D

(2) 质量管理是确定和建立质量方针和质量目标，并在质量管理体系中通过( )等手段来实施和实现全部质量管理职能的所有活动。【2010 年、2012 年 10 月考过】

A. 质量策划   B. 质量控制

C. 质量保证   D. 质量改进

E. 质量记录

【答案】A、B、C、D

专项突破 2 影响施工质量的主要因素

例题：影响施工质量的主要因素有( )。

A. 人   B. 材料

C. 机械   D. 方法

E. 环境

【答案】A、B、C、D、E

1. 本考点还可以考核的题目有：

(1) 施工质量影响因素主要有"4M1E"，其中"4M"是指（A、B、C、D）。【2011 年真题题干】

(2) 我国实行的执业资格注册制度和作业人员持证上岗制度，这属于影响建设工程质量（A）的因素。

(3) 下列影响建设工程施工质量的因素中，作为施工质量控制基本出发点的因素是（A）。【2018 年真题题干】

(4) 在工程项目施工质量管理中，起决定性作用的影响因素是(A)。【2009 年真题题干】

(5) 为消除施工质量通病而采用新型脚手架应用技术的做法，属于质量影响因素

中对（D）因素的控制。【2019年真题题干】

（6）为了消除质量通病而采用地基基础和地下空间工程技术的做法，属于质量影响因素中对（D）因素的控制。

（7）为了消除质量通病而采用装配式混凝土结构技术的做法，属于质量影响因素中对（D）因素的控制。【2015年考过】

（8）为了消除质量通病而采用钢结构技术的做法，属于质量影响因素中对（D）因素的控制。

（9）为了消除质量通病而采用绿色施工技术的做法，属于质量影响因素中对（D）因素的控制。

2. 这里讲的"人"，包括直接参与施工的决策者、管理者和作业者。【2012年10月考过】

3. 材料的因素包括工程材料和施工用料，又包括原材料、半成品、成品、构配件和周转材料等。【2012年10月、2017年考过】

4. 机械的因素包括工程设备和施工机械设备。考生应能区分。

> 工程设备：各类生产设备、装置和辅助配套的电梯、泵机，以及通风空调、消防、环保设备等。
>
> 施工机械设备：运输设备、吊装设备、操作工具、测量仪器、计量器具以及施工安全设施等。【2010年考过】

5. 环境的因素主要包括施工现场自然环境因素、施工质量管理环境因素和施工作业环境因素【2021年第二批考过】。就该采分点而言，通过下面题目进行说明：

下列施工质量的影响因素中，属于质量管理环境因素的有（ ）。【2019年真题题干】

A. 工程地质、水文、气象条件【2021年第一批考过】

B. 周边建筑、地下障碍物【2012年6月考过】

C. 不可抗力【2011年、2012年10月考过】

D. 施工单位质量管理体系

E. 质量管理制度【2011年、2012年6月、2019年、2021年第一批考过】

F. 各参建施工单位之间的协调【2019年、2020年、2021年第一批考过】

G. 施工现场平面和空间环境条件

H. 各种能源介质供应【2021年第一批考过】

I. 施工照明、通风、安全防护设施【2011年、2013年考过】

J. 施工场地给水排水

K. 交通运输和道路条件【2011年、2012年6月、2019年考过】

【答案】D、E、F

> 下列施工质量的影响因素中，属于施工现场自然环境因素的有（A、B、C）。
>
> 下列施工质量的影响因素中，属于施工作业环境因素的有（G、H、I、J、K）。

专项突破 3 施工质量控制的特点

例题： 根据建设工程的工程特点和施工生产特点，施工质量控制的特点有（   ）。
【2016 年、2018 年考过】

A. 需要控制的因素多   B. 控制的难度大
C. 过程控制要求高   D. 终检局限大
【答案】 A、B、C、D

重点难点专项突破

1. 本考点还可以考核的题目有：

工程项目建成后，难以对工程内在质量进行检验。这体现了施工质量控制（D）的特点。

2. A 选项，控制的因素包括地质、水文、气象和周边环境等自然条件因素，勘察、设计、材料、机械、施工工艺、操作方法、技术措施，以及管理制度、办法等人为的技术管理因素。

3. B 选项，控制难度大的原因：建筑产品的单件性和施工生产的流动性，不具有一般工业产品生产常有的固定的生产流水线、规范化的生产工艺、完善的检测技术、成套的生产设备和稳定的生产环境等条件，不能进行标准化施工，施工质量容易产生波动；而且施工场面大、人员多、工序多、关系复杂、作业环境差，都加大了质量控制的难度。

专项突破 4 施工质量控制的责任

项目	内容
《建设工程质量管理条例》的规定	（1）施工单位对建设工程的施工质量负责。 （2）总承包单位依法将建设工程分包给其他单位的，分包单位应当按照分包合同的约定对其分包工程的质量向总承包单位负责，总承包单位与分包单位对分包工程的质量承担连带责任。**【2021 年第二批考过】** （3）施工单位必须建立、健全施工质量的检验制度，严格工序管理，作好隐蔽工程的质量检查和证录
《建筑施工项目经理质量安全责任十项规定（试行）》的规定	（1）项目经理必须对工程项目施工质量安全负全责，负责建立质量安全管理体系，负责配备专职质量、安全等施工现场管理人员，负责落实质量安全责任制、质量安全管理规章制度和操作规程。**【2021 年第一批考过】** （2）项目经理必须按照工程设计图纸和技术标准组织施工，不得偷工减料。负责组织编制施工组织设计，负责组织制定质量安全技术措施，负责组织编制、论证和实施危险性较大分部分项工程专项施工方案。负责组织质量安全技术交底。**【2020 年考过】** （3）项目经理必须组织对进入现场的建筑材料、构配件、设备、预拌混凝土等进行检验，未经检验或检验不合格，不得使用。必须组织对涉及结构安全的试块、试件以及有关材料进行取样检测，送检试样不得弄虚作假，不得篡改或者伪造检测报告，不得明示或暗示检测机构出具虚假检测报告。**【2020 年考过】** （4）项目经理必须组织做好隐蔽工程的验收工作，参加地基基础、主体结构等分部工程的验收，参加单位工程和工程竣工验收。必须在验收文件上签字，不得签署虚假文件**【2020 年考过】**

项目	内　　容
《建筑工程五方责任主体项目负责人质量终身责任追究暂行办法》	建设单位项目负责人对工程质量承担全面责任【2022年考过】，不得违法发包、肢解发包，不得以任何理由要求勘察、设计、施工、监理单位违反法律法规和工程建设标准。降低工程质量，其违法违规或不当行为造成工程质量事故或质量问题应当承担责任。 　　勘察、设计单位项目负责人应当保证勘察设计文件符合法律法规和工程建设强制性标准的要求，对因勘察、设计导致的工程质量事故或质量问题承担责任。 　　施工单位项目经理应当按照经审查合格的施工图设计文件和施工技术标准进行施工，对因施工导致的工程质量事故或质量问题承担责任。 　　监理单位总监理工程师应当按照法律法规、有关技术标准、设计文件和工程承包合同进行监理，对施工质量承担监理责任

重点难点专项突破

1. 首先我们先来了解下建筑工程五方责任主体项目负责人是指哪五方？

　　是指承担建筑工程项目建设的建设单位项目负责人、勘察单位项目负责人、设计单位项目负责人、施工单位项目经理、监理单位总监理工程师。【2022年考过】

那么建筑工程五方责任主体项目负责人质量终身责任又是指什么呢？

　　是指参与新建、扩建、改建的建筑工程项目负责人按照国家法律法规和有关规定，在工程设计使用年限内对工程质量承担相应责任。【2018年、2022年考过】

2. 本考点可能会这样命题：

（1）根据建筑工程质量终身责任制要求，施工单位项目经理对建设工程质量承担责任的时间期限是（　　）。【2018年、2022年考过】

A. 建筑工程实际使用年限　　　　B. 建设单位要求年限

C. 建筑工程设计使用年限　　　　D. 缺陷责任期

【答案】C

（2）根据《建筑施工项目经理质量安全责任十项规定（试行）》的规定，关于项目经理质量安全责任的说法，正确的有（　　）。

A. 建立质量安全管理体系

B. 落实质量安全管理责任制、质量安全管理规章制度

C. 组织编制施工组织设计

D. 对职工进行安全教育培训

E. 组织工程竣工验收

【答案】A、B、C

2Z104020 施工质量管理体系

专项突破 1 施工质量保证体系的内容

例题： 工程项目施工质量保证体系的主要内容有项目施工质量目标、项目施工质量计划、思想、组织、工作保证体系。下列体系内容中，属于组织保证体系的有(　　)。

A. 逐级分解目标，并形成在合同环境下的各级质量目标【2016 年、2018 年考过】

B. 编制质量计划【2016 年、2018 年考过】

C. 全员树立"质量第一"的观点

D. 全面贯彻"一切为用户服务"的思想

E. 落实建筑工人实名制管理

F. 健全各种规章制度

G. 明确规定各职能部门主管人员和参与施工人员的任务、职责和权限

H. 建立质量信息系统【2018 年考过】

I. 明确工作任务【2016 年考过】

J. 建立工作制度【2016 年考过】

【答案】E、F、G、H

重点难点专项突破

1. 上述例题题干部分，质量保证体系的五个内容，也是一个多项选择题采分点。本考点一般会考核一到两道题目，可见其重要性，考生应全面掌握。本考点还可以考核的题目有：

(1) 施工质量保证体系中，属于思想保证体系内容的是 (C、D)。

(2) 施工质量保证体系中，属于工作保证体系内容的是 (I、J)。

2. A 选项：质量目标分解应以工程承包合同为基本依据【2012 年 6 月、2014 年考过】。项目施工质量目标的分解主要从两个角度展开，即：从时间角度展开，实施全过程的控制；从空间角度展开，实现全方位和全员的质量目标管理。【2015 年考过】

3. B 选项：质量计划的编制依据为企业的质量手册和项目质量目标。【2010 年考过】

4. 本考点中还需要考生掌握的一个重要采分点——工程项目施工质量计划的内容。

施工质量计划按内容分为施工质量工作计划和施工质量成本计划【2021 年第一批考过】。具体还应掌握以下知识点：

考试怎么考	怎么答
施工质量工作计划的内容包括哪些？【2014 年考过】	(1) 质量目标的具体描述。 (2) 对整个项目施工质量形成的各工作环节的责任和权限的定量描述。 (3) 采用的特定程序、方法和工作指导书。

考试怎么考	怎么答
施工质量工作计划的内容包括哪些？【2014年考过】	(4) 重要工序的试验、检验、验证和审核大纲。 (5) 质量计划修订和完善程序。 (6) 为达到质量目标所采取的其他措施
质量成本分为运行质量成本和外部质量保证成本。其中，外部质量保证成本包括哪些？【2015年、2019年考过】	特殊的和附加的质量保证措施、程序、检测试验和评定的费用【2021年第二批考过】

5. 再来看最后一个采分点——工作保证体系的三个阶段。通过一道题目来说明。

下列施工质量保证体系的内容中，属于施工阶段工作保证体系的有（　　）。

【2015年真题题干】

A. 完成各项技术准备工作

B. 进行技术交底和技术培训

C. 制定相应的技术管理制度

D. 对工程项目进行划分并分级编号

E. 建立工程测量控制网和测量控制制度

F. 进行施工平面设计，建立施工场地管理制度【2015年考过】

G. 建立健全材料、机械管理制度

H. 必须加强工序管理，建立质量检查制度【2015年考过】

I. 严格实行自检、互检和专检

J. 应用建筑信息模型技术

K. 强化过程控制

L. 做好成品保护【2015年考过】

M. 严格按规范标准进行检查验收和必要的处置

N. 做好相关资料的收集整理和移交

O. 建立回访制度

【答案】 H、I、J、K

> 下列施工质量保证体系的内容中，属于施工准备阶段工作保证体系的有（A、B、C、D、E、F、G）。
>
> 下列施工质量保证体系的内容中，属于竣工验收阶段工作保证体系的有（L、M、N、O）。

专项突破 2　施工质量保证体系的运行

例题： 建设工程项目质量管理的 PDCA 循环工作原理中，"C"是指（　　）。【2011年真题题干】

16

扫一扫查看
本题视频解析

A. 计划

B. 实施

C. 检查   D. 处理

【答案】C

重点难点专项突破

1. 施工质量保证体系的运行，应以质量计划为主线，以过程管理为重心【2012年10月、2013年、2018年考过】。本考点还可以考核的题目有：

（1）建设工程项目质量管理的PDCA循环工作原理中，"P"是指（A）。

（2）建设工程项目质量管理的PDCA循环工作原理中，"D"是指（B）。

（3）建设工程项目质量管理的PDCA循环工作原理中，"A"是指（D）。【2018年考过】

（4）施工质量保证体系运行包括的环节有（A、B、C、D)。【2022年真题题干】

2. PDCA循环工作中，主要掌握各阶段的具体工作内容。下面总结下考试时会怎么考。

考试怎么考	怎么答
计划阶段的主要任务是什么？	确定质量管理的方针、目标，以及实现方针、目标的措施和行动方案
实施阶段的主要任务是什么？	（1）计划行动方案的交底和按计划规定的方法。【2021年第一批考过】 （2）展开的施工作业技术活动
检查阶段的主要任务是什么？	（1）检查是否严格执行了计划的行动方案，检查实际条件是否发生了变化，总结成功执行的经验，查明没按计划执行的原因。 （2）检查计划执行的结果
处理阶段的主要任务是什么？	（1）形成标准。 （2）采取措施，纠正计划执行中的偏差【2020年考过】

专项突破3 质量管理原则

例题：根据《质量管理体系 基础和术语》GB/T 19000—2016，质量管理应遵循的原则有（　　）。【2019年、2020年考过】

A. 以顾客为关注焦点   B. 领导作用

C. 全员积极参与   D. 过程方法

E. 持续改进   F. 循证决策

G. 关系管理

【答案】A、B、C、D、E、F、G

重点难点专项突破

本考点还可以考核的题目有：

（1）根据《质量管理体系 基础和术语》GB/T 19000—2016，将活动作为相互关联、功能连贯的过程组成的体系来理解和管理时，可以更加有效和高效地得到一致的、可预知结果的质量管理原则是（D）。

（2）根据《质量管理体系 基础和术语》GB/T 19000—2016，"基于数据和信息的分析和评价的决策，更有可能产生期望的结果"体现了质量管理原则中的（F）。【2021年第二批考过】

专项突破4　企业质量管理体系文件的构成

例题：质量体系文件是企业开展质量管理的基础，主要由（　　　　）等构成。【2012年10月、2013年、2020年考过】

A. 质量手册　　　　　　　　　　　　B. 程序文件

C. 质量计划　　　　　　　　　　　　D. 质量记录

【答案】A、B、C、D

重点难点专项突破

1. 本考点还可以考核的题目有：

（1）企业质量管理体系的文件中，阐明一个企业的质量政策、质量体系和质量实践的文件是（A）。【2019年考过】

（2）施工企业实施和保持质量体系过程中长期遵循的纲领性文件是（A）。【2012年10月、2017年、2019年考过】

（3）在质量管理体系的系列文件中，企业落实质量管理工作而建立的各项管理标准、规章制度，属于企业各职能部门实施细则的是（B）。

（4）在质量管理体系的系列文件中，为了确保过程的有效运行和控制，针对特定的项目、产品、过程或合同，规定由谁及何时使用哪些程序和相关资源，采取何种质量措施的文件是（C）。

（5）在质量管理体系的系列文件中，能客观反映产品质量水平和质量体系中各项质量活动进行及结果，证明各阶段产品质量达到要求和质量体系运行有效的证据文件是（D）。【2021年第一批考过】

2. 本考点除了上述题型外，还可能会以判断正误的表述题目考核。比如2018年真题。

3. 本考点中，还需要知道的是质量手册和程序文件分别包括哪些内容。

质量手册	程序文件（支持性文件）
企业的质量方针、质量目标。【2022年考过】 组织机构和质量职责。 各项质量活动的基本控制程序或体系要素。 质量评审、修改和控制管理办法【2014年考过】	文件控制程序。 质量记录管理程序。 不合格品控制程序。 内部审核程序。 预防措施控制程序。 纠正措施控制程序

专项突破 5 企业质量管理体系的建立、认证与监督

例题：施工企业质量管理体系运行阶段的工作内容包括（   ）。【2021 年第二批真题题干】

A. 编制质量手册【2021 年第二批考过】

B. 编制质量计划

C. 编制质量体系程序

D. 编制详细作业文件【2021 年第二批考过】

E. 编制质量记录

F. 监测管理体系运行的有效性【2021 年第二批考过】

G. 持续改进质量管理体系【2021 年第二批考过】

【答案】F、G

重点难点专项突破

1. 本考点还可以考核的题目有：

施工企业质量管理体系文件编制阶段的工作内容包括（A、B、C、D、E）。

2. 下面来了解下企业质量管理体系的认证与监督会怎么考。

考试怎么考	怎么答
施工企业质量管理体系由谁认证？	公正的第三方认证机构【2014 年、2017 年、2020 年考过】
企业获准认证的有效期是多少年？	三年【2017 年、2022 年考过】
企业获准认证后应进行什么工作？	应经常性的进行内部审核，并每年一次接受认证机构对企业质量管理体系实施的监督管理【2016 年、2017 年考过】

2Z104030 施工质量控制的内容和方法

专项突破 1 施工质量控制的基本环节

例题：下列施工质量控制的工作中，属于事前质量控制的有（   ）。

A. 编制施工质量计划【2021 年第一批考过】

B. 明确质量目标

C. 制定施工方案

D. 设置质量管理点【2019 年考过】

E. 落实质量责任【2019 年考过】

F. 分析可能导致质量目标偏离的各种影响因素，并制定预防措施【2015 年考过】

G. 对质量活动的行为约束【2019 年考过】

H. 对质量活动过程和结果的监督控制

I. 对质量活动结果的评价、认定【2019 年考过】

J. 对质量偏差的纠正

【答案】A、B、C、D、E、F

重点难点专项突破

1. 本考点还可以考核的题目有：

(1) 下列施工质量控制的工作中，属于事中质量控制的有（G、H）。

(2) 下列施工质量控制的工作中，属于事后质量控制的有（I、J）。

2. 本考点在考试时也就考核这种题型。

专项突破2　施工质量控制的一般方法

例题：对装饰工程中的水磨石、面砖、石材饰面等现场检查时，均应进行敲击检查其铺贴质量。该方法属于现场质量检查方法中的（　　）。

A. 目测法　　　　　　　　　　　　B. 实测法

C. 试验法　　　　　　　　　　　　D. 记录法

【答案】A

重点难点专项突破

1. 本考点还可以考核的题目有：

(1) 对清水墙面是否洁净，喷涂的密实度和颜色是否良好、均匀，工人的操作是否正常等现场检查时，属于现场质量检验方法中的（A）。

(2) 对内墙抹灰的大面及口角是否平直，混凝土外观是否符合要求的检查，属于现场质量检验方法中的（A）。

(3) 对油漆的光滑度，浆活是否牢固、不掉粉等现场检查时，均应通过触摸手感进行检查、鉴别。该方法属于现场质量检查方法中的（A）。

(4) 通过光源照射对管道井、电梯井等内部的管线、设备安装质量，装饰吊顶内连接及设备安装质量等进行现场检查，属于现场质量检验方法中的（A）。

> 例题题目及上述（1）～（4）题，均是对目测法的考核。目测法的手段概括为"看、摸、敲、照"四个字。（1）、（2）题为"看"；（3）题为"摸"；例题为"敲"；（4）题为"照"。
>
> 针对这部分内容还会这样命题：
>
> （1）目测法用于施工现场的质量检查，可以概括为"看、摸、敲、照"。对浆活是否牢固、不掉粉的检查，通常采用的手段是（　　）。
>
> 　　A. 看　　　　　　　　　　　B. 摸
>
> 　　C. 敲　　　　　　　　　　　D. 照
>
> 【答案】B

> （2）下列现场质量检查的方法中，属于目测法的是（　　）。【2015 年真题】
>
> A. 利用全站仪复查轴线偏差
>
> B. 利用酚酞液观察混凝土表面碳化
>
> C. 利用磁场磁粉探查焊缝缺陷
>
> D. 利用小锤检查面砖铺贴质量
>
> 【答案】D

（5）利用直尺、塞尺检查墙面、地面、路面等的平整度，属于现场质量检查方法中的（B）。【2009 年、2014 年考过】

（6）利用测量工具和计量仪表等检查大理石板拼缝尺寸、摊铺沥青拌合料的温度、混凝土坍落度的检测等，属于现场质量检查方法中的（B）。【2010 年考过】

（7）利用托线板以及线锤吊线对砌体、门窗安装的垂直度检查等，属于现场质量检查方法中的（B）。【2009 年考过】

（8）利用方尺套方，辅以塞尺对阴阳角的方正、踢脚线的垂直度、预制构件的方正、门窗口及构件的对角线检查，属于现场质量检查方法中的（B）。

> 上述（5）～（8）题，均是对实测法的考核。实测法的手段概括为"靠、量、吊、套"四个字。（5）题为"靠"；（6）题为"量"；（7）题为"吊"；（8）题为"套"。针对这部分内容也是有两种命题方式。

（9）对进入施工现场的钢筋取样后进行力学性能检测，属于施工质量控制方法中的（C）。【2009 年真题题干】

（10）对桩或地基的静载试验、下水管道的通水试验、压力管道的耐压试验、防水层的蓄水或淋水试验，属于施工质量控制方法中的（C）。【2022 年考过】

（11）利用专门的仪器仪表从表面探测结构物、材料、设备的内部组织结构或损伤情况，属于施工质量控制方法中的（C）。

（12）对建筑材料密度的测定属于现场质量检查方法中的（C）。【2021 年第二批真题题干】

> 上述（9）～（12）题，均是对试验法的考核。试验法包括理化试验和无损检测。
>
> 常用的理化试验包括物理力学性能方面的检验和化学成分及其含量的测定等两个方面。【2020 年考过】
>
> 常用的无损检测方法有超声波探伤、X 射线探伤、γ 射线探伤等。

（13）现场施工质量检查的方法主要有（A、B、C）。【2012 年 10 月考过】

2. D 选项是可能会出现的干扰选项。

3. 施工质量控制的一般方法包括质量文件审核和现场质量检查。现场质量检查是重要采分点。下面来学习下现场质量检查的内容：

（1）开工前的检查：主要检查是否具备开工条件，开工后是否能够保持连续正常施工，能否保证工程质量。

（2）工序交接检查：严格执行自检、互检、专检的"三检"制度【2013 年考过】。未经监理工程师（或建设单位项目技术负责人）检查认可，不得进行下道工序施工【2021 年第一批考过】。

（3）隐蔽工程的检查。

（4）停工后复工的检查。

（5）分项、分部工程完工后的检查。

（6）成品保护的检查。

专项突破 3 建筑工程施工质量验收的项目划分

例题： 根据《建筑工程施工质量验收统一标准》GB 50300—2013，建筑工程施工质量验收应划分为单位工程、分部工程、分项工程和检验批。分部工程的划分一般按（　　）确定。【2019 年考过】

A. 专业性质　　　　　　　　　B. 工程部位

C. 材料种类　　　　　　　　　D. 施工特点

E. 施工程序　　　　　　　　　F. 专业系统及类别

G. 主要工种、材料　　　　　　H. 施工工艺

I. 设备类别　　　　　　　　　J. 工程量

K. 楼层　　　　　　　　　　　L. 施工段

M. 变形缝

【答案】 A、B

重点难点专项突破

本考点还可以考核的题目有：

（1）根据《建筑工程施工质量验收统一标准》GB 50300—2013，当分部工程较大或较复杂时，可按（C、D、E、F）等划分为若干子分部工程。

> **注意：**
> 　例题中是分部工程的一般划分标准，而（1）题是分部工程较大或较复杂时的划分标准。

（2）根据《建筑工程施工质量验收统一标准》GB 50300—2013，分项工程应按（G、H、I）等进行划分。

（3）根据《建筑工程施工质量验收统一标准》GB 50300—2013，检验批可根据施工质量控制和专业验收需要，按（J、K、L、M）等进行划分。

专项突破 4 施工准备的质量控制

例题：下列施工准备质量控制的工作中，属于技术准备质量控制的有（   ）。【2014年、2017年考过】

A. 对技术准备工作成果的复核审查
B. 制订施工质量控制计划
C. 设置质量控制点
D. 明确关键部位的质量管理点
E. 工程定位和标高基准的控制
F. 施工平面布置的控制
G. 材料采购订货控制
H. 材料进场检验控制
I. 材料存储和使用控制
J. 机械设备选型的控制
K. 机械设备主要性能参数指标的控制
L. 机械设备使用操作要求控制

【答案】 A、B、C、D

重点难点专项突破

1. 本考点还可以考核的题目有：

（1）下列施工准备质量控制的工作中，属于现场施工准备质量控制的有（E、F）。

（2）下列施工准备质量控制的工作中，属于材料质量控制的有（G、H、I）。

（3）下列施工准备质量控制的工作中，属于施工机械设备质量控制的有（J、K、L）。

2. A 选项，技术准备工作包括：熟悉施工图纸，进行详细的设计交底和图纸审查；细化施工技术方案和施工人员、机具的配置方案，编制施工作业技术指导书，绘制各种施工详图（如测量放线图、大样图及配筋、配板、配线图表等），进行必要的技术交底和技术培训。

3. 施工单位必须对建设单位提供的原始坐标点、基准线和水准点等测量控制点线进行复核，并将复测结果上报监理工程师审核，批准后施工单位才能据此建立施工测量控制网，进行工程定位和标高基准的控制。【2021 年第一批考过】

4. 对于重要建材的使用，必须经过监理工程师签字和项目经理签准。

专项突破 5 施工过程的质量控制

例题：施工单位在项目开工前编制的测量控制方案，一般应经（   ）批准后实施。【2011 年、2017 年、2018 年、2019 年考过】

A. 项目技术负责人
B. 监理工程师
C. 项目经理
D. 项目专职安全员
E. 公司总工程师
F. 公司技术负责人
G. 业主代表
H. 甲方工程师
I. 建设单位项目负责人

【答案】 A

重点难点专项突破

1. 本考点还可以考核的题目有：

（1）项目开工前，（A）应向承担施工的负责人或分包人进行书面技术交底。**【2012 年 10 月、2013 年、2021 年第二批考过】**

> 2017 年考核了项目技术负责人向谁交底。

（2）项目开工前的技术交底书应由施工项目技术人员编制，经（A）批准实施。**【2016 年真题题干】**

（3）施工单位必须认真进行施工测量复核工作，其复核结果应报送（B）复验确认后，方能进行后续相关工序的施工。**【2012 年 10 月、2016 年考过】**

> 注意：C、D、E、F、G、H、I 选项均是可能会设置的错误选项。

2. 技术交底的形式有：书面、口头、会议、挂牌、样板、示范操作等。

3. 常见的测量控制包括工业建筑测量复核、民用建筑测量复核、高层建筑测量复核、管线工程测量复核。

4. 工序施工质量控制是施工过程质量控制的基础和核心。这里有两个概念需要分清楚，就是工序施工条件控制与工序施工效果控制。工序施工条件控制是控制工序活动的各种投入要素质量和环境条件质量。工序施工效果控制是控制工序产品的质量特征和特性指标达到设计质量标准以及施工质量验收标准的要求。

5. 本考点中还应掌握的一个重要的采分点——特殊过程的质量控制。考试会怎么考，来看下面表格的总结：

考试怎么考	怎么答
质量控制对象的选择要求	选择施工过程的重点部位、重点工序和重点质量因素【2022 年考过】
质量控制点中重点控制对象有哪些？	人的行为，材料的质量与性能，施工方法与关键操作，施工技术参数，技术间歇，施工顺序，易发生或常见的质量通病，新技术、新材料及新工艺的应用，产品质量不稳定和不合格率较高的工序，特殊地基或特种结构（有精力的考生可以关注下对控制对象的举例）
特殊过程质量控制的管理	特殊过程的质量控制除按一般过程质量控制的规定执行外，还应由专业技术人员编制作业指导书，经项目技术负责人审批后执行【2021 年第二批考过】

专项突破6 施工过程的工程质量验收

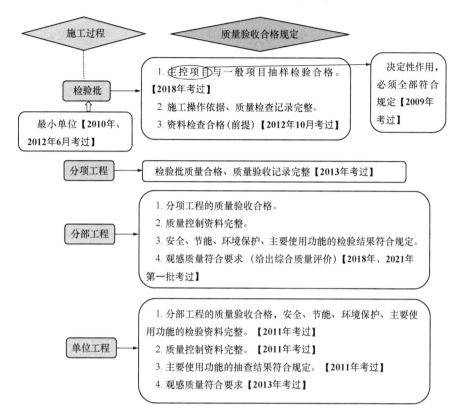

重点难点专项突破

1. 施工过程的工程质量验收是对检验批、分项、分部、单位工程的质量进行抽样复验，根据相关标准以书面形式工程质量达到合格与否做出确认。检验批质量验收在历年考试中考核较多，分项、分部、单位工程验收合格要求应重点掌握。

2. 分部工程不能简单地将各分项工程组合进行验收，尚须增加以下两类检查项目：

（1）涉及安全和使用功能的地基基础、主体结构及有关安全及重要使用功能的安装分部工程应进行有关见证取样送样试验或抽样检测。

（2）观感质量验收。检查结果并不给出"合格"或"不合格"的结论，而是综合给出质量评价。对于评价为"差"的检查点应通过返修处理等补救。【2018年考过】

3. 本考点可能会这样命题：

（1）建筑工程施工质量验收中，检验批质量验收的内容包括(　　)。

A. 质量资料　　　　　　　　　B. 主控项目

C. 允许偏差项目　　　　　　　D. 一般项目

E. 观感质量

【答案】A、B、D

（2）根据《建筑工程施工质量验收统一标准》GB 50300—2013，单位工程质量验收合格的规定有（　　）。

A. 所含分部工程的质量均应验收合格

B. 质量控制资料应完整

C. 所含分部工程有关安全、节能、环境保护和主要使用功能的检测资料应完整

D. 主要功能项目的抽查结果应符合相关专业质量验收规范的规定

E. 监理质量评估记录应符合各项要求

【答案】A、B、C、D

专项突破 7　工程质量验收中发现质量不符合要求的处理方法

例题： 如工程质量不符合要求，经过加固处理后外形尺寸改变，但能满足安全使用要求，其处理方法是（　　）。【2011 年考过】

A. 按验收程序重新组织验收

B. 具有法定资质的检测单位鉴定合格后，认可通过验收

C. 予以验收

D. 按技术处理方案和协商文件进行验收

E. 严禁验收

【答案】D

重点难点专项突破

1. 本考点还可以考核的题目有：

（1）对于通过返工可以解决工程缺陷的检验批，应（A）。【2011 年、2012 年 10 月考过】

（2）对施工单位采取相应措施消除一般项目缺陷后的检验批验收，应采取的做法是（A）。【2020 年考过】

（3）某工程试块强度不满足要求，难以确定可否验收时，处理方法是（B）。【2011 年考过】

（4）某工程进行检验批验收时，发现某框架梁截面尺寸与原设计图纸尺寸不符，但经原设计单位核算，仍能满足结构安全性及使用性要求，则该检验批（C）。【2011 年、2012 年 10 月考过】

（5）通过返修或加固处理仍不能满足安全使用要求的分部工程、单位（子单位）工程，其处理方法是（E）。

2. 本考点除上述考核题型，还会这样考核：

下列施工检验批验收的做法中，正确的是（　　）。

A. 存在一般缺陷的检验批应推倒重做

B. 某些指标不能满足要求时，可予以验收

C. 严重缺陷经加固处理后能满足安全使用要求，可按技术处理方案进行验收

D. 经加固处理后仍不能满足安全使用要求的分部工程可缺项验收

【答案】C

专项突破8　施工项目竣工质量验收

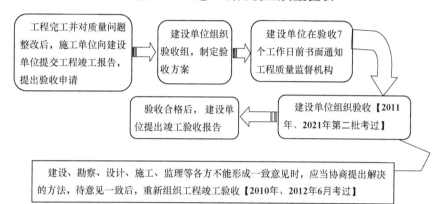

重点难点专项突破

1. 施工项目竣工质量验收的依据主要包括7项，在2010年考核了一道多项选择题。

2. 施工项目竣工质量验收的条件应熟悉，可能会考核多项选择题。

3. 本考点可能会这样命题：

(1) 关于竣工质量验收程序和组织的说法，正确的是(　　)。

A. 施工单位组织工程竣工验收

B. 工程竣工验收合格后，监理单位应当及时提出工程竣工验收报告

C. 建设单位应当在工程竣工验收7个工作日前将验收的时间、地点及验收组名单书面通知负责监督该工程的工程质量监督机构

D. 工程竣工报告应由监理单位提交并须经总监理工程师签署意见

【答案】C

(2) 施工单位向建设单位申请工程竣工验收的条件包括(　　)。

A. 完成工程设计和合同约定的各项内容

B. 有完整的技术档案和施工管理资料

C. 有施工单位签署的工程保修书

D. 有工程质量监督机构的审核意见

E. 有勘察、设计、施工、监理等单位分别签署的质量合格文件

【答案】A、B、C、E

2Z104040 施工质量事故预防与处理

专项突破 1 工程质量事故的概念

例题： 根据《质量管理体系 基础和术语》GB/T 19000—2016，工程产品与预期或规定用途有关的不合格，称为( )。**【2018 年真题题干】**

A. 质量不合格

B. 质量缺陷

C. 质量问题

D. 质量事故

【答案】 B

扫一扫查看
本题视频解析

重点难点专项突破

本考点还可以考核的题目有：

(1) 根据《质量管理体系 基础和术语》GB/T 19000—2016，凡工程产品未满足质量要求，就称之为 (A)。**【2022 年考过】**

(2) 凡是工程质量不合格，必须进行返修、加固或报废处理，由此造成直接经济损失低于规定限额的称为 (C)。

(3) 由于建设、勘察、设计、施工、监理等单位违法工程质量有关法律法规和工程建设标准，使工程产生结构安全、重要使用功能等方面的质量缺陷，造成人身伤亡或者重大经济损失的称 (D)。

专项突破 2 工程质量事故按造成损失的程度分级

例题： 根据《关于做好房屋建筑和市政基础设施施工质量事故报告和调查处理工作的通知》（建质〔2010〕111 号），某工程在浇筑楼板混凝土时，发生支模架坍塌，造成 6 人重伤。该工程质量事故应判定为 ( )。

A. 一般事故 **【2014 年考过】**

B. 较大事故 **【2020 年考过】**

C. 重大事故 **【2011 年、2012 年 6 月、2016 年、2019 年考过】**

D. 特别重大事故

【答案】 A

重点难点专项突破

1. 本考点还可以考核的题目有：

(1) 根据《关于做好房屋建筑和市政基础设施施工质量事故报告和调查处理工作的通知》（建质〔2010〕111 号），某工程发生一起事故造成 20 人重伤，该工程事故属于 (B)。

（2）根据《关于做好房屋建筑和市政基础设施施工质量事故报告和调查处理工作的通知》（建质〔2010〕111号），某工程发生一起事故造成80人重伤，该工程事故属于（C）。

（3）根据《关于做好房屋建筑和市政基础设施施工质量事故报告和调查处理工作的通知》（建质〔2010〕111号），某工程发生一起事故造成110人重伤，该工程事故属于（D）。

（4）根据《关于做好房屋建筑和市政基础设施施工质量事故报告和调查处理工作的通知》（建质〔2010〕111号），造成2人死亡的工程事故属于（A）。

（5）根据《关于做好房屋建筑和市政基础设施施工质量事故报告和调查处理工作的通知》（建质〔2010〕111号），造成5人死亡的工程事故属于（B）。

（6）根据《关于做好房屋建筑和市政基础设施施工质量事故报告和调查处理工作的通知》（建质〔2010〕111号），造成15人死亡的工程事故属于（C）。

（7）根据《关于做好房屋建筑和市政基础设施施工质量事故报告和调查处理工作的通知》（建质〔2010〕111号），造成35人死亡的工程事故属于（D）。

（8）某工程发生一起事故造成直接经济损失500万元，根据《关于做好房屋建筑和市政基础设施施工质量事故报告和调查处理工作的通知》（建质〔2010〕111号），该工程事故属于（A）。

（9）某工程发生一起事故造成直接经济损失2000万元，根据《关于做好房屋建筑和市政基础设施施工质量事故报告和调查处理工作的通知》（建质〔2010〕111号），该工程事故属于（B）。

（10）某工程发生一起事故造成直接经济损失8000万元，根据《关于做好房屋建筑和市政基础设施施工质量事故报告和 调查处理工作的通知》（建质〔2010〕111号），该工程事故属于（C）。

（11）某工程发生一起事故造成直接经济损失1.5亿元，根据《关于做好房屋建筑和市政基础设施施工质量事故报告和调查处理工作的通知》（建质〔2010〕111号），该工程事故属于（D）。

（12）根据《关于做好房屋建筑和市政基础设施施工质量事故报告和调查处理工作的通知》（建质〔2010〕111号），根据事故造成的人员伤亡或者直接经济损失，将工程质量事故分为（A、B、C、D）四个等级。

2. 再来看下面几个题目，应该选择哪个答案：

（1）根据《关于做好房屋建筑和市政基础设施施工质量事故报告和调查处理工作的通知》（建质〔2010〕111号），发生工程事故造成3人死亡属于（　　）。

（2）根据《关于做好房屋建筑和市政基础设施施工质量事故报告和调查处理工作的通知》（建质〔2010〕111号），发生工程事故造成50人重伤属于（　　）。

（3）根据《关于做好房屋建筑和市政基础设施施工质量事故报告和调查处理工作的通知》（建质〔2010〕111号），发生工程事故造成30人死亡属于（　　）。

就这三个题，其答案分别是：（1）B；（2）C；（3）D。这三个题是对等级标准说明的考核，该说明就是"该等级标准中所称的以上包括本数，所称的以下不包括本数"。

3. 在考试中，也可能会这样来考核：题干告诉我们某事故的等级，让我们来选择以下选项中哪个的说法属于该等级。比如：

(1) 根据工程质量事故造成损失的程度分级，属于重大事故的有(　　)。【2019年真题】

A.50 人以上 100 人以下重伤

B.3 人以上 10 人以下死亡

C.1 亿元以上直接经济损失

D.1000 万元以上 5000 万元以下直接经济损失

E.5000 万元以上 1 亿元以下直接经济损失

【答案】A、E

(2) 根据事故造成损失的程度，下列工程质量事故中，属于较大事故的是(　　)。

A. 造成 1 亿元以上直接经济损失的事故

B. 造成 1000 万元以上 5000 万元以下直接经济损失的事故

C. 造成 100 万元以上 1000 万元以下直接经济损失的事故

D. 造成 5000 万元以上 1 亿元以下直接经济损失的事故

【答案】B

4. 继续看一个题目：某工程发生质量事故导致 12 人重伤，10 人死亡，按照事故损失的程度分级，该质量事故属于(　　)。

正确答案是较大事故。对于这类型的题目，我们先分别判断每个条件所对应的事故等级，最后选择等级最高的作为正确答案。

5. 为了方便考生更好地掌握本考点，通过表格的方式总结一下具体的划分标准。

事故等级	造成死亡人数	造成重伤人数	造成直接经济损失
特别重大事故	30 人以上	100 人以上	1 亿元以上
重大事故	10 人以上 30 人以下	50 人以上 100 人以下	5000 万元以上 1 亿元以下
较大事故	3 人以上 10 人以下	10 人以上 50 人以下	1000 万元以上 5000 万元以下
一般事故	3 人以下死亡	10 人以下	100 万元以上 1000 万元以下

6. 最后再强调一下，每一事故等级所对应的 3 个条件是独立成立的，只要符合其中一条就可以判定。

专项突破 3　工程质量事故按事故责任分类

例题：某工程在浇筑楼板混凝土时，发生支模架坍塌，经调查，是现场技术管理人员未进行技术交底所致。按事故责任分类，该事故属于(　　)。

A. 指导责任事故　　　　　　　　B. 操作责任事故

C. 自然灾害事故　　　　　　　　D. 技术责任事故

E. 一般责任事故　　　　　　　　F. 管理责任事故

【答案】A

重点难点专项突破

1. 本考点还可以考核的题目有：

（1）由于工程负责人不按规范指导施工，随意压缩工期造成的质量事故，按事故责任分类，属于（A）。【2016年真题题干】

（2）由于工程负责人强令他人违章作业造成的质量事故，按事故责任分类，属于（A）。

（3）由于工程负责人片面追求施工进度造成的质量事故，按事故责任分类，属于（A）。

（4）由于工程负责人放松或不按质量标准进行控制和检验，降低施工质量标准等而造成的质量事故，按事故责任分类，属于（A）。【2021年第一批考过】

（5）某工程施工中，操作工人不听从指导，在浇筑混凝土时随意加水造成混凝土质量事故，按事故责任分类，该事故属于（B）。【2019年真题题干】

（6）某工程项目施工工期紧迫，楼面混凝土刚浇筑完毕即上人作业，造成混凝土表面不平并出现楼板裂缝，按事故责任分此质量事故属于（B）。【2015年真题题干】

（7）某钢筋混凝土工程施工过程中，由于工人不按施工操作规程进行振捣导致混凝土密实度达不到验收规范规定的合格要求，该事故属于（B）。

（8）某工程由于地震、台风、暴雨、雷电及洪水等造成工程倒塌，该事故属于（C）。

（9）按事故责任分类，工程质量事故可分为（A、B、C）。

2. D、E、F选项是可能会出现的干扰选项。

专项突破4　工程质量事故按事故产生的原因分类

例题：下列引发工程质量事故的原因中，属于管理原因的有(　　　)。【2016年真题题干】

A. 结构设计计算错误【2009年考过】

B. 对地质情况估计错误【2009年、2014年考过】

C. 采用了不适宜的施工方法【2014年、2016年考过】

D. 采用了不适宜的施工工艺【2021年第二批考过】

E. 质量管理体系不完善

F. 检验制度不严密【2009年、2016年考过】

G. 质量控制不严格【2016年考过】

H. 质量管理措施落实不力【2021年第二批考过】

I. 检测仪器设备管理不善而失准【2021年第二批考过】

J. 材料检验不严【2010年、2014年考过】

K. 盲目追求利润而不顾工程质量【2014年、2016年考过】

L. 在投标报价中恶意压低标价

M. 中标后随意修改方案

N. 中标后偷工减料

O. 严重的自然灾害

P. 设备事故、安全事故【2021年第二批考过】

【答案】E、F、G、H、I、J

重点难点专项突破

1. 本考点还可以考核的题目有：

(1) 下列引发工程质量事故的原因中，属于技术原因的有（A、B、C、D）。
【2009年、2021年第二批考过】

(2) 下列引发工程质量事故的原因中，属于社会、经济原因的有（K、L、M、N）。

2. O、P选项是其他原因引发的质量事故。

专项突破5 施工质量事故发生的原因

例题： 施工质量事故发生的原因大致有非法承包、偷工减料、违背基本建设程序、勘察设计失误、施工的失误、自然条件的影响。下列导致施工质量事故发生的原因中，属于施工失误的有（ ）。【2015年、2021年第二批考过】

A. 无立项、无报建、无开工许可、无招投标、无资质、无监理、无验收

B. 边勘察、边设计、边施工【2015年考过】

C. 采用不正确的方案

D. 结构设计方案不正确，计算失误

E. 构造设计不符合规范要求

F. 勘察报告不准不细【2015年考过】

G. 施工管理人员及实际操作人员不具备上岗的技术资质【2015年考过】

H. 施工管理混乱【2015年考过】

I. 施工组织、施工工艺技术措施不当

J. 不按图施工，不遵守相关规范，违章作业

K. 使用不合格的工程材料、半成品、构配件【2015年、2021年第二批考过】

L. 忽视安全施工【2021年第二批考过】

【答案】G、H、I、J、K、L

重点难点专项突破

1. 本考点还可以考核的题目有：

(1) 下列导致施工质量事故发生的原因中，属于违背基本建设程序的有（A、B）。

(2) 下列导致施工质量事故发生的原因中，属于勘察设计失误的有（C、D、E、F）。

2. 有精力的考生可以了解下施工质量事故预防的具体措施，共10项：

（1）严格依法进行施工组织管理。

（2）严格按照基本建设程序办事。

（3）认真做好工程地质勘察。

（4）科学地加固处理好地基。

（5）进行必要的设计审查复核。

（6）严格把好建筑材料及制品的质量关。

（7）强化从业人员管理。

（8）加强施工过程的管理。

（9）做好应对不利施工条件和各种灾害的预案。

（10）加强施工安全与环境管理。

专项突破6　施工质量事故的处理依据、程序和基本要求

例题： 工程施工质量事故的处理包括事故调查、事故的原因分析、制定事故处理的技术方案、事故处理、事故处理的鉴定验收、提交处理报告。其中事故调查的内容包括（　　）。【**2011年、2020年、2021年第一批考过**】

A. 工程项目和参建单位概况

B. 事故基本情况

C. 事故发生后所采取的应急防护措施

D. 事故调查中的有关数据、资料

E. 对事故原因和事故性质的初步判断，对事故处理的建议

F. 事故涉及人员与主要责任者的情况

G. 事故调查的原始资料、测试的数据

H. 事故原因分析、论证

I. 事故处理的依据

J. 事故处理的方案及技术措施

K. 实施质量处理中有关的数据、记录、资料

L. 检查验收记录

M. 事故处理的结论

【**答案**】A、B、C、D、E、F

重点难点专项突破

1. 本考点还可以考核的题目有：

工程施工质量事故处理报告的内容有（G、H、I、J、K、L、M）。【**2014年考过**】

2. 题干中所讲质量事故的处理程序有两种考核题型：

（1）工程施工质量事故的处理包括：①事故调查；②事故原因分析；③事故处理；④事故处理的鉴定验收；⑤制定事故处理方案。其正确的程序为（　　）。【2012年6月真题】

A. ①②③④⑤　　　　　　　　B. ②①③④⑤

C. ②①⑤④③　　　　　　　　D. ①②⑤③④

【答案】D

（2）根据质量事故处理的一般程序，经事故调查及原因分析，则下一步应进行的工作是（　　）。【2015年真题】

A. 制定事故处理方案　　　　　B. 事故的责任处罚

C. 事故处理的鉴定验收　　　　D. 提交处理报告

【答案】A

3. 关于事故处理程序中还可能考核的采分点给大家做下总结。

考试怎么考	怎么答
事故发生后，应由谁向谁报告？	有关单位应当在24h内向当地建设行政主管部门和其他有关部门报告。 对重大质量事故，事故发生地的建设行政主管部门和其他有关部门应当按照事故类别和等级向当地人民政府和上级建设行政主管部门和其他有关部门报告。 情况紧急时，事故现场有关人员可直接向事故发生地县级以上政府主管部门报告。
事故处理环节的内容有哪些？	事故的技术处理；事故的责任处罚【2013年考过】
事故处理是否达到预期的目的，是否依然存在隐患通过什么确认？	通过检查鉴定和验收做出确认【2018年考过】
经过原因分析判定质量事故不需要处理，那么其后续工作是什么？	作出事故结论，提交处理报告

4. 施工质量事故处理的依据，在2018年考核了一道多项选择题。

包括四类依据，分别是：实况资料、合同文件、技术文件和档案、建设法规。

5. 施工质量事故处理的基本要求，在2022年考核了一道多项选择题。包括5条要求，分别是：

（1）质量事故的处理应达到安全可靠、不留隐患、满足生产和使用要求、施工方便。

（2）重视消除造成事故的原因，注意综合治理。【2022年考过】

（3）正确确定处理的范围和正确选择处理的时间和方法。

（4）加强事故处理的检查验收工作，认真复查事故处理的实际情况。【2022年考过】

（5）确保事故处理期间的安全。【2022年考过】

专项突破7　施工质量问题和质量事故处理的基本方法

例题：对混凝土结构局部出现的损伤，如结构受撞击、局部未振实、冻害、火灾、酸类腐蚀、碱骨料反应等，当这些损伤仅仅在结构的表面或局部，不影响其使用和外观时，应采用的处理方法是（　　）。

A. 返修处理　　　　　　　　　B. 加固处理

C. 返工处理　　　　　　　　　D. 限制使用

E. 不作处理　　　　　　　　　F. 报废处理

【答案】A

重点难点专项突破

1. 本考点还可以考核的题目有：

（1）某混凝土结构工程的框架柱表面出现局部蜂窝麻面，经调查分析，其承载力满足设计要求，则对该框架柱表面质量问题的恰当处理方式是（A）。【2010年、2012年6月考过】

（2）某工程的混凝土结构出现较深裂缝，但经分析判定其不影响结构的安全和使用，正确的处理方法是（A）。

（3）某工程项目的基础混凝土结构出现了宽度大于0.3mm的裂缝，但经分析其不影响结构的安全和使用，则可采取的处理措施是（A）。【2009年、2022年考过】

（4）针对危及承载力的质量缺陷，正确的处理方法是（B）。

（5）某防洪堤坝填筑压实后，其压实土的干密度未达到规定值，经核算将影响土体的稳定且不满足抗渗能力的要求，正确的处理方法是（C）。

（6）某砖混结构住宅墙体砌筑时，由于施工放线的错误，导致山墙上窗户的位置偏离30cm，应采用的处理方法是（C）。

（7）某公路桥梁工程预应力按规定张拉系数为1.3，而实际仅为0.8，属严重的质量缺陷，则应采取的处理措施是（C）。

（8）某工厂设备基础的混凝土浇筑过程中，由于施工管理不善，导致28d的混凝土实际强度达不到设计规定强度的30％。对这起质量事故的正确处理方法是（C）。【2013年真题题干】

（9）当工程质量缺陷经加固、返工处理后仍无法保证达到规定的安全要求，但没有完全丧失使用功能时，适宜采用的处理方法是（D）。【2017年真题题干】

（10）某工业建筑物出现放线定位的偏差，且严重超过规范标准规定，若要纠正会造成重大经济损失，但经过分析、论证其偏差不影响生产工艺和正常使用，在外观上也无明显影响，适宜采用的处理方法是（E）。

（11）某些部位的混凝土表面的裂缝，经检查分析，属于表面养护不够的干缩微裂，不影响使用和外观，适宜采用的处理方法是（E）。

（12）混凝土现浇楼面的平整度偏差达到10mm，后续垫层和面层的施工可以弥补，适宜采用的处理方法是（E）。

（13）某检验批混凝土试块强度值不满足规范要求，强度不足，但经法定检测单位对混凝土实体强度进行实际检测后，其实际强度达到规范允许和设计要求值时，适宜采用的处理方法是（E）。【2011年考过】

（14）某一结构构件截面尺寸不足，或材料强度不足，影响结构承载力，但按实际情况进行复核验算后仍能满足设计要求的承载力时，适宜采用的处理方法是（E）。【2012年10月考过】

2. 可不作专门处理的4种情况应掌握。

（1）不影响结构安全、生产工艺和使用要求的。

（2）后道工序可以弥补的质量缺陷。

（3）法定检测单位鉴定合格的。

（4）出现的质量缺陷，经检测鉴定达不到设计要求，但经原设计单位核算，仍能满足结构安全和使用功能的。

关于不作处理，还可能这样命题：

下列工程质量问题中，可不作专门处理的是（   ）。

A．某高层住宅施工中，底部二层的混凝土结构误用安定性不合格的水泥

B．某防洪堤坝填筑压实后，压实土的干密度未达到规定值

扫一扫查看
本题视频解析

C．某检验批混凝土试块强度不满足规范要求，但混凝土实体强度检测后满足设计要求

D．某工程主体结构混凝土表面裂缝大于 0.5mm

【答案】C

2Z104050　建设行政管理部门对施工质量的监督管理

专项突破 1　施工质量监督管理的性质与权限

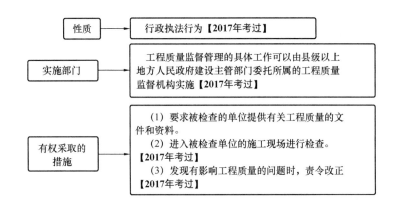

重点难点专项突破

1．政府质量监督的性质可能会考核单项选择题，也可能会作为备选项考核判断正确与错误的题目。2020 年考核的就是这类型题目。

2．本考点可能会这样命题：

政府质量监督机构实施监督检查时，有权采取的措施有（   ）。

A．进入被检查单位的施工现场进行检查

B．要求被检查单位提供相关工程财务台账

C. 发现有影响工程质量的问题时，责令改正

D. 要求被检查的单位提供有关工程质量的文件和资料

E. 降低企业资质等级

【答案】A、C、D

专项突破 2　政府质量监督的内容

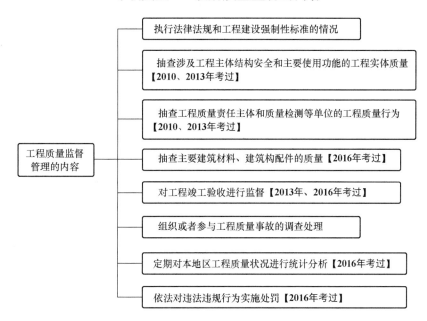

重点难点专项突破

1. 建设行政管理部门对工程质量监督的内容在历年考试中均以多项选择题考核，在以后的考核中，也会以多项选择题为主。

2. 掌握两个概念：

工程实体质量监督——是指主管部门对涉及工程主体结构安全、主要使用功能的工程实体质量情况实施监督。

工程质量行为监督——是指主管部门对工程质量责任主体和质量检测等单位履行法定质量责任和义务的情况实施监督。

3. 对涉及工程主体结构安全和主要使用功能的工程实体质量抽查的范围应包括：地基基础、主体结构、防水与装饰装修、建筑节能、设备安装等相关建筑材料和现场实体的检测。【2020 年考过】

4. 本考点可能会这样命题：

（1）建设工程质量监督机构对地基基础混凝土强度进行监督检测，属于政府质量监督中的（　　）。

A. 生产过程监督　　　　　　　　B. 工程实体质量监督

C. 工程质量行为监督　　　　　　　D. 施工管理状况监督

【答案】B

（2）政府施工质量监督的职能主要有（　　）。

A. 监督检查参建各方主体的质量行为

B. 监督检查工程实体的施工质量

C. 评定工程质量等级

D. 监督检查施工合同履行情况

E. 监督工程竣工验收

【答案】A、B、E

扫一扫查看
本题视频解析

专项突破 3　施工质量监督管理的实施

例题：在工程项目开工前，监理机构在施工现场召开监督会议，公布监督方案，提出监督要求，并进行第一次监督检查工作，其监督检查的内容有（　　）。

A. 检查参与工程项目建设各方的质量保证体系建立情况【2012 年 6 月、2018 年、2022年考过】

B. 审查参与建设各方的工程经营资质证书和相关人员的执业资格证书【2012 年 6月、2022 年考过】

C. 审查按建设程序规定的开工前必须办理的各项建设行政手续是否齐全完备【2012年 6 月、2015 年考过】

D. 审查施工组织设计、监理规划等文件以及审批手续【2012 年 6 月考过】

E. 检查结果的记录保存

F. 检查参与工程建设各方的质量行为及质量责任制的履行情况【2009 年考过】

G. 检查工程实体质量和质量控制资料的完成情况【2009 年、2022 年考过】

【答案】A、B、C、D、E

重点难点专项突破

1. 本考点还可以考核的题目有：

建设工程质量监督机构应按照监督方案对单位工程质量行为进行抽查、抽测，其检查的内容主要有（F、G）。【2009 年考过】

2. 注意 A 选项，质量保证体系建立包括组织机构，质量控制方案、措施及质量责任制等制度的建立。

3. 这部分内容是本章非常重要的考点，每年都会有一到两道题目的考核，每一句话都可能是一个采分点，那么考试都会怎么考呢？

实施程序	考试怎么考	怎么答
受理质量监督手续	工程质量监督申报手续申报是什么时间？	工程项目开工前
	工程质量监督申报手续由谁申报？	建设单位【2011 年、2013 年考过】
	建设工程质量监督申报手续，审查合格后应签发什么文件？	质量监督文件【2017 年考过】

实施程序	考试怎么考	怎么答
开工前检查	开工前第一次进行监督检查的重点是什么？	参与工程建设各方主体的质量行为【2010年、2011年、2014年、2021年第一批考过】
对工程实体质量和工程质量责任主体等质量行为的抽查、抽测	政府质量监督机构对工程实体质量和责任主体的质量行为采取"双随机，一公开"的检查方式和"互联网＋监管"模式，其检查的内容主要有哪些？	参与工程建设各方的质量行为及质量责任制的履行情况，工程实体质量和质量控制资料的完成情况【2021年第一批考过】
	对基础和主体结构阶段施工检查的频率是什么？	每月安排【2014年、2016年、2018年考过】
	对工程项目建设中的结构主要部位怎样检查？	除进行常规检查外，监督机构还应在分部工程验收时进行监督
	质量验收证明在什么时间报送工程质量监督机构备案？	在验收后3d内【2015年、2019年考过】
	质量验收证明由谁签字？	施工、设计、监理和建设单位【2015年考过】
	质量验收证明由谁报送备案？	建设单位【2014年、2021年第二批考过】
	监督机构对查实的问题签发什么处理意见？	"质量问题整改通知单"或"局部暂停施工指令单"【2021年第二批考过】
	监督机构对问题严重的单位根据问题的性质采取什么处理措施？	临时收缴资质证书通知书
监督工程竣工验收	监督机构对工程竣工验收工作进行监督的内容包括哪些？	（1）竣工验收前，针对质量问题的整改情况进行复查。（2）竣工验收时，参加竣工验收的会议，对验收的组织形式、程序等进行监督【2012年10月考过】
形成质量监督报告	质量监督报告备案应符合什么规定？	编制工程质量监督报告，提交到竣工验收备案部门，对不符合验收要求的责令改正。对存在的问题进行处理，并向备案部门提出书面报告【2012年10月、2020年考过】
建立工程质量监督档案	监督档案按什么建立？	单位工程
	由谁签字后归档？	经监督机构负责人签字后归档【2012年6月、2022年考过】

2Z105000　施工职业健康安全与环境管理

2013—2022 年真题分值统计

命题点	题型	2013年(分)	2014年(分)	2015年(分)	2016年(分)	2017年(分)	2018年(分)	2019年(分)	2020年(分)	2021年(分)	2022年(分)
2Z105010　职业健康安全管理体系与环境管理体系	单项选择题	3	1	2	2	1	2	2	2	2	2
	多项选择题		2	2	2	2	2	2	2		2
2Z105020　施工安全生产管理	单项选择题	5	4	2	2	3	2	3	3	1	4
	多项选择题	2	4	2	2	2	2	2	2	4	2
2Z105030　生产安全事故应急预案和事故处理	单项选择题	1	2	2	2	3	2	2	2	3	3
	多项选择题		2		2	2	2	2		2	2
2Z105040　施工现场文明施工和环境保护的要求	单项选择题	1	3	3	2	3	3	2	2	2	2
	多项选择题	4									2
合计	单项选择题	10	10	9	8	10	9	9	9	8	11
	多项选择题	6	8	6	6	6	6	6	4	6	8

2Z105010　职业健康安全管理体系与环境管理体系

专项突破 1　职业健康安全管理体系标准

例题： 职业健康安全管理体系标准由"领导作用—策划—支持和运行—绩效评价—改进"五大要素构成，下列属于绩效评价工作的有（　　　　）。

A. 资源　　　　　　　　　　　　　B. 能力

C. 意识　　　　　　　　　　　　　D. 沟通

E. 文件化信息　　　　　　　　　　F. 运行策划与控制

G. 应急准备和响应　　　　　　　　H. 监视、测量、分析和评价绩效

I. 内部审核　　　　　　　　　　　J. 管理评审

【答案】H、I、J

重点难点专项突破

1. 本考点还可以考核的题目有：

（1）《职业健康安全管理体系　要求及使用指南》GB/T 45001—2020 的总体结构及内容，下列属于支持工作的有（A、B、C、D、E）。

（2）《职业健康安全管理体系　要求及使用指南》的总体结构及内容，下列属于运行工作的有（F、G）。【2021 年第二批考过】

2. 职业健康安全管理体系标准实施的特点会作为判断正确与错误说法的题目考核。2019 年考核了职业健康安全管理体系运行模式。

专项突破 2　环境管理体系标准

例题：《环境管理体系　要求及使用指南》GB/T 24001—2016 中，应对风险和机遇的措施部分包括的内容有(　　)。【2020 年真题题干】

A. 总则　　　　　　　　　　　　　B. 环境因素
C. 合规义务　　　　　　　　　　　D. 环境目标及实现的策划
E. 措施的策划　　　　　　　　　　F. 资源
G. 能力　　　　　　　　　　　　　H. 意识
I. 信息交流　　　　　　　　　　　J. 文件化信息
K. 运行策划与控制　　　　　　　　L. 应急准备和相应
M. 监视、测量、分析和评价　　　　N. 内部审核
O. 管理评审

【答案】A、B、C、E

重点难点专项突破

1. 本考点还可以考核的题目有：

(1)《环境管理体系　要求及使用指南》GB/T 24001—2016 中，支持部分包括的内容有（F、G、H、I、J）。

(2)《环境管理体系　要求及使用指南》GB/T 24001—2016 中，运行部分包括的内容有（K、L）。

(3)《环境管理体系　要求及使用指南》GB/T 24001—2016 中，绩效评价部分包括的内容有（M、N、O）。

2. 接下来再掌握一个概念，什么是环境？——它是组织运行活动的外部存在。

3. 环境管理体系的结构系统由几大要素构成？——它由"策划—支持与运行—绩效评价—改进"四大要素构成。

4. 环境管理体系标准应用原则包括 6 点：

(1) 标准的实施强调自愿性原则，并不改变组织的法律责任。【2022 年考过】

(2) 有效的环境管理需建立并实施结构化的管理体系。

(3) 着眼于采用系统的管理措施。

(4) 应纳入组织整个管理体系中。

(5) 实施环境管理体系标准的关键是坚持续改进和环境污染预防。【2013 年考过】

(6) 必须有组织最高管理者的承诺和责任以及全员的参与。

5. 环境管理体系标准的特点主要有 6 方面，应熟悉。

专项突破 3　施工职业健康安全与环境管理的要求

项目	要　求
施工职业健康安全管理的基本要求	(1) 坚持安全第一、预防为主和防治结合的方针，建立职业健康安全管理体系并持续改进职业健康安全管理工作。【2018 年考过】

项目	要　求
施工职业健康安全管理的基本要求	（2）施工企业在其经营生产的活动中必须对本企业的安全生产负全面责任【2017年、2018年、2022年考过】。企业的法定代表人是安全生产的第一负责人，项目经理是施工项目生产的主要负责人【2016年、2021年第一批考过】。施工企业应当具备安全生产的资质条件，取得安全生产许可证的施工企业应设立安全生产管理机构，配备合格的专职安全生产管理人员，并提供必要的资源【2016年、2021年第一批考过】。项目负责人和专职安全生产管理人员应持证上岗。【2018年、2022年考过】 （3）在工程设计阶段，设计单位应按照有关建设工程法律法规的规定和强制性标准的要求，进行安全保护设施的设计【2022年考过】；对涉及施工安全的重点部分和环节在设计文件中应进行注明，并对防范生产安全事故提出指导意见，防止因设计考虑不周而导致生产安全事故的发生【2018年考过】；对于采用新结构、新材料、新工艺的建设工程和特殊结构的建设工程，设计文件中提出保障施工作业人员安全和预防生产安全事故的措施和建议。 （4）在工程施工阶段，施工企业应根据风险预防要求和项目的特点，制定职业健康安全生产技术措施计划。【2017年、2022年考过】 （5）建设工程实行总承包的，由总承包单位对施工现场的安全生产负总责并自行完成工程主体结构的施工【2017年、2018年、2022年考过】。分包单位应当接受总承包单位的安全生产管理【2022年考过】，分包合同中应当明确各自的安全生产方面的权利、义务【2018年考过】。分包单位不服从管理导致生产安全事故的，由分包单位承担主要责任，总承包和分包单位对分包工程的安全生产承担连带责任。【2016年、2021年第一批考过】 （6）施工企业应按有关规定必须为从事危险作业的人员在现场工作期间办理意外伤害保险。【2022年考过】 （7）现场应将生产区与生活、办公区分离，配备紧急处理医疗设施，使现场的生活设施符合卫生防疫要求，采取防暑、降温、保温、消毒、防毒等措施
施工环境管理的基本要求	（1）涉及依法划定的自然保护区、风景名胜区、生活饮用水水源保护区及其他需要特别保护的区域时，工程施工应符合国家有关法律法规及该区域内建设工程项目环境管理的规定。 （2）建设工程应当采用节能、节水等有利于环境与资源保护的建筑设计方案、建筑材料、建筑构配件及设备。建筑材料和装修材料必须符合国家标准。禁止生产、销售和使用有毒、有害物质超过国家标准的建筑材料和装修材料。【2014年考过】 （3）建设工程项目中防治污染的设施，必须与主体工程同时设计、同时施工、同时投产使用。防治污染的设施必须经原审批环境影响报告书的环境保护行政主管部门验收合格后，该建设工程项目方可投入生产或者使用。【2014年、2016年、2021年第一批考过】 （4）尽量减少建设工程施工所产生的噪声对周围生活环境的影响。【2014年考过】 （5）拟采取的污染防治措施应确保污染物排放达到国家和地方规定的排放标准，满足污染物总量控制要求；涉及可能产生放射性污染的，应采取有效预防和控制放射性污染措施。 （6）应采取生态保护措施，有效预防和控制生态破坏。【2014年考过】 （7）禁止引进不符合我国环境保护规定要求的技术和设备。【2014年考过】 （8）任何单位不得将产生严重污染的生产设备转移给没有污染防治能力的单位使用

重点难点专项突破

1. 施工职业健康安全与环境管理的要求一般会以判断正误的综合题目考核，上述内容涵盖了施工职业健康安全管理基本要求中所有可能会考核的采分点。

2. 再补充一个考点——施工职业健康安全与环境管理的目的。

考试怎么考	怎么答
对于建设工程项目，建设工程施工职业健康安全管理的目的是什么？	防止和减少生产安全事故、保护产品生产者的健康与安全、保障人民群众的生命和财产免受损失
对于建设工程项目，建设工程施工环境管理的目的是什么？	保护和改善施工现场的环境

3. 本考点可能会这样命题：

(1) 关于施工总承包单位安全责任的说法，正确的是(　　)。

A. 总承包单位对施工现场的安全生产负总责

B. 总承包单位的项目经理是施工企业第一负责人

C. 业主指定的分包单位可以不服从总承包单位的安全生产管理

D. 分包单位不服从管理导致安全生产事故的，总承包单位不承担责任

【答案】A

(2) 关于建设工程对施工环境管理的基本要求的说法，正确的有(　　)。

A. 应采取生态保护措施

B. 建筑材料和装修材料必须符合国家标准

C. 经行政部门批准后可以引进低于我国环保规定的特定技术

D. 建设工程项目中的防治污染设施必须与主体工程同时设计、同时施工和同时投产使用

E. 尽量减少建设工程施工所产生的噪声对周围生活环境的影响

【答案】A、B、D、E

专项突破 4　施工职业健康安全管理体系与环境管理体系的建立

例题：职业健康安全管理体系文件包括(　　)。【2019 年、2021 年第二批考过】

A. 管理手册　　　　　　　　　　B. 程序文件

C. 作业文件　　　　　　　　　　D. 管理方案

E. 初始状态评审文件

【答案】A、B、C

扫一扫查看
本题视频解析

重点难点专项突破

1. 本考点还可以考核的题目有：

对施工企业整个管理体系的整体性描述，为体系的进一步展开以及后续程序文件的制定提供了框架要求和原则规定，是管理体系的纲领性文件的是（A）。【2015 年考过】

2. B 选项，程序文件的一般格式可按照目的和适用范围、引用的标准及文件、术语和定义、职责、工作程序、报告和记录的格式以及相关文件等的顺序来编写。

3. C 选项，作业文件一般包括作业指导书（操作规程）、管理规定、监测活动准则及程序文件引用的表格。这是多项选择题考点。【2015 年、2016 年、2021 年第一批考过】

4. D、E 选项是可能会出现的干扰选项。

5. 注意下职业健康安全管理体系与环境管理体系的建立步骤，可能会考核顺序题目。

领导决策→成立工作组→人员培训→初始状态评审→制定方针、目标、指标和管理方案→管理体系策划与设计→体系文件编写→文件的审查、审批和发布。

专项突破 5　施工职业健康安全管理体系与环境管理体系的运行

例题： 施工企业职业健康安全管理体系维持活动中，组织对其自身的管理体系所进行的检查和评价，称为(　　)。

A. 内部审核
B. 管理评审
C. 合规性评价
D. 文件管理

【答案】A

重点难点专项突破

1. A、B、C 选项属于管理体系的维持。本考点还可以考核的题目有：

(1) 施工企业职业健康安全管理体系维持活动中，(A) 是管理体系自我保证和自我监督的一种机制。

(2) 施工企业职业健康安全管理体系维持活动中，由施工企业的最高管理者对管理体系的系统评价，称为 (B)。**【2015 年、2016 年、2017 年、2018 年、2020 年、2021 年第一批考过】**

> 注意：2015 年、2017 年、2020 年都将其作为采分点考核了单项选择题。

2. C 选项：合规性评价分公司级和项目组级评价两个层次进行。

3. 管理体系的运行大致有 7 步：培训意识和能力→信息交流→文件管理→执行控制程序→监测→不符合、纠正和预防措施→记录。这里要注意：文件管理包括对现有有效文件进行整理编号，方便查询索引；对适用的规范、规程等行业标准应及时购买补充，对适用的表格要及时发放；对在内容上有抵触的文件和过期的文件要及时作废并妥善处理。

2Z105020　施工安全生产管理

专项突破 1　施工安全生产管理制度体系的主要内容

例题： 根据《特种作业人员安全技术培训考核管理规定》，施工中一般特种作业人员应具备的条件有(　　)。**【2014 年考过】**

A. 年满 18 周岁，且不超过国家法定退休年龄
B. 经社区或县级以上医疗机构体检健康合格
C. 具有初中及以上文化程度
D. 具备必要的安全技术知识与技能
E. 取得特种作业操作证
F. 具有高中及以上文化程度

【答案】A、B、C、D、E

重点难点专项突破

1. 本考点还可以考核的题目有：

根据《特种作业人员安全技术培训考核管理规定》，从事危险化学品特种作业人员应具备的条件有（A、B、D、E、F）。**【2014 年考过】**

2. 本考点内容较多，知识点分散。在 2014 年考核了 6 分，2015 年考核了 2 分，2016 年考核了 3 分，2017 年考核了 3 分，2018 年考核了 2 分，2019 年考核了 4 分，2020 年考核了 3 分，2021 年第一批考核了 3 分，2021 年第二批考核了 1 分，2022 年考核了 5 分。下面把经常会考核的知识点进行总结：

施工安全生产管理制度体系的主要内容

- 安全生产责任制度（最基本、核心）
- 安全生产许可证制度
  - 安全生产许可证有效期为 3 年
  - 期满前 3 个月向原安全生产许可证颁发管理机关办理延期手续
  - 未发生死亡事故的，有效期届满时，经原安全生产许可证颁发管理机关同意，不再审查，安全生产许可证有效期延期 3 年【2020 年考过】
- 政府安全生产监督检查制度
- 安全生产教育培训制度
  - 管理人员
  - 特种作业人员
    - 条件【2014 年考过】
      - 年满 18 周岁，不超法定退休年龄
      - 经社区或县级以上医疗机构体检健康合格，无妨碍相应作业的疾病或缺陷
      - 初中及以上文化程度（危险化学品特种作业人员具备高中及以上，其他相同）
      - 必要技术知识、技能
    - 注意事项
      - 上岗前，必须进行专门的安全技术和操作技能的培训教育，重点放在提高其安全操作技术和预防事故的实际能力上【2020 年考过】
      - 培训后，经考核合格方可取得操作证，并准许独立作业【2014 年、2020 年考过】
      - 取得操作证特种作业人员，必须定期进行复审。每 3 年复审 1 次【2014 年、2019 年、2020 年考过】
      - 连续从事本工种 10 年以上，经考核发证机关同意，复审时间可以延长至每 6 年 1 次【2020 年考过】
  - 企业员工
    - 新员工上岗前三级安全教育（企业、项目、班组）【2012 年 10 月、2014 年考过】
    - 改变工艺、变换岗位安全教育
    - 经常性安全教育【2018 年考过】
      - 每天班前班后会上说明安全注意事项
      - 安全活动日
      - 安全生产会议
      - 事故现场会
      - 张贴安全生产招贴画
      - 宣传标语及标志
- 安全措施计划制度
  - 计划范围：改善劳动条件、防止事故发生、预防职业病和职业中毒【2022 年考过】
  - 计划编制步骤：工作活动分类→危险源识别→风险确定→风险评价→制定安全技术措施计划评价→
  - 安全技术措施计划的充分性【2022 年考过】
- 特种作业人员持证上岗制度：离岗 6 个月以上，重新考核，合格后方可上岗作业【2022 年考过】

施工安全生产管理制度体系的主要内容

专项施工方案专家论证制度
- 对达到一定规模的危大工程编制专项施工方案，并附具安全验算结果【2017年考过】
- 专项施工方案经施工单位技术负责人、总监理工程师签字实施【2016年、2017年、2022年考过】
- 由专职安全生产管理人员进行现场监督【2017年考过】
- 深基坑、地下暗挖工程、高大模板工程，必须由施工单位组织专家论证【2014年、2016年、2017年、2019年考过】

严重危及施工安全的工艺、设备、材料淘汰制度

施工起重机械使用登记制度
- 备案：施工单位应当自施工起重机械和整体提升脚手架、模板等自升式架设施验收合格之日起30日内，向建设行政主管部门或者其他有关部门登记【2017年考过】
- 登记提供的资料
  - 生产方面：设计文件、制造质量证明书、监督检验证书、使用说明书、安装证明
  - 使用有关情况：机械和设施的管理制度和措施、使用情况、作业人员情况

安全检查制度
- 目的：清除隐患、防治事故、改善劳动条件
- 内容：查思想、管理、隐患、整改、伤亡事故处理
- 重点：检查"三违"、安全责任落实【2014年考过】

生产安全事故报告和调查处理制度

"三同时"制度：同时设计、同时施工、同时投入生产和使用

安全预评价制度

工伤和意外伤害保险制度：意外伤害险并非强制性，企业自主决定

专项突破2 危险源识别与评估

例题：危险源识别的识别方法中，专家调查法的特点有(　　　)。

A. 简便、易行

B. 受专家知识、经验和占有资料的限制

C. 简单易懂、容易掌握

D. 事先组织专家检查内容

E. 使安全、检查做到系统化、完整化

F. 只能做定性评价

【答案】A、B

重点难点专项突破

1. 本考点还可以考核的题目有：

危险源的识别方法中，安全检查表（SCL）法的特点有（C、D、E、F）。

2. 这里提到的危险源是什么？它又与事故有着怎样的关系呢？

	第一类危险源	第二类危险源【2021年第二批考过】
含义	可能发生意外释放的能量（能源或能量载体）或危险物质【2020年考过】	各种不安全因素，包括物的不安全状态、人的不安全行为、管理缺陷
与事故的关系	前提、主体、决定严重程度	必要条件、决定发生可能性大小

3. 专家调查法常用的有头脑风暴法和德尔菲法。

4. 安全检查表（SCL）的内容一般包括分类项目、检查内容及要求、检查以后处理意见等，可作为多项选择题采分点。

5. 关于危险源的评估，应掌握风险等级评估表。

风险级别（大小） 后果（*f*） 可能性（*p*）	轻度损失 （轻微伤害）	中度损失 （伤害）	重大损失 （严重伤害）
很大	Ⅲ	Ⅳ	Ⅴ
中等	Ⅱ	Ⅲ	Ⅳ
极小	Ⅰ	Ⅱ	Ⅲ

表中：Ⅰ—可忽略风险；Ⅱ—可容许风险；Ⅲ—中度风险；Ⅳ—重大风险；Ⅴ—不容许风险。

可能会这样命题：

采用安全事故发生的可能性与事故后果的严重程度之乘积衡量安全风险大小时，如果安全事故发生的可能性极小，而事故的后果为严重伤害，则该风险应视为（B）。

A. 重大风险　　　　　　　　　　B. 中度风险

C. 可容许风险　　　　　　　　　D. 不容许风险

【答案】B

专项突破 3　风险的控制

例题：下列风险控制方法中，属于第一类危险源控制方法的有(　　　)。【2015 年、2018 年、2019 年、2021 年第一批考过】

A. 消除危险源

B. 限制能量【2021 年第一批考过】

C. 隔离危险物质【2015 年、2018 年、2019 年、2021 年第一批考过】

D. 个体防护

E. 应急救援

F. 消除或减少故障

G. 增加安全系数

H. 设置安全监控系统【2021 年第一批考过】

I. 改善作业环境

J. 加强员工的安全意识培训和教育【2017 年、2021 年第一批考过】

【答案】A、B、C、D、E

重点难点专项突破

1. 本考点还可以考核的题目有：

(1) 下列风险控制方法中，属于第二类危险源控制方法的有（F、G、H、I、J）。

（2）下列风险控制方法中，第二类危险源控制方法中最重要的工作是（J）。【2017 年考过】

2. 关于不同风险水平的风险控制措施计划，可能会这样命题：

根据不同风险水平的风险控制措施计划表，对于"中度的"风险，宜采取的措施是（　　）。

A. 直至风险降低后才能开始工作，当风险涉及正在进行中的工作时，应采取应急措施

B. 应努力降低风险，并在规定的时间期限内实施降低风险的措施

C. 考虑投资效果更佳的解决方案或不增加额外成本的改进措施

D. 只有当风险已经降低至"可容许的"水平时，才能开始或继续工作

E. 不采取措施且不必保留文件记录

【答案】B

> 注意：A 项对应的是"重大的"风险；C 项对应的是"可容许的"风险；D 项对应的是"不容许的"风险；E 项对应的是"可忽略的"风险。

专项突破 4　施工安全隐患处理原则

例题： "施工现场在对人、机、环境进行安全治理的同时，还需治理安全管理措施"，体现了安全事故隐患的（　　）原则。

A. 冗余安全度处理【2020 年、2022 年考过】

B. 单项隐患综合处理【2016 年、2017 年、2018 年考过】

C. 直接隐患与间接隐患并治【2021 年第二批考过】

D. 预防与减灾并重处理

E. 重点处理

F. 动态处理【2014 年考过】

【答案】C

重点难点专项突破

本考点还可以考核的题目有：

（1）工程项目实施过程中，施工单位为确保安全，在处理安全隐患时，设置了多道防线，体现了对安全隐患处理的（A）原则。【2022 年考过】

（2）某工程施工期间，安全人员发现作业区内有一处电缆井盖遗失，随即在现场设置防护栏及警示牌，并设照明及夜间警示红灯。这是建设安全事故隐患处理中（A）原则的具体体现。【2020 年考过】

（3）某建设工程施工现场发生一触电事故后，项目部对工人进行安全用电操作教育，同时对现场的配电箱、用电电路进行防护改造，设置漏电开关，严禁非专业电工乱

接、乱拉电线。这体现了施工安全隐患处理原则中的（B）原则。【2018年、2021年第二批考过】

（4）治理安全事故隐患时，需尽可能减少肇发事故的可能性，如果不能控制事故的发生，也要设法将事故等级减低。这体现了施工安全隐患处理原则中的（D）原则。

（5）按对隐患的分析评价结果实行危险点分级治理，也可以用安全检查表打分对隐患危险程度分级。这体现了施工安全隐患处理原则中的（E）原则。

（6）施工过程中发现问题及时处理，是施工安全隐患处理原则中（F）原则的体现。【2014年真题题干】

2Z105030　生产安全事故应急预案和事故处理

专项突破1　生产安全事故应急预案体系的构成

例题：某建设工程生产安全事故应急预案中，针对深基坑开挖编制的应急预案属于（　）。【2018年、2019年、2021年第二批考过】

A. 综合应急预案　　　　　　　　　B. 专项应急预案

C. 现场处置方案　　　　　　　　　D. 现场应急预案

E. 危大工程预案

【答案】B

重点难点专项突破

1. 本考点还可以考核的题目有：

（1）从总体上阐述事故的应急方针、政策，应急组织结构及相关应急职责，应急行动、措施和保障等基本要求和程序，应对各类事故的综合性文件是（A）。

（2）某建设工程生产安全事故应急预案中，针对脚手架拆除可能发生的事故，相关危险源和应急保障而制定的计划属于（B）。【2016年考过】

（3）针对具体的装置、场所或设施、岗位所制定的应急处置措施属于（C）。

（4）生产规模小、危险因素少的施工单位，可以合并编写的应急预案是（A、B）。【2014年考过】

（5）施工生产安全事故应急预案体系由（A、B、C）构成。

2. D、E选项是可能会设置的干扰选项。

3. 在掌握了应急预案的构成后，再来学习下编制应急预案的目的及原则。

考试怎么考	怎么答
编制应急预案的目的是什么？	避免紧急情况发生时出现混乱，确保按照合理的响应流程采取适当的救援措施，预防和减少可能随之引发的职业健康安全和环境影响【2014年考过】

	续表
考试怎么考	怎么答
编制应急预案应遵循什么原则？	（1）重点突出、针对性强。 （2）统一指挥、责任明确。 （3）程序简明、步骤明确

专项突破 2   生产安全事故应急预案的管理

管理五部分	内　　容
评审	参加应急预案评审的人员应当包括应急预案涉及的政府部门工作人员和有关安全生产及应急管理方面的专家。 评审人员与所评审预案的施工单位有利害关系的，应当回避
公布	施工单位的应急预案经评审或者论证后，由本单位主要负责人签署公布，并及时发放到本单位有关部门、岗位和相关应急救援队伍
备案	地方各级人民政府应急管理部门的应急预案，应当报同级人民政府备案，同时抄送上一级人民政府应急管理部门，并依法向社会公布。 地方各级人民政府其他负有安全生产监督管理职责的部门的应急预案，应当抄送同级人民政府应急管理部门
实施	每年至少组织一次综合应急预案演练或者专项应急预案演练。【2020 年、2021 年第二批考过】 每半年至少组织一次现场处置方案演练。【2017 年、2021 年第一批考过】 有下列情形之一的，应急预案应当及时修订并归档： （1）依据的法律、法规、规章、标准及上位预案中的有关规定发生重大变化的； （2）应急指挥机构及其职责发生调整的； （3）面临的事故风险发生重大变化的； （4）重要应急资源发生重大变化的； （5）预案中的其他重要信息发生变化的； （6）在应急演练和事故应急救援中发现问题的； （7）编制单位认为应当修订的其他情况
监督管理	各级人民政府应急管理部门和煤矿安全监察机构应当将生产经营单位应急预案工作纳入年度监督检查计划，明确检查的重点内容和标准，并严格按照计划开展执法检查。 地方各级人民政府应急管理部门应当每年对应急预案的监督管理工作情况进行总结，并报上一级人民政府应急管理部门

1. 应急预案管理的五部分可单独作为采分点考核，可能设置的干扰选项是："制定""落实"。

2. 应急预案演练次数既可以单独成题，也可能会作为判断正误的综合题目的备选项。

3. 本考点可能会这样命题：

(1) 地方各级应急管理部门的应急预案，应当报(　　)备案。

A. 上一级人民政府　　　　　　　B. 应急管理部

C. 同级应急管理部门　　　　　　D. 同级人民政府

【答案】D

(2) 建设工程生产安全事故应急预案的管理包括应急预案的(　　)。

A. 评审　　　　　　　　　　　　B. 制定

C. 实施　　　　　　　　　　　　D. 落实

E. 监督管理

【答案】A、C、E

专项突破 3　职业健康安全事故的分类

例题：根据《生产安全事故报告和调查处理条例》，某工程因提前拆模导致垮塌，造成 5 人重伤，该事故属于(　　)。

A. 一般事故【2011 年考过】

B. 较大事故

C. 重大事故【2010 年、2018 年、2022 年考过】

D. 特别重大事故【2012 年 6 月、2017 年考过】

【答案】A

1. 本考点虽然内容不多，但是考核频次很高。按照以上的出题方式，本考点还可能会作为考题的题目有：

(1) 根据《生产安全事故报告和调查处理条例》，某工程发生一起事故造成 15 人重伤，该工程事故属于 (B)。

(2) 根据《生产安全事故报告和调查处理条例》，某工程发生一起事故造成 60 人重伤，该工程事故属于 (C)。

(3) 根据《生产安全事故报告和调查处理条例》，某工程发生一起事故造成 110 人重伤，该工程事故属于 (D)。

（4）根据《生产安全事故报告和调查处理条例》，造成 2 人死亡的工程事故属于（A）。

（5）根据《生产安全事故报告和调查处理条例》，造成 6 人死亡的工程事故属于（B）。

（6）根据《生产安全事故报告和调查处理条例》，造成 18 人死亡的工程事故属于（C）。

（7）根据《生产安全事故报告和调查处理条例》，造成 33 人死亡的工程事故属于（D）。

（8）某工程发生一起事故造成直接经济损失 660 万元，根据《生产安全事故报告和调查处理条例》，该工程事故属于（A）。

（9）某工程发生一起事故造成直接经济损失 2000 万元，根据《生产安全事故报告和调查处理条例》，该工程事故属于（B）。

（10）某工程发生一起事故造成直接经济损失 7000 万元，根据《生产安全事故报告和调查处理条例》，该工程事故属于（C）。

（11）某工程发生一起事故造成直接经济损失 1.2 亿元，根据《生产安全事故报告和调查处理条例》，该工程事故属于（D）。

（12）根据《生产安全事故报告和调查处理条例》规定，根据生产安全事故造成的人员伤亡或者直接经济损失，将生产安全事故分为（A、B、C、D）四个等级。

2. 再来看下面两个题目，应该选择哪个答案：

（1）根据《生产安全事故报告和调查处理条例》，发生工程事故造成 50 人重伤属于（ ）。

（2）根据《生产安全事故报告和调查处理条例》，发生工程事故造成 100 人重伤属于（ ）。

就这两个题，其答案分别是（1）C、（2）D。这两个题目是对该条例中的等级标准的说明的考核，该说明就是"该等级标准中所称的以上包括本数，所称的以下不包括本数"。

3. 在考试中，也可能会这样来考核：题干告诉我们某事故的等级，让我们来选择选项中哪个说法属于该等级。比如：

（1）根据《生产安全事故报告和调查处理条例》，下列建设工程施工生产安全事故中，属于重大事故的是（ ）。【2018 年真题】

A. 某基坑发生透水事件，造成直接经济损失 5000 万元，没有人员伤亡

B. 某拆除工程安全事故，造成直接经济损失 1000 万元，45 人重伤

C. 某建设工程脚手架倒塌，造成直接经济损失 960 万元，8 人重伤

D. 某建设工程提前拆模，导致结构坍塌，造成 35 人死亡，直接经济损失 4500 万元

扫一扫查看
本题视频解析

【答案】A

（2）根据生产安全事故造成的人员伤亡和直接经济损失，一般将事故分为特别重大事故、重大事故、较大事故和一般事故，按造成的直接经济损失划分，重大事故的

标准是( )。

    A. 造成 3 人以上 10 人以下死亡

    B. 造成 50 人以上 100 人以下重伤

    C. 造成 100 人以上重伤

    D. 造成 1000 万元以上 5000 万元以下直接经济损失

【答案】B

4. 继续看一个题目：某工程发生了火灾事故，据统计，本次事故造成 2 人死亡、22 人重伤，造成直接经济损失 6525 万元，根据《生产安全事故报告和调查处理条例》，该事故属于( )。

正确答案是重大事故。对于这类型的题目，我们先分别判断每个条件所对应的事故等级，最后选择等级最高的作为正确答案。2017 年、2022 年考核了这类题型。

5. 为了方便考生更好地掌握本考点，通过表格的方式总结一下具体的划分标准。

事故等级	造成死亡人数	造成重伤人数	造成直接经济损失
特别重大事故	30 人以上	100 人以上（包括急性工业中毒，下同）	1 亿元以上
重大事故	10 人以上 30 人以下	50 人以上 100 人以下	5000 万元以上 1 亿元以下
较大事故	3 人以上 10 人以下	10 人以上 50 人以下	1000 万元以上 5000 万元以下
一般事故	3 人以下死亡	10 人以下	1000 万元以下

6. 再强调一下，每一事故等级所对应的 3 个条件是独立成立的，只要符合其中一条就可以判定。

7. 最后再来学习下职业健康安全事故按伤害程度、事故类别和受伤性质的分类。

按伤害程度的分类	(1) 轻伤，指损失 1 个工作日至 105 个工作日的失能伤害。 (2) 重伤，指损失工作日等和超过 105 个工作日的失能伤害，重伤的损失工作日最多不超过 6000 工日。【2009 年、2021 年第一批考过】 (3) 死亡，指损失工作日超过 6000 工日
按事故类别的分类	物体打击、车辆伤害、机械伤害、起重伤害、触电、淹溺、灼烫、火灾、高处坠落、坍塌、冒顶片帮、透水、放炮、瓦斯爆炸、火药爆炸、锅炉爆炸、容器爆炸、其他爆炸、中毒和窒息、其他伤害【2012 年 10 月考过】
按受伤性质的分类	电伤、挫伤、割伤、擦伤、刺伤、撕脱伤、扭伤、倒塌压埋伤、冲击伤等

专项突破 4 施工生产安全事故报告与事故调查

项目		内　容
事故报告	施工单位事故报告要求	生产安全事故发生后，受伤者或最先发现事故的人员应立即用最快的传递手段，将发生事故的时间、地点、伤亡人数、事故原因等情况，向施工单位负责人报告【2009 年、2013 年考过】 　　施工单位负责人接到报告后，应当在 1h 内向事故发生地县级以上人民政府建设主管部门和有关部门报告。【2009 年、2010 年考过】 　　实行施工总承包的建设工程，由总承包单位负责上报事故。【2012 年 6 月、2015 年考过】 　　情况紧急时，事故现场有关人员可以直接向事故发生地县级以上人民政府建设主管部门和有关部门报告【2015 年考过】
	建设主管部门事故报告要求	(1) 特别重大事故、重大事故、较大事故逐级上报至国务院建设主管部门。【2009 年、2015 年考过】 　　(2) 一般事故逐级上报至省、自治区、直辖市人民政府建设主管部门。【2015 年考过】 　　必要时，建设主管部门可以越级上报事故情况。【2009 年考过】 　　建设主管部门按照上述规定逐级上报事故情况时，每级上报的时间不得超过 2h
	内容	(1) 事故发生的时间、地点和工程项目、有关单位名称；(2) 事故的简要经过；(3) 事故已经造成或者可能造成的伤亡人数（包括下落不明的人数）和初步估计的直接经济损失；(4) 事故的初步原因；(5) 事故发生后采取的措施及事故控制情况；(6) 事故报告单位或报告人员；(7) 其他应当报告的情况
事故调查		事故调查报告的内容应包括：(1) 事故发生单位概况；(2) 事故发生经过和事故救援情况；(3) 事故造成的人员伤亡和直接经济损失；(4) 事故发生的原因和事故性质；(5) 事故责任的认定和对事故责任者的处理建议；(6) 事故防范和整改措施

重点难点专项突破

扫一扫查看
本题视频解析

1. 注意两个时间："1h""2h"。

2. 注意区分事故报告的内容与事故调查报告的内容，可能会考核多项选择题。

3. 本考点可能会这样命题：

(1) 关于按规定向有关部门报告建设工程安全事故情况的说法，正确的是(　　　)。

A. 事故发生后，事故现场有关人员应当于 1h 内向本单位安全负责人报告

B. 一般事故逐级上报至市级人民政府建设主管部门

C. 情况紧急时事故现场人员可直接向事故发生地县级以上人民政府应急管理部门报告

D. 应急管理部门每级上报的时间不得超过 4h

【答案】C

（2）根据《生产安全事故报告和调查处理条例》，事故调查报告的内容主要有（　　）。

A. 事故发生单位概况

B. 事故发生经过和事故援救情况

C. 事故造成的人员伤亡和直接经济损失

D. 事故责任者的处理结果

E. 事故发生的原因和事故性质

【答案】A、B、C、E

专项突破 5　施工生产安全事故处理

例题： 如果发生建设工程安全事故，施工单位对事故的处理工作主要有（　　）。

【2012 年 10 月真题题干】

A. 事故现场处理

B. 事故登记

C. 事故分析记录

D. 坚持安全事故月报制度

【答案】A、B、C、D

重点难点专项突破

1. 本考点还可以考核的题目有：

落实施工生产安全事故报告和调查处理"四不放过"原则的核心环节是（A）。

【2012 年 10 月真题、2022 年题干】

2. 注意 D 选项，当月无事故也要报空表。

3. 当事故发生后，事故发生单位应当严格保护事故现场，做好标识，排除险情，采取有效措施抢救伤员和财产，防止事故蔓延扩大。

4. 再来看另一个重要的采分点——"四不放过"原则。典型的多项选择题采分点。【2019 年考过】

（1）事故原因没有查清不放过。

（2）责任人员没有受到处理不放过。

（3）整改措施没有落实不放过。

（4）有关人员没有受到教育不放过。

5. 建设主管部门的事故处理需要掌握两个采分点：

（1）建设主管部门应当依照有关法律法规的规定，对因降低安全生产条件导致事故发生的施工单位给予暂扣或吊销安全生产许可证的处罚。对事故负有责任的相关单位给予罚款、停业整顿、降低资质等级或吊销资质证书的处罚。【2014 年考过】

（2）建设主管部门应当依照有关法律法规的规定，对事故发生负有责任的注册执业资格人员给予罚款、停止执业或吊销其注册执业资格证书的处罚。【2012 年 10 月考过】

专项突破6 事故报告和调查处理的违法行为及法律责任

例题：根据《生产安全事故报告和调查处理条例》，对事故发生单位主要负责人处以上一年年收入40%～80%罚款的违法行为有（   ）。【2013年、2018年、2021年第二批、2022年考过】

A. 不立即组织事故抢救【2013年、2015年、2018年、2021年第二批、2022年考过】

B. 在事故调查处理期间擅离职守【2013年、2017年、2018年、2021年第一批、2021年第二批、2022年考过】

C. 迟报或者漏报事故【2013年、2015年、2017年、2018年、2021年第一批、2021年第二批、2022年考过】

D. 谎报或者瞒报事故【2011年、2013年、2017年、2018年、2021年第一批、2021年第二批、2022年考过】

E. 伪造或者故意破坏事故现场【2013年、2015年、2017年、2018年、2021年第一批、2021年第二批、2022年考过】

F. 转移、隐匿资金、财产，或者销毁有关证据、资料【2015年考过】

G. 拒绝接受调查或者拒绝提供有关情况和资料

H. 在事故调查中作伪证或者指使他人作伪证【2015年考过】

I. 事故发生后逃匿【2017年、2021年第一批考过】

J. 阻碍、干涉事故调查工作

K. 对事故调查工作不负责任，致使事故调查工作有重大疏漏

L. 包庇、袒护负有事故责任的人员或者借机打击报复

M. 故意拖延或者拒绝落实经批复的对事故责任人的处理意见【2015年考过】

【答案】A、B、C

重点难点专项突破

1. 本考点还可以考核的题目有：

（1）根据《生产安全事故报告和调查处理条例》，对事故发生单位处100万元以上500万元以下罚款的情形有（D、E、F、G、H、I）。【2011年、2015年、2017年、2021年第一批考过】

（2）根据《生产安全事故报告和调查处理条例》，对主要负责人、直接负责的主管人员和其他直接责任人员处以上一年年收入60%～100%罚款的情形有（D、E、F、G、H、I）。

（3）有关地方人民政府、应急管理部门和负有安全生产监督管理职责的有关部门有（A、C、D、H、J）违法行为的，对直接负责的主管人员和其他直接责任人员依法给予处分。

（4）参与事故调查的人员在事故调查中有（K、L）违法行为的，依法给予处分。

（5）根据《生产安全事故报告和调查处理条例》，生产安全事故报告和调查处理

过程中，由监察机关对有关责任人员依法给予处分的违法行为是（M）。【2015年真题题干】

2. 本考点在考试时除了上述题型外，还会逆向命题，比如：

某施工企业瞒报生产安全事故，建设行政主管部门应依法对其处以100万～500万元的罚款。

2Z105040　施工现场文明施工和环境保护的要求

专项突破1　施工现场文明施工的措施

措施		内　容
组织措施		(1) 建立文明施工的管理组织。确立以项目经理为现场文明施工的第一责任人。【2015年、2018年、2019年、2021年第一批、2021年第二批考过】 (2) 健全文明施工的管理制度
管理措施	现场围挡设计	工地四周设置连续、密闭的砖砌围墙，与外界隔绝进行封闭施工【2014年、2016年、2018年考过】。市区主要路段和其他涉及市容景观路段的工地设置围挡的高度不低于2.5m，其他工地的围挡高度不低于1.8m【2015年、2016年、2018年、2021年第二批考过】
	现场工程标志牌设计	按照文明工地标准，严格按照相关文件规定的尺寸和规格制作各类工程标志牌。"五牌一图"，即工程概况牌、管理人员名单及监督电话牌、消防保卫（防火责任）牌、安全生产牌、文明施工牌和施工现场平面图【2016年、2017年、2018年、2022年考过】
	临设布置	集体宿舍与作业区隔离，人均床铺面积不小于$2m^2$，适当分隔，防潮、通风，采光性能良好【2014年、2016年考过】。按规定架设用电线路，严禁任意拉线接电，严禁使用电炉和明火烧煮食物。对于重要材料设备，搭设相应适用存储保护的场所或临时设施
	成品、半成品、原材料堆放	严格按施工组织设计中的平面布置图划定的位置堆放成品、半成品和原材料，所有材料应堆放整齐
	现场场地和道路	场内道路要平整、坚实、畅通。主要场地应硬化，并设置相应的安全防护设施和安全标志。施工现场内有完善的排水措施，不允许有积水存在【2014年考过】
	现场卫生管理	食堂必须有卫生许可证，并应符合卫生标准，生、熟食操作应分开，熟食操作时应有防蝇间或防蝇罩。禁止使用食用塑料制品作熟食容器，炊事员和茶水工需持有效的健康证明和上岗证。【2014年考过】 建筑垃圾必须集中堆放并及时清运【2015年、2021年第二批考过】
	文明施工教育	(1) 现场施工人员均佩戴胸卡，按工种统一编号管理。【2021年第二批考过】 (2) 进行多种形式的文明施工教育，如例会、报栏、录像及辅导，参观学习。 (3) 强调全员管理的概念，提高现场人员的文明施工的意识

1. 文明施工的管理措施包括 7 个部分，分别是现场围挡设计，现场工程标志牌设计，临设布置，成品、半成品、原材料堆放，现场场地和道路，现场卫生管理，文明施工教育。考试时可能会将几部分综合命题，也可能就每一部分单独命题。

2. 围挡高度可以单独命题，也可以作为判断正误综合题目的备选项。

3. 本考点可能会这样命题：

(1) 施工现场文明施工管理组织的第一责任人是（　　）。

A. 项目经理　　　　　　　　B. 总监理工程师

C. 业主代表　　　　　　　　D. 项目总工程师

【答案】A

(2) 施工现场文明施工"五牌一图"中，"五牌"是指（　　）。【2022 年考过】

A. 工程概况牌　　　　　　　B. 管理人员名单及监督电话牌

C. 现场危险警示牌　　　　　D. 安全生产牌

E. 消防保卫（防火责任）牌

【答案】A、B、D、E

扫一扫查看
本题视频解析

(3) 关于施工现场文明施工措施的说法，正确的有（　　）。

A. 利用现场施工道路堆放砌块材料

B. 施工现场要实行半封闭式管理

C. 市区主要施工路段施工现场设置 2.5m 高的围挡

D. 施工现场主要场地应硬化

E. 设置足够的垃圾池和垃圾桶，定期搞好环境卫生、清理垃圾，施药除"四害"

【答案】C、D、E

专项突破 2　施工现场环境保护的要求

例题： 下列施工现场环境保护措施中，属于水污染预防措施的有（　　）。

A. 施工现场搅拌站的污水、水磨石的污水等须经排水沟排放和沉淀池沉淀后再排入城市污水管道或河流【2010 年、2011 年、2012 年 6 月、2012 年 10 月、2013 年、2015 年、2017 年、2018 年、2021 年第一批考过】

B. 污水未经处理不得直接排入城市污水管道或河流【2009 年、2012 年 6 月、2017 年、2020 年考过】

C. 禁止将有毒有害废弃物作土方回填【2009 年、2010 年、2012 年 6 月、2015 年、2017 年、2019 年、2020 年、2022 年考过】

D. 施工现场存放油料、化学溶剂等设有专门的库房，必须对库房地面和高 250mm 墙面进行防渗处理【2009 年、2012 年 10 月、2015 年、2018 年考过】

E. 对于现场气焊用的乙炔发生罐产生的污水严禁随地倾倒，要求专用容器集中存放，并倒入沉淀池处理【2018 年、2022 年考过】

F. 施工现场100人以上的临时食堂，污水排放时可设置简易有效的隔油池，定期掏油、清理杂物【2011年、2012年6月、2012年10月、2013年、2022年考过】

G. 施工现场临时厕所的化粪池应采取防渗漏措施【2019年考过】

H. 施工现场化学药品、外加剂等要妥善入库保存

I. 施工现场外围围挡不得低于1.8m，以避免或减少污染物向外扩散【2011年、2013年考过】

J. 施工现场垃圾杂物应采用容器或搭设专用封闭式垃圾道的方式清运，严禁凌空随意抛撒【2010年、2012年6月、2015年、2020年考过】

K. 施工现场堆土，应合理选定位置进行存放堆土，并洒水覆膜封闭或表面临时固化或植草

L. 施工现场道路应硬化【2021年第一批考过】

M. 易飞扬材料入库密闭存放或覆盖存放【2017年、2021年第二批考过】

N. 施工现场易扬尘处使用密目式安全网封闭【2019年考过】

O. 在大门口铺设一定距离的石子【2017年考过】

P. 禁止施工现场焚烧有毒、有害烟尘和恶臭气体的物资【2012年6月、2017年、2020年、2021年第一批考过】

Q. 尾气排放超标的车辆，应安装净化消声器，防止噪声和冒黑烟

R. 施工现场炉灶采用消烟除尘型，烟尘排放控制在允许范围内

S. 拆除旧有建筑物时，应适当洒水，并且在旧有建筑物周围采用密目式安全网和草帘搭设屏障【2009年考过】

T. 在施工现场建立集中搅拌站

U. 在城区、郊区城镇和居民稠密区、风景旅游区、疗养区及国家规定的文物保护区内施工的工程，严禁使用敞口锅熬制沥青【2011年考过】

V. 凡进行沥青防水作业时，要使用密闭和带有烟尘处理装置的加热设备【2013年考过】

W. 尽量降低施工现场附近敏感点的噪声强度

X. 一般避开晚10时到次日早6时的作业【2013年、2012年10月、2015年考过】

Y. 对环境的污染不能控制在规定范围内的，必须昼夜连续施工时，要尽量采取措施降低噪声

Z. 夜间运输材料的车辆进入施工现场，严禁鸣笛和乱轰油门，装卸材料要做到轻拿轻放

A1. 进入施工现场不得高声喊叫和乱吹哨，不得无故甩打模板、钢筋铁件和工具设备等，严禁使用高音喇叭、机械设备空转和碰撞其他物件

B1. 采取措施降低噪声或转移声源

【答案】A、B、C、D、E、F、G、H

重点难点专项突破

1. 环境保护的要求包括5点，在2022年考核了一道多项选择题。

（1）工程施工前，应进行现场环境调查。【2022年考过】

（2）工程的施工组织设计应有防治扬尘、噪声、固体废物和废水等污染环境的有效措施，并在施工作业中认真组织实施。【2022年考过】

（3）施工现场应建立环境保护管理体系，层层落实，责任到人，并保证有效运行。【2022年考过】

（4）对施工现场防止扬尘、噪声、水污染及环境保护管理工作进行检查。

（5）定期对职工进行环保法规知识的培训考核。【2022年考过】

2.施工现场环境污染的处理包括大气污染的处理、水污染的处理、噪声污染的处理、固体废物污染的处理、光污染的处理。考试重点主要集中在大气污染的处理、水污染的处理、噪声污染的处理。本考点还可以考核的题目有：

（1）下列施工现场环境保护措施中，属于大气污染预防措施的有（I、J、K、L、M、N、O、P、Q、R、S、T、U、V）。

（2）下列施工现场环境保护措施中，属于噪声污染预防措施的有（W、X、Y、Z、A1、B1）。

（3）下列施工现场环境污染的处理措施中，正确的有（A、B、C、D、E、F、G、H、I、J、K、L、M、N、O、P、Q、R、S、T、U、V、W、X、Y、Z、A1、B1）。

3.A、B选项曾多次进行过考核，考生一定要掌握。可能会这样设置为错误选项："将未经处理的泥浆水直接排入城市排水设施""现场产生的废水经沉淀后直接排入城市排水设施"。

4.F选项中的数字"100"要记住，可以作为单项选择题考核。作为判断正误综合题的备选项时，也是设置陷阱的地方。

5.X选项中的数字"10时到次日早6时"要记住，可以作为单项选择题考核。

6.B1选项中提到了降低噪声或转移声源，那么应采取什么措施呢？

（1）尽量选用低噪声设备和工艺来代替高噪声设备和工艺（如用电动空压机代替柴油空压机；用静压桩施工方法代替锤击桩施工方法等），降低噪声。

（2）在声源处安装消声器消声，即在鼓风机、内燃机、压缩机各类排气装置等进出风管的适当位置设置消声器（如阻性消声器、抗性消声器、阻抗复合消声器、穿微孔板消声器等），降低噪声。【2014年考过】

（3）加工成品、半成品的作业（如预制混凝土构件、制作门窗等），尽量放在工厂车间生产，以转移声源来消除噪声。

7.最后看下施工场界环境噪声限值。

昼间	夜间
70dB(A)	55dB(A)【2013年考过】

2Z106000 施 工 合 同 管 理

2013—2022 年真题分值统计

命题点	题型	2013 年（分）	2014 年（分）	2015 年（分）	2016 年（分）	2017 年（分）	2018 年（分）	2019 年（分）	2020 年（分）	2021 年（分）	2022 年（分）
2Z106010 施工发承包模式	单项选择题	3	2	2	3	3	2	2	2	1	2
	多项选择题		2	2	2	2	2	2	2	2	2
2Z106020 施工合同与物资采购合同	单项选择题	3	3	3	3	5	3	4	3	4	5
	多项选择题	2	2	2	2	2	2	2	2	6	4
2Z106030 施工合同计价方式	单项选择题	3	3	3	3	2	3	3	2	2	3
	多项选择题		4	2	2	2	2	2	2	2	2
2Z106040 施工合同执行过程的管理	单项选择题	1	2	1	2	2	1	2	1	1	1
	多项选择题	2		2	2	2	2	2	2	2	2
2Z106050 施工合同的索赔	单项选择题	1	2	2	2	2	3	2	2	2	2
	多项选择题	2	2	2	2	2	2	2	2		
2Z106060 建设工程施工合同风险管理、工程保险和工程担保	单项选择题							2	1	2	1
	多项选择题										
合计	单项选择题	11	12	11	13	14	12	15	11	12	14
	多项选择题	6	8	10	10	10	10	10	10	12	10

2Z106010 施工发承包模式

专项突破 1 施工平行发承包模式

例题：关于施工平行发承包模式特点的说法，正确的有(　　　)。

A. 对每一部分工程施工任务的发包，都以施工图设计为基础，投标人进行投标报价较有依据

B. 对降低工程造价有利

C. 对业主来说，要等最后一份合同签订后才知道整个工程的总造价，对投资的早期控制不利【2017 年考过】

D. 某一部分施工图完成后，即可开始这部分工程的招标，可以边设计边施工，缩短

建设周期【2015 年、2017 年考过】

E. 要进行多次招标，业主用于招标的时间较多【2009 年、2012 年 6 月、2015 年、2017 年考过】

F. 施工总进度计划的编制和控制由业主负责

G. 由不同单位承包的各部分工程之间的进度计划的协调及其实施的协调由业主负责【2015 年考过】

H. 符合质量控制上的"他人控制"原则，对业主的质量控制有利【2009 年考过】

I. 合同交互界面比较多，对项目质量控制不利

J. 业主要负责所有施工承包合同的招标、谈判、签约，招标工作量大，对业主不利

K. 签订的合同越多，业主的责任和义务就越多【2012 年 6 月考过】

L. 业主要负责对多个施工承包合同的跟踪管理，合同管理工作量较大【2009 年、2012 年 6 月考过】

M. 业主直接控制所有工程的发包，可决定所有工程的承包商的选择【2012 年 6 月考过】

N. 业主要负责对所有承包商的组织与协调，工作量大，对业主不利

O. 业主方可能需要配备较多的人力和精力进行管理，管理成本高

【答案】A、B、C、D、E、F、G、H、I、J、K、L、M、N、O

重点难点专项突破

1. 实行施工平行发承包模式对建设工程项目的费用、进度、质量等目标控制以及合同管理和组织与协调等的影响不同，考试时可能会就某一项的影响命题，也可能会综合命题。例题题型就属于综合命题，如果是对某一项影响，会这样命题：

(1) 施工平行承发包模式在费用控制方面的特点有（A、B、C）。

(2) 施工平行承发包模式在进度控制方面的特点有（D、E、F、G）。

(3) 施工平行承发包模式在质量控制方面的特点有（H、I）。

(4) 施工平行承发包模式在合同管理方面的特点有（J、K、L）。

(5) 施工平行承发包模式在组织与协调方面的特点有（M、N、O）。

2. 施工平行发承包的含义也要重点掌握。2010 年、2012 年 10 月、2013 年、2020 年、2021 年第二批对此有过考核。

施工平行发承包，又称为分别发承包，是指发包方将其施工任务分别发包给不同的施工单位，各个施工单位分别与发包方签订施工承包合同。发包方可以根据建设项目的结构进行分解发包，也可以根据建设项目施工的不同专业系统进行分解发包。

专项突破 2　施工总承包模式

例题：关于项目施工总承包模式特点的说法，正确的有(　　)。

A. 一般都以施工图设计为投标报价的基础，投标人的投标报价较有依据【2012 年 6 月考过】

B. 在开工前就有较明确的合同价，有利于业主对总造价的早期控制【2010 年、2012

年 6 月、2016 年、2018 年考过】

C. 在施工过程中发生设计变更，可能发生索赔【2012 年 6 月考过】

D. 一般要等施工图设计全部结束后，才能进行施工总承包的招标，建设周期势必较长，对项目总进度控制不利【2010 年、2011 年、2012 年 6 月、2018 年考过】

E. 施工总进度计划的编制、控制和协调由施工总承包单位负责【2016 年考过】

F. 项目总进度计划的编制、控制和协调，以及设计、施工、供货之间的进度计划协调由业主负责

G. 项目质量的好坏很大程度上取决于施工总承包单位的选择，取决于施工总承包单位的管理水平和技术水平，业主对施工总承包单位的依赖较大【2010 年、2012 年 6 月、2013 年考过】

H. 业主只需要进行一次招标，招标及合同管理工作量大大减小，对业主有利【2011 年、2012 年 6 月、2018 年考过】

I. 业主只负责对施工总承包单位的管理及组织协调，工作量大大减小，对业主比较有利【2010 年、2011 年、2012 年 6 月、2016 年、2018 年考过】

【答案】A、B、C、D、E、F、G、H、I

重点难点专项突破

1. 实行施工总承包模式对建设工程项目的费用、进度、质量等目标控制以及合同管理和组织与协调等的影响不同，考试时可能会就某一项的影响命题，也可能会综合命题。例题题型就属于综合命题，如果是对某一项影响，会这样命题：

(1) 施工总承包模式在费用控制方面的特点有（A、B、C）。

(2) 施工总承包模式在进度控制方面的特点有（D、E、F）。

(3) 施工总承包模式在质量控制方面的特点有（G）。

(4) 施工总承包模式在合同管理方面的特点有（H）。

(5) 施工总承包模式在组织与协调方面的特点有（I）。

2. E、F 选项会考核单项选择题，比如：

某工程采用施工总承包的模式，则施工总进度计划的编制、控制和协调由（   ）负责。

A. 业主　　　　　　　　　　B. 工程总承包单位

C. 监理单位　　　　　　　　D. 工程总承包管理单位

【答案】B

3. 与平行发承包模式相比，采用施工总承包模式有哪些优点？又有哪些缺点呢？

业主的合同管理工作量大大减小了，组织和协调工作量也大大减小，协调比较容易。对项目总进度控制不利。

4. 施工总承包的含义是单项选择题采分点。施工总承包是指发包人将全部施工任务发包给一个施工单位或由多个施工单位组成的施工联合体或施工合作体，施工总承包单位主要依靠自己的力量完成施工任务【2022 年考过】。施工总承包合同一般实行总价合同。【2012 年 6 月、2013 年考过】

专项突破 3　施工总承包管理模式

例题：关于施工总承包管理模式的说法，正确的有(　　)。

A. 如果施工总承包管理单位想承担部分具体工程的施工，可以参加工程施工的投标，通过竞争取得任务【2009 年、2011 年、2015 年考过】

B. 某一部分工程的施工图完成后，由业主单独或与施工总承包管理单位共同进行该部分工程的施工招标，分包合同的投标报价较有依据【2011 年考过】

C. 对降低工程造价有利

D. 在进行施工总承包管理单位的招标时，只确定施工总承包管理费

E. 多数情况下，由业主方与分包人直接签约，加大了业主方的风险

F. 可以提前开工，缩短建设周期【2014 年考过】

G. 施工总进度计划的编制、控制和协调由施工总承包管理单位负责

H. 项目总进度计划的编制、控制和协调，以及设计、施工、供货之间的进度计划协调由业主负责【2010 年、2021 年第一批考过】

I. 对分包单位的质量控制主要由施工总承包管理单位进行

J. 符合质量控制上的"他人控制"原则，对质量控制有利

K. 各分包合同交界面的定义由施工总承包管理单位负责，减轻了业主方的工作量【2021 年第一批考过】

L. 所有分包合同的招投标、合同谈判、签约工作由业主负责，业主方的招标及合同管理工作量大，对业主不利【2014 年、2015 年考过】

M. 对分包单位工程款的支付又可分为总承包管理单位支付和业主直接支付两种形式【2021 年第一批考过】

N. 由施工总承包管理单位负责对所有分包单位的管理及组织协调，大大减轻了业主的工作【2011 年、2021 年第一批、2022 年考过】

【答案】A、B、C、D、E、F、G、H、I、J、K、L、M、N

重点难点专项突破

1. 实行施工总承包管理模式对建设工程项目的费用、进度、质量等目标控制以及合同管理和组织与协调等的影响不同，考试时可能会就某一项的影响命题，也可能会综合命题。例题题型就属于综合命题，如果是对某一项影响，会这样命题：

(1) 施工总承包模式在费用控制方面的特点有（B、C、D、E）。

(2) 施工总承包模式在进度控制方面的特点有（F、G、H）。

(3) 施工总承包模式在质量控制方面的特点有（I、J、K）。

(4) 施工总承包模式在合同管理方面的特点有（L、M）。

(5) 施工总承包模式在组织与协调方面的特点有（N）。

2. A 选项中"通过竞争取得任务"会作为采分点考核单项选择题。G 选项中"施工总承包管理单位负责"会作为采分点考核单项选择题。H 选项中"业主负责"会作为采分点考核单项选择题。

3. 关于三类发承包模式的特点可以根据下表对比记忆。

	平行发承包	施工总承包	施工总承包管理
合同结构	业主分别与多个施工单位签合同	业主委托一个施工单位（多个施工单位的联合体）作为总包，承担执行和组织的总的责任	业主委托总承包管理单位一般负责施工组织和管理，如果想承担部分实体工程施工，可以通过投标取得
工作程序	部分施工图完成，即可招标	全部施工图完成，再招标	可提前到设计阶段，部分施工图完成，即可招标
费用控制	早期控制不利	早期控制有利	投资控制不利，只确定管理费
进度控制	缩短建设周期，业主招标时间多	总进度控制不利	缩短建设周期
质量控制	有利于质量控制（他人控制）	对总承包依赖大，质量好坏取决于总承包的管理和技术水平	有利于质量控制（他人控制）
合同管理	合同数量多，管理工作量大	一次招标，管理工作量小，对业主有利	合同数量多，管理工作量大
组织协调	工作量大，对业主不利	工作量小，对业主有利	减轻业主的工作量（这种委托形式的基本出发点）

专项突破 4　施工总承包模式和施工总承包管理模式的比较

比较		施工总承包	施工总承包管理
不同	开展工作程序	全部施工图设计完成后招投标，在施工	不依赖完整的施工图，工程可化整为零。【2009 年考过】 每完成一部分工程的施工图就招标一部分。【2009 年、2017 年考过】 可以在很大程度上缩短建设周期，有利于进度控制【2009 年、2014 年考过】
	合同关系	与自行分包签合同	（1）业主与分包签订。 （2）总承包管理单位与分包签订
	对分包的选择	业主认可，总包选择	所有分包业主决策，总包管理单位认可。如对某分包不满意，业主执意不换，总包管理单位可拒绝对该分包承担管理
	对分包的付款	总包直接支付	业主支付（经其认可），总包管理单位支付（便于管理）
	合同价格	总造价，赚取总包与分包之间的差价	合同总价不是一次确定，某一部分施工图设计完成以后，再进行该部分工程的施工招标，确定该部分工程的合同价，因此整个项目的合同总额的确定较有依据。【2015 年、2016 年、2017 年考过】 所有分包合同和分供货合同的发包，都通过招标获得有竞争力的投标报价，对业主方节约投资有利。【2015 年考过】 施工总承包管理单位只收取总包管理费，不赚总包与分包之间的差价。【2012 年 10 月、2015 年、2016 年、2017 年、2019 年考过】 业主对分包单位的选择具有控制权
相同		总承包单位的责任和义务，对分包的总体管理和服务【2020 年考过】	

1. 施工总承包管理模式与施工总承包模式的差异性主要表现在工作开展程序不同、合同关系不同、对分包单位的选择和认可不同、对分包单位的付款不同、合同价格不同。考试时可能会就某一项不同单独命题，可能会综合命题。

如果是就某一项单独命题，是这样的：施工总承包管理模式与施工总承包模式相比，其在工作开展程序方面的差异主要表现在(　　)。

如果综合命题，是这样的：关于施工总承包模式和施工总承包管理模式比较的说法，正确的是(　　)。

2. 本考点可能会这样命题：

施工总承包管理与施工总承包相比，其在工作开展程序方面的不同主要表现在(　　)。

A. 施工总承包管理单位的招标可以不依赖完整的施工图

B. 施工总承包管理单位的招标与设计无关

C. 工程实体不得由施工总承包管理单位化整为零，分别进行分包

D. 施工总承包管理模式可以在很大程度上缩短建设周期

E. 施工总承包管理模式下，每完成一部分施工图就可以分包招标一部分

扫一扫查看
本题视频解析

【答案】A、D、E

专项突破 5　施　工　招　标

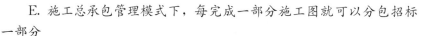

项目	内　容
信息的发布	依法必须招标项目的招标公告和公示信息除在发布媒介发布外，招标人或其招标代理机构也可以同步在其他媒介公开，并确保内容一致。其他媒介可以依法转载，但不得改变其内容，同时必须注明信息来源。【2021年第一批考过】 拟发布的招标公告和公示信息文本应当由招标人或其招标代理机构盖章，并由主要负责人或其授权的项目负责人签名【2021年第一批考过】
信息的修正	(1) 时限：招标人对已发出的招标文件进行必要的澄清或者修改，应当在招标文件要求提交投标文件截止时间至少15日前发出。【2016年、2020年、2021年第一批考过】 (2) 形式：所有澄清文件必须以书面形式进行。【2020年考过】 (3) 全面：所有澄清文件必须直接通知所有招标文件收受人【2020年考过】
标前会议	标前会议是招标人按投标须知规定的时间和地点召开的会议。【2018年、2019年考过】 标前会议上，招标人除了介绍工程概况以外，还可以对招标文件中的某些内容加以修改或补充说明，以及对投标人书面提出的问题和会议上即席提出的问题给予解答，会议结束后，招标人应将会议纪要用书面通知的形式发给每一个投标意向者。对问题的答复不需要说明问题来源。【2018年、2019年考过】 会议纪要和答复函件形成招标文件的补充文件，都是招标文件的有效组成部分，与招标文件具有同等法律效力。当补充文件与招标文件内容不一致时，应以补充文件为准。【2018年、2019年、2021年第一批考过】 招标人可以根据实际情况在标前会议上确定延长投标截止时间【2018年、2019年考过】
评标	评标分为评标的准备、初步评审、详细评审、编写评标报告等过程。 初步评审主要是进行符合性审查，另外还要对报价计算的正确性进行审查，如果计算有误，通常的处理方法是：大小写不一致的以大写为准；单价与数量的乘积之和与所报的总价不一致的应以单价为准；标书正本和副本不一致的，则以正本为准。 详细评审是评标的核心，是对标书进行实质性审查，包括技术评审和商务评审。【2017年考过】 评标结束应该推荐中标候选人。评标委员会推荐的中标候选人应当限定在1~3人【2017年考过】

重点难点专项突破

1. 在施工招标内容中，主要介绍招标信息的发布与修正、资格预审、标前会议、评标等几项内容，考试时可能会就某一项内容命题，比如：关于建设工程施工招标标前会议的说法，正确的有( )。也可能会就这几项内容综合命题，比如：下列关于施工招标做法，符合规定的有( )。

2. 招标信息的修正时限，"15 日"会作为采分点考核单项选择题，会设置的干扰选项有："5 日""10 日""20 日"。

3. 招标信息的修正形式，会在"书面"上做文章，会设置为"澄清文件可以口头方式也可以书面形式进行"。

4. 澄清文件通知的人员要注意，会作为采分点考核单项选择题，如果设置错误选项，会设置为"澄清文件必须直接通知有效投标人"。

5. 标前会议在 2018 年、2019 年、2021 年连续三年都进行了考核，注意掌握。

6. 本考点可能会这样命题：

(1) 根据《中华人民共和国招标投标法》，招标人对已发出的招标文件进行必要的澄清或修改的，应当在招标文件要求提交投标文件截止时间至少( )日前书面通知。

A. 5   B. 10

C. 15   D. 20

【答案】C

(2) 建设工程施工招标投标程序中，评标阶段初步评审环节对商务标的审查内容是( )。

A. 标书的计价方式   B. 标书的优惠条件

C. 报价计算的正确性   D. 报价的构成和取费标准

【答案】D

专项突破6 施 工 投 标

项目	内 容
研究招标文件	(1) 投标人须知：招标工程的详细内容和范围、投标文件的组成、重要时间安排。【2022 年考过】 (2) 投标书附录与合同条件。 (3) 技术说明。 (4) 永久性工程之外的报价补充文件
复核工程量	对于单价合同，尽管是以实测工程量结算工程款，但投标人仍应根据图纸仔细核算工程量，当发现相差较大时，投标人应向招标人要求澄清。 对于总价合同，如果业主在投标前对争议工程量不予更正，而且是对投标者不利的情况，投标者应按实际工程量调整报价
施工方案制定	由投标人的技术负责人主持制定

项目		内 容
正式投标	注意投标的截止日期	招标人所规定的投标截止日就是提交标书最后的期限【2021年第二批考过】。投标人在投标截止日之前所提交的投标是有效的，超过该日期之后就会被视为无效投标【2017年考过】。在招标文件要求提交投标文件的截止时间后送达的投标文件，招标人可以拒收
	注意投标文件的完备性	投标文件应当对招标文件提出的实质性要求和条件作出响应【2021年第二批考过】。投标不完备或投标没有达到招标人的要求，在招标范围以外提出新的要求，均被视为对于招标文件的否定，不会被招标人所接受【2017年考过】
	注意标书的标准	标书的提交要有固定的要求，基本内容是：签章、密封。如果不密封或密封不满足要求，投标是无效的。投标书还需要按照要求签章，投标书需要盖有投标企业公章以及企业法人的名章（或签字）【2017年考过】
	注意投标的担保	通常投标需要提交投标担保，应注意要求的担保方式、金额以及担保期限等

重点难点专项突破

1. 在施工招标内容中，主要介绍研究招标文件、调查研究、复核工程量、选择施工方案、投标计算、确定投标策略、正式投标。考试一般会考核判断正确与错误说法的综合题目。

2. 本考点可能会这样命题：

（1）在建设工程施工投标过程中，施工方案应由投标人的（　　）主持制定。

A. 项目经理　　　　　　　　　　B. 法定代表人的代表

C. 技术负责人　　　　　　　　　D. 分管投标的负责人

【答案】C

（2）关于正式投标及投标文件的说法，正确的有（　　）。

A. 标书密封不满足要求，经甲方同意投标是有效的

B. 项目经理部组织投标时不需要企业法人对于投标项目经理的授权书

C. 通常情况下投标不需要提交投标担保

D. 在招标文件要求提交的截止时间后送达的投标文件，招标人可以拒收

E. 标书提交的基本要求是签章、密封

【答案】D、E

2Z106020 施工合同与物资采购合同

扫一扫查看
本题视频解析

专项突破 1 发包人与承包人的责任与义务

例题： 根据《标准施工招标文件》通用条款，现场地质勘察资料和水文气象资料的准确性应由（　　）负责。【2009 年、2011 年考过】

A. 发包人　　　　　B. 承包人　　　　　C. 设计单位　　　　　D. 监理人

【答案】A

重点难点专项突破

1. 本考点还可以考核的题目有：

（1）根据《标准施工招标文件》通用条款，某工程因施工需要，需取得出入施工场地的临时道路的通行权应由（A）办理。【2015 年考过】

（2）根据《标准施工招标文件》通用条款，某工程因施工需要，（A）应取得为工程建设所需修建场外设施的权利，并承担有关费用。

（3）根据《标准施工招标文件》，测量基准点、基准线和水准点及其书面资料应由（A）提供。【2021 年第二批考过】

（4）根据《标准施工招标文件》，工程或工程的任何部分对土地的占用所造成的第三者财产损失由谁（A）负责。【2014 年考过】

（5）根据《标准施工招标文件》，除合同另有约定外，（A）应与当地公安部门协商，在现场建立治安管理机构或联防组织，统一管理施工场地的治安保卫事项，履行合同工程的治安保卫职责。【2020 年考过】

（6）根据《标准施工招标文件》，编制施工场地治安管理计划和应对突发事件的紧急预案，应由（A、B）共同负责。【2012 年 10 月真题题干】

（7）根据《标准施工招标文件》，施工场地以及施工场地内地下管线和地下设施等有关资料应由（A）提供。【2014 年考过】

（8）根据《标准施工招标文件》，（B）应按合同约定的工作内容和施工进度要求，编制施工组织设计和施工措施计划，并对所有施工作业和施工方法的完备性和安全可靠性负责。

（9）根据《标准施工招标文件》，施工场地及其周边环境与生态的保护工作应由（B）负责。

（10）根据《标准施工招标文件》，工程接收证书颁发前，（B）应负责照管和维护工程。

2. 除上述题型，还可能会以判断正误的综合题目考核，一般会这样命题：根据《标准施工招标文件》，关于发包人责任和义务的说法，正确/错误的有（　　）。

3. 发包人的主要义务与承包人的义务包括哪些呢？

发包人 ┬ 发出开工通知
　　　├ 提供施工场地
　　　├ 协助承包人办理证件和批件
　　　├ 组织设计交底
　　　├ 支付合同价款
　　　└ 组织竣工验收

承包人 ┬ 一般义务 ┬ 完成各项承包工作
　　　　│　　　　├ 对施工作业和施工方法的完备性负责
　　　　│　　　　├ 保证工程施工和人员的安全
　　　　│　　　　├ 负责施工场地及其周边环境与生态的保护工作
　　　　│　　　　├ 避免施工对公众与他人的利益造成损害
　　　　│　　　　├ 为他人提供方便
　　　　│　　　　└ 工程的维护和照管
　　　　└ 其他责任与义务 ┬ 不得将工程主体、关键性工作分包给第三人
　　　　　　　　　　　　├ 未经发包人同意,承包人不得将工程的其他部分或工作分包给第三人
　　　　　　　　　　　　├ 承包人应与分包人就分包工程向发包人承担连带责任
　　　　　　　　　　　　├ 接到开工通知后28d内,向监理人提交施工场地及人员安排的报告
　　　　　　　　　　　　└ 对施工场地和周围环境进行查勘,并收集完成合同工作有关的当地资料

2022年考核了承包人在施工场地的管理机构及人员安排的报告。其内容应包括管理机构的设置、各主要岗位的技术和管理人员名单及其资格,以及各工种技术工人的安排状况。承包人应向监理人提交施工场地人员变动情况的报告。

4.最后再补充一个采分点——发包人违约的情形。

(1)发包人未能按合同约定支付预付款或合同价款,或拖延、拒绝批准付款申请和支付凭证,导致付款延误的。

(2)发包人原因造成停工的。

(3)监理人无正当理由没有在约定期限内发出复工指示,导致承包人无法复工的。【2016年考过】

(4)发包人无法继续履行或明确表示不履行或实质上已停止履行合同的。

(5)发包人不履行合同约定其他义务的。

专项突破2　进度控制的主要条款内容

主要条款	内　　容
进度计划	承包人应按专用合同条款约定的内容和期限,编制详细的施工进度计划和施工方案说明报送监理人。【2021年第二批考过】 　　不论何种原因造成工程的实际进度与合同进度计划不符时,承包人可以在专用合同条款约定的期限内向监理人提交修订合同进度计划的申请报告,并附有关措施和相关资料,报监理人审批。【2021年第二批考过】 　　监理人也可以直接向承包人作出修订合同进度计划的指示,承包人应按该指示修订合同进度计划,报监理人审批。监理人应在专用合同条款约定的期限内批复。监理人在批复前应获得发包人同意【2021年第二批考过】
开工日期与工期	监理人应在开工日期7d前向承包人发出开工通知。工期自监理人发出的开工通知中载明的开工日期起计算

主要条款		内　　容
暂停施工	承包人暂停施工的责任	因下列原因暂停施工增加的费用和（或）工期延误由承包人承担： （1）承包人违约引起的暂停施工； （2）由于承包人原因为工程合理施工和安全保障所必需的暂停施工； （3）承包人擅自暂停施工； （4）承包人其他原因引起的暂停施工； （5）专用合同条款约定由承包人承担的其他暂停施工
	发包人暂停施工的责任	由于发包人原因引起的暂停施工造成工期延误的，承包人有权要求发包人延长工期和（或）增加费用，并支付合理利润【2014 年考过】
	监理人暂停施工指示	（1）监理人认为有必要时，可向承包人作出暂停施工的指示，承包人应按监理人指示暂停施工。不论由何种原因引起的暂停施工，暂停施工期间承包人应负责妥善保护工程并提供安全保障。【2014 年、2021 年第一批考过】 （2）由于发包人的原因发生暂停施工的紧急情况，且监理人未及时下达暂停施工指示的，承包人可先暂停施工，并及时向监理人提出暂停施工的书面请求【2014 年考过】
	暂停时施工后的复工	（1）暂停施工后，监理人应与发包人和承包人协商，采取有效措施积极消除暂停施工的影响。当工程具备复工条件时，监理人应立即向承包人发出复工通知。承包人收到复工通知后，应在监理人指定的期限内复工。【2021 年第一批考过】 （2）承包人无故拖延和拒绝复工的，由此增加的费用和工期延误由承包人承担；因发包人原因无法按时复工的，承包人有权要求发包人延长工期和（或）增加费用，并支付合理利润【2021 年第一批考过】
	持续 56d 以上	（1）监理人发出暂停施工指示后 56d 内未向承包人发出复工通知，除了该项停工属于由于承包人暂停施工的责任的情况外，承包人可向监理人提交书面通知，要求监理人在收到书面通知后 28d 内准许已暂停施工的工程或其中一部分工程继续施工。【2018 年考过】 （2）由于承包人责任引起的暂停施工，如承包人在收到监理人暂停施工指示后 56d 内不认真采取有效的复工措施，造成工期延误，可视为承包人违约，应按承包人违约办理

重点难点专项突破

1. 本考点一般会以判断正确与错误说法的综合题目考核。

2. 本考点可能会这样命题：

（1）承包人按照监理人批准的进度计划组织施工，但由于进度计划本身存在缺陷造成工期延误，则责任应由（　　）承担。

A. 发包人　　　　　　　　　B. 承包人

C. 监理人　　　　　　　　　D. 分包人

【答案】B

（2）根据《标准施工招标文件》，关于暂停施工的说法，正确的有（　　）。

A. 发包人原因引起的暂停施工造成工期延误的，承包人有权要求发包人延长工期和增加费用，但是不需要支付利润

B. 不论由于何种原因引起的暂停施工，暂停施工期间承包人应负责妥善保护工程并提供安全保障

C. 承包人无故拖延和拒绝复工的，由此增加的费用和工期延误由承包人承担

D. 因发包人原因无法按时复工的，承包人有权要求发包人延长工期和（或）增加费用，并支付合理利润

E. 承包人责任引起的暂停施工，如承包人在收到监理人暂停施工指示后 56d 内不认真采取有效的复工措施，造成工期延误，可视为承包人违约

【答案】B、C、D、E

专项突破 3　质量控制的主要条款内容

例题：根据九部委《标准施工招标文件》，对于监理人未能按照约定的时间进行检验且无其他指示的工程隐蔽部位，承包人自己进行了隐蔽，此后，经剥开重新检验证明其质量是符合施工合同要求的，由此增加的费用和延误的工期应由（　　）承担。**【2011 年、2012 年 6 月考过】**

A. 发包人　　　　　　　　　　B. 承包人

C. 监理人　　　　　　　　　　D. 设计单位

【答案】A

重点难点专项突破

1. 本考点还可以考核的题目有：

（1）在建筑工程施工中，隐蔽工程在隐蔽前应通知（C）进行验收，并形成验收文件。**【2022 年真题题干】**

（2）根据九部委《标准施工招标文件》，承包人按照合同规定将隐蔽工程覆盖后，监理人又要求承包人对已覆盖部位揭开重新检验，经检验证明工程质量不符合合同要求，由此增加的费用和延误的工期应由（B）承担。

（3）根据九部委《标准施工招标文件》，承包人未通知监理人到场检查，私自将工程隐蔽部位覆盖的，监理人有权指示承包人钻孔探测或揭开检查，由此增加的费用和（或）工期延误由（B）承担。**【2015 年考过】**

> 监理人未按约定的时间进行检查的，除监理人另有指示外，承包人可自行完成覆盖工作，并作相应记录报送监理人，监理人应签字确认。**【2022 年考过】**

（4）根据九部委《标准施工招标文件》，工程质量保证措施文件应报送（C）审批。

> 工程质量保证措施文件包括质量检查机构的组织和岗位责任、质检人员的组成、质量检查程序和实施细则等。**【2010 年考过】**

（5）根据九部委《标准施工招标文件》，承包人使用不合格材料、工程设备，或采用不适当的施工工艺，或施工不当，造成工程不合格而增加的费用和（或）工期延误由（B）承担。

（6）根据九部委《标准施工招标文件》，由于发包人提供的材料或工程设备不合格造成的工程不合格，需要承包人采取措施补救的，由此增加的费用和（或）工期延误由（A）承担。

（7）根据九部委《标准施工招标文件》，（B）按合同约定进行材料、工程设备和工程的试验和检验。

（8）根据九部委《标准施工招标文件》，按合同约定应由监理人与承包人共同进行材料、工程设备试验和检验的，由（B）负责提供必要的试验资料和原始记录。

（9）根据九部委《标准施工招标文件》，监理人对承包人的试验和检验结果有疑问，要求承包人重新试验和检验的，如果重新试验和检验的结果证明该项材料、工程设备或工程的质量不符合合同要求的，由此增加的费用和（或）工期延误由（B）承担。

（10）根据九部委《标准施工招标文件》，监理人对承包人的试验和检验结果有疑问，要求承包人重新试验和检验的，重新试验和检验结果证明该项材料、工程设备和工程符合合同要求，由（A）承担由此增加的费用和（或）工期延误，并支付合理利润。

2. 注意：承包人私自覆盖，无论合格与否，承包人承担责任。

专项突破 4　费用控制的主要条款内容

例题：根据《标准施工招标文件》，监理人在收到承包人进度付款申请单以及相应的支持性证明文件后的(　　)d内完成核查，提出发包人到期应支付给承包人的金额以及相应的支持性材料，经发包人审查同意后，由监理人向承包人出具经发包人签认的进度付款证书。【2016 年考过】

A. 7　　　　　　　　　　　　　　　B. 14
C. 28　　　　　　　　　　　　　　D. 42

【答案】B

重点难点专项突破

1. 本考点还可以考核的题目有：

（1）根据《标准施工招标文件》，发包人应在监理人收到进度付款申请单后的（C）d 内，将进度应付款支付给承包人。不按期支付的，按专用合同条款的约定支付逾期付款违约金。

（2）根据《标准施工招标文件》，在合同约定的缺陷责任期满时，承包人向发包人申请到期应返还承包人剩余的质量保证金金额，发包人应在（B）d 会同承包人按照合同约定的内容核实承包人是否完成缺陷责任。

（3）根据《标准施工招标文件》，监理人在收到承包人提交的竣工付款申请单后的（B）d 完成核查，提出发包人到期应支付给承包人的价款送发包人审核并抄送承包人。

（4）根据《标准施工招标文件》，发包人应在监理人出具竣工付款证书后的（B）d 内，将应支付款支付给承包人。

（5）根据《标准施工招标文件》，监理人收到承包人提交的最终结清申请单后的（B）d 内，提出发包人应支付给承包人的价款送发包人审核并抄送承包人。

（6）根据《标准施工招标文件》，发包人应在监理人出具最终结清证书后的（B）d 内，将应支付款支付给承包人。发包人不按期支付的，按合同约定，将逾期付款违约金支付给承包人。

2. 以下知识点可能会作为备选项以判断正误的综合题考核。

（1）承包人应在每个付款周期末，按监理人批准的格式和专用合同条款约定的份数，向监理人提交进度付款申请单，并附相应的支持性证明文件。

（2）监理人出具进度付款证书，不应视为监理人已同意、批准或接受了承包人完成的该部分工作。

（3）质量保证金的计算额度不包括预付款的支付、扣回以及价格调整的金额。

（4）工程接收证书颁发后，承包人应按专用合同条款约定的份数和期限向监理人提交竣工付款申请单，并提供相关证明材料。【2022 年考过】

（5）监理人未在约定时间内核查竣工付款申请单，又未提出具体意见的，视为承包人提交的竣工付款申请单已经监理人核查同意。

（6）监理人未在约定时间内核查最终结清申请，又未提出具体意见的，视为承包人提交的最终结清申请已经监理人核查同意。

专项突破 5　竣　工　验　收

项目	内　　容
报送竣工验收申请报告具备的条件	当工程具备以下条件时，承包人即可向监理人报送竣工验收申请报告： （1）除监理人同意列入缺陷责任期内完成的尾工（甩项）工程和缺陷修补工作外，合同范围内的全部单位工程以及有关工作，包括合同要求的试验、试运行以及检验和验收均已完成，并符合合同要求。【2021 年第二批考过】 （2）已按合同约定的内容和份数备齐了符合要求的竣工资料。【2021 年第二批考过】 （3）已按监理人的要求编制了在缺陷责任期内完成的尾工（甩项）工程和缺陷修补工作清单以及相应施工计划。【2021 年第二批考过】 （4）监理人要求在竣工验收前应完成的其他工作。 （5）监理人要求提交的竣工验收资料清单
实际竣工日期	发包人在收到承包人竣工验收申请报告 56d 后未进行验收的，视为验收合格，实际竣工日期以提交竣工验收申请报告的日期为准，但发包人由于不可抗力不能进行验收的除外【2009 年考过】
施工期运行	在施工期运行在施工期运行中发现工程或工程设备损坏或存在缺陷的，由承包人按合同规定进行修复
竣工清场	费用由承包人承担【2017 年考过】

重点难点专项突破

1. 掌握两个概念：竣工验收与国家验收。

竣工验收——指承包人完成了全部合同工作后，发包人按合同要求进行的验收。

国家验收——是政府有关部门根据法律、规范、规程和政策要求，针对发包人全面组织实施的整个工程正式交付投运前的验收。

2. 竣工验收申请应具备的条件是多项选择题采分点。

3. 本考点可能会这样命题：

（1）某工程承包人于 2020 年 5 月 15 日向监理人提交了竣工验收申请报告，6 月 10 日竣工验收合格，6 月 18 日发包人签发了工程接收证书。根据《建设工程施工合同（示范文本）》GF—2017—0201 通用条款，该工程的实际竣工日期为（　　）。

A. 5 月 15 日 　　　　　　　　　　B. 6 月 10 日

C. 6 月 15 日 　　　　　　　　　　D. 6 月 18 日

【答案】A

（2）根据《标准施工招标文件》通用合同条款，关于竣工验收的说法，正确的有（　　）。

A. 国家验收是竣工验收的一部分

B. 监理人审查后认为尚不具备竣工验收条件的，应在收到竣工验收申请报告后的 14d 内通知承包人

C. 发包人在收到承包人竣工验收申请报告 56d 后未进行验收的，视为验收合格

D. 工程接收证书颁发后产生的竣工清场费用应由承包人承担

E. 发包人经过验收后同意接受工程的，应在监理人收到竣工验收申请报告后的 56d 内，由监理人向承包人出具经发包人签认的工程接收证书

【答案】C、D、E

专项突破 6　缺陷责任与保修责任

项目	内容
缺陷责任期的起算时间	缺陷责任期自实际竣工日期起计算。在全部工程竣工验收前，已经发包人提前验收的单位工程，其缺陷责任期的起算日期相应提前【2016 年、2017 年考过】
缺陷责任	（1）承包人应在缺陷责任期内对已交付使用的工程承担缺陷责任。 （2）缺陷责任期内，发包人对已接收使用的工程负责日常维护工作。【2017 年考过】 （3）监理人和承包人应共同查清缺陷和（或）损坏的原因。【2017 年考过】 （4）承包人不能在合理时间内修复缺陷的，发包人可自行修复或委托其他人修复，所需费用和利润的承担，根据缺陷和（或）损坏原因处理
缺陷责任期的延长	由于承包人原因造成某项缺陷或损坏使某项工程或工程设备不能按原定目标使用而需要再次检查、检验和修复的，发包人有权要求承包人相应延长缺陷责任期，但缺陷责任期最长不超过 2 年【2016 年、2017 年考过】
缺陷责任期终止证书	在缺陷责任期，包括根据合同规定延长的期限终止后 14d 内，由监理人向承包人出具经发包人签认的缺陷责任期终止证书，并退还剩余的质量保证金【2016 年考过】

重点难点专项突破

1. 缺陷责任期和保修期可能会考核单项选择题，也会作为备选项考核判断正确与错误说法的题目。

2. 记住两个数字："2 年""14d"，这是单项选择题采分点。

3. 本考点可能会这样命题：

(1) 根据《建设工程施工合同（示范文本）》GF—2017—0201，工作缺陷责任期自（　　）起计算。

A. 合同签订日期　　　　　　　B. 竣工验收合格之日

C. 实际竣工日期　　　　　　　D. 颁发工程接收证书之日

【答案】C

(2) 关于缺陷责任与保修的说法，正确的是（　　）。

A. 缺陷责任期自实际竣工日期起计算，最长不超过 12 个月

B. 缺陷责任期满，承包人仍应按合同约定的各部位保修年限承担保修义务

C. 因发包人原因导致工程无法按合同约定期限进行竣工验收的，缺陷责任期自竣工验收合格之日开始计算

D. 发包人未经竣工验收擅自使用工程的，缺陷责任期自承包人提交竣工验收申请报告之日开始计算

【答案】B

专项突破 7　工程承包人（总承包单位）的主要责任和义务

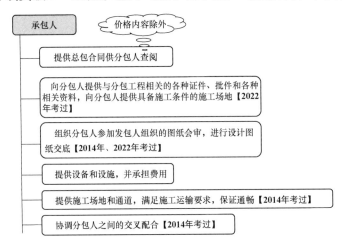

重点难点专项突破

1. 本考点内容不多，掌握上述备选项的内容即可。

2. 本考点可能会这样命题：

(1) 根据《建设工程施工专业分包合同（示范文本）》GF—2003—0213，承包人应提供总包合同供分包人查阅，但可以不包括其中有关（　　）。

A. 承包工程的进度要求　　　　B. 项目业主的情况

C. 违约责任的条款　　　　　　D. 承包工程的价格内容

【答案】D

（2）根据《建设工程施工专业分包合同（示范文本）》GF—2003—0213，工程承包人的主要责任和义务包括(   )。

A. 组织分包人参加发包人组织的图纸会审，向分包人进行设计图纸交底

B. 负责整个施工场地的管理工作，协调分包人与同一施工场地的其他分包人之间的交叉配合

C. 负责提供专业分包合同专用条款中约定的保修与试车，并承担由此发生的费用

D. 随时为分包人提供确保分包工程施工所要求的施工场地和通道，满足施工运输需要

E. 负责整个施工场地的管理工作，协调分包人与同一施工场地的其他分包人之间的交叉配合

【答案】A、B、D、E

专项突破 8　专业工程分包人的主要责任和义务

分包人

另有约定除外

履行并承担与分包工程有关的承包人的所有义务与责任【2011年、2015年考过】

分包人须服从承包人转发的发包人或工程师（监理人）与分包工程有关的指令【2017年、2018年、2019年考过】

未经承包人允许，禁止与发包人或工程师（监理人）发生直接工作联系（如发生，视为违约）【2011年、2017年考过】

禁止直接致函发包人或工程师（监理人）。【2010年、2013年、2015年、2017年、2018年、2019年、2021年第二批考过】
禁止直接接受发包人或工程师（监理人）的指令【2015年、2018年、2019年考过】

执行承包人根据分包合同所发出的所有指令【2010年、2011年、2013年考过】

1. 按约定对分包工程设计、施工、竣工和保修。【2009年、2012年10月、2013年、2021年第二批考过】
2. 按约定完成规定设计内容，承包人承担费用。【2011年、2013年考过】
3. 按约定向承包人年、季、月度工程进度计划，进度统计报表。【2009年、2012年10月、2013年考过】
4. 提交施工组织设计。【2009年、2012年10月、2013年、2021年第二批考过】
5. 按规定办理有关手续。【2012年10月、2017年考过】
6. 工作时间内允许承包人、发包人、工程师（监理人）及其三方中任何一方授权的人员进入施工场地或材料存放地点，以及其他有关的任何工作或准备地点。【2017年考过】
7. 负责已完分包工程的成品保护工作【2009年、2011年、2013年、2021年第二批考过】

重点难点专项突破

1. 本考点在考试中考核以判断正误的表述题为主。这部分内容是经常会考核的采分点，而且会重复考核，2018年、2019年在考核的题目在选项设置上都是一样的，应多加关注。

2. 这里再补充一个采分点——合同价款及支付。

（1）分包工程合同价款采用固定价格、可调价格、成本加酬金三种方法。【2019年考过】

（2）分包合同价款与总包合同相应部分价款无任何连带关系【2010年、2013年、2017年考过】

（3）承包人应在收到分包工程竣工结算报告及结算资料后28d内支付工程竣工结算价款。【2012年6月、2021年第一批考过】

3. 本考点可能会这样命题：

（1）关于专业工程分包人责任和义务的说法，正确的是（　　）。

A. 分包人必须服从发包人直接发出的指令

B. 分包人应履行总包合同中与分包工程有关的承包人的义务，另有约定除外

C. 必须完成规定的设计内容，并承担由此发生的费用

D. 在合同约定的时间内，向监理人提交施工组织设计，并在批准后执行

【答案】B

（2）根据《建设工程施工专业分包合同（示范文本）》GF—2003—0213，属于分包人工作的有（　　）。

扫一扫查看
本题视频解析

A. 提供年、季、月度工程进度计划　　B. 编制分包工程施工组织设计

C. 提供专用条款中约定的设备和设施D. 办理环境保护有关手续

E. 对分包工程进行设计

【答案】A、B、D、E

专项突破9　工程承包人与劳务分包的主要义务

例题：根据《建设工程施工劳务分包合同》GF—2003—0214，工程承包人的义务包括（　　）。

A. 组织实施施工管理的各项工作，对工程的工期和质量向发包人负责

B. 向劳务分包人交付具备本合同项下劳务作业开工条件的施工场地【2010年考过】

C. 满足劳务作业所需的能源供应、通信及施工道路畅通

D. 向劳务分包人提供相应的工程资料【2010年考过】

E. 向劳务分包人提供生产、生活临时设施【2010年、2012年6月考过】

F. 负责编制施工组织设计【2013年考过】

G. 组织编制年、季、月施工计划、物资需用量计划表【2012年6月考过】

H. 负责工程测量定位、沉降观测、技术交底，组织图纸会审【2012年6月考过】

I. 按时提供图纸

J. 交付材料、设备，所提供的施工机械设备、周转材料、安全设施保证

K. 向劳务分包人支付劳动报酬

L. 负责与发包人、监理、设计及有关部门联系，协调现场工作关系

【答案】A、B、C、D、E、F、G、H、I、J、K、L

重点难点专项突破

1. 本考点还可以考核的题目有：

根据《建设工程施工劳务分包合同》GF—2003—0214，在劳务分包人施工前，工程承包人应完成的工作有（B、C、D、E）。【2010 年真题题干】

2. K 选项中提到的劳动报酬应在什么时间进行最终支付？

> 全部工作完成，经工程承包人认可后 14d 内，劳务分包人向工程承包人递交完整的结算资料，双方按照本合同约定的计价方式，进行劳务报酬的最终支付。
>
> 【2012 年 6 月考过】

3. 关于劳务分包人的主要义务通过下面这道题目来说明。

某建设工程项目中，甲公司作为工程发包人与乙公司签订了工程承包合同，乙公司又与劳务分包人丙公司签订了该工程的劳务分包合同。则在劳务分包合同中，关于丙公司应承担义务的说法，正确的有（　　）。

A. 丙公司须服从乙公司转发的发包人及工程师的指令

B. 丙公司应自觉接受乙公司及有关部门的管理、监督和检查

C. 丙公司未经乙公司授权或允许，不得擅自与甲公司及有关部门建立工作联系

D. 丙公司应按时提交报表、有关的技术经济资料，配合乙公司办理交工验收

E. 丙公司负责组织实施施工管理的各项工作，对工期和质量向发包人负责

【答案】A、B、C

【解析】劳务分包人对劳务分包范围内的工程质量向工程承包人负责，组织具有相应资格证书的熟练工人投入工作；未经工程承包人授权或允许，不得擅自与发包人及有关部门建立工作联系；自觉遵守法律法规及有关规章制度。劳务分包人应严格按照设计图纸、施工验收规范、有关技术要求及施工组织设计精心组织施工，确保工程质量达到约定的标准。劳务分包人自觉接受承包人及有关部门的管理、监督和检查；接受承包人随时检查其设备、材料保管、使用情况，及其操作人员的有效证件、持证上岗情况；与现场其他单位协调配合，照顾全局。劳务分包人须服从承包人转发的发包人及工程师（监理人）的指令。除非合同另有约定，劳务分包人应对其作业内容的实施、完工负责，劳务分包人应承担并履行总（分）包合同约定的、与劳务作业有关的所有义务及工作程序。D 选项，乙公司应按时提交报表、有关的技术经济资料。E 选项，乙公司负责。

专项突破 10 劳务分包合同关于办理保险的规定

例题： 根据《建设工程施工劳务分包合同（示范文本）》GF—2003—0214，必须由劳务分包人办理并支付保险费用的有( )。【2019 年真题题干】

A. 施工场地内的自有人员及第三人人员生命财产办理的保险【2012 年 10 月、2017 年、2018 年、2021 年第一批考过】

B. 运至施工场地用于劳务施工的材料办理保险【2012 年 10 月、2017 年、2018 年、2021 年第一批考过】

C. 运至施工场地用于劳务施工的待安装设备办理保险【2012 年 10 月、2022 年考过】

D. 租赁施工机械设备办理保险【2011 年、2012 年 6 月、2012 年 10 月、2015 年、2017 年、2021 年第一批考过】

E. 从事危险作业的职工办理意外伤害保险【2012 年 6 月、2017 年、2018 年、2019 年、2021 年第一批考过】

F. 施工场地内自有人员生命财产和施工机械设备办理保险【2012 年 10 月考过】

【答案】 E、F

重点难点专项突破

1. 本考点还可以考核的题目有：

（1）根据《建设工程施工劳务分包合同（示范文本）》GF—2003—0214，劳务分包人施工开始前，工程承包人应获得发包人办理，且不需劳务分包人支付保险费用的是（A）。

（2）根据《建设工程施工劳务分包合同（示范文本）》GF—2003—0214，由工程承包人办理或获得保险，且不需劳务分包人支付保险费用的有（B、C）。

（3）根据《建设工程施工劳务分包合同（示范文本）》GF—2003—0214，必须由工程承包人办理保险，并支付保险费用的有（D）。

2. 本考点还可能会考核判断正确与错误说法的综合题目。

专项突破 11 建筑材料采购合同的主要内容

例题： 建筑材料采购合同中约定供货方负责送货的，其交货期限一般以( )的日期为准。【2011 年考过】

A. 采购方收货戳记
B. 供货方按合同规定通知的提货
C. 供货方发运产品时承运单位签发
D. 采购方向承运单位提出申请

【答案】 A

重点难点专项突破

1. 本考点还可以考核的题目有：

（1）由采购方负责提货的建筑材料，交货期限应以（B）的日期为准。【2018年考过】

注意：2012年10月、2014年是以判断正误的综合题考核的交货期限，是这样命题的：关于物资采购合同中交货日期的说法，正确/错误的有/是（ ）。

（2）在建筑材料采购合同中，委托运输部门运输、送货或代运的产品，其交货期限一般以（C）的日期为准。

2. 关于物资采购合同的主要内容包括标的、数量、包装、交付及运输方式、验收交货期限、价格、结算、违约责任，考生可以着重记忆以下采分点：

建筑材料采购合同的主要内容

- 标的
  - 质量要求符合
    - 国家或行业质量标准
    - 设计要求
  - 约定质量标准的原则
    - 按颁布的国家标准
    - 没有国家标准，有行业标准，按行业标准
    - 没有国家和行业标准，按企业标准
    - 没有上述标准，或有特殊要求，按约定技术要求
- 数量：必须在合同中注明
- 包装
  - 供应：供货方负责，不另外向采购方收取包装费
  - 回收：押金回收、折价回收
- 交付及运输方式
- 验收
  - 驻厂验收：采购方派人在生产厂家进行材质检验
  - 提运验收：提货人在提取产品时检验
  - 接运验收：接运人对到达的物资进行检查
  - 入库验收：仓库管理人员负责数量和外观检验
- 交货期限
  - 供方送货——采购方收货戳记日期
  - 需方提货——供方按合同规定通知的提货日期
  - 委托代运——供方发运产品时承运单位签发日期
- 价格
  - 国家有定价——按国家定价
  - 国家尚无定价——报请物价主管部门批准
  - 不属于国家定价——供需双方协商确定
- 结算
- 违约责任
  - 供方违约
    - 逾期交货——需方损失，供方承担
    - 提前交货
      - 需方自提——可拒绝提前提货
      - 供方提前发运或交货
        - 需方按规定时间付款——供方承担保管费、保养费
        - 多交
        - 不符合规定
  - 需方违约
    - 中途退货——支付违约金，承担供方损失
    - 不能按期提货——支付违约金，承担保管费、保养费
    - 逾期付款——支付逾期付款利息

2Z106030 施工合同计价方式

专项突破 1 单价合同的特点和类型

例题：某单价合同的投标报价中，钢筋混凝土工程量为 1000m³，投标单价为 300 元/m³，合价为 30000 元，投标报价单的总报价为 8100000 元，关于此投标报价单的说法，正确的有( )。【2016 年真题】

A. 实际施工中工程量是 2000m³，则钢筋混凝土工程的价款金额应该是 600000 元

B. 该单价合同若采用固定单价合同，无论发生影响价格的任何因素，都不对该投标单价进行调整

C. 评标时应根据单价优先原则对总价进行修正，正确报价应该为 8400000 元

D. 该单价合同若采用变动单价合同，双方可以约定在实际工程量变化较大时对该投标单价进行调整

E. 钢筋混凝土的合价应该是 300000 元，投标人报价存在明显计算错误，业主可以先做修改再进行评标

【答案】A、B、D、E

重点难点专项突破

1. 单价合同的特点是非常重要的采分点，在 2009 年、2010 年、2011 年、2012 年 6 月、2012 年 10 月、2013 年、2015 年、2016 年、2017 年、2018 年、2019 年、2020 年、2021 年第一批、2021 年第二批均有过考核。对上述 2016 年真题进行分析。

A 选项：单价合同的特点是单价优先。当总价和单价的计算结果不一致时，以单价为准调整总价。钢筋混凝土工程的价款金额 = 300×2000 = 600000 元。

> 采用单价合同，工程价款实际支付时是根据实际完成的工程量乘以合同单价计算。【2022 年考过】

B 选项：固定单价合同条件下，无论发生哪些影响价格的因素都不对单价进行调整，因而对承包商而言就存在一定的风险。【2020 年考过】

C、E 选项：在工程款结算中单价优先，对于投标书中明显的数字计算错误，业主有权力先作修改再评标。根据投标人的投标单价，钢筋混凝土的合价应该是 300000 元，而实际只写了 30000 元，在评标时应根据单价优先原则对总报价进行修正，所以正确的报价应该是 8100000 + (300000 - 30000) = 8370000 元。

D 选项：当采用变动单价合同时，合同双方可以约定一个估计的工程量，当实际工程量发生较大变化时可以对单价进行调整，同时还应该约定如何对单价进行调整；当然也可以约定，当通货膨胀达到一定水平或者国家政策发生变化时，可以对哪些工程内容的单价进行调整以及如何调整等。

2. 关于单价合同的特点在考试时还会怎么考呢？

(1) 某土方工程采用单价合同方式，投标报价总价为 30 万元，土方单价为 50 元/m³，

清单工程量为 6000m³，现场实际完成并经监理工程师确认的工程量为 5000m³，则结算工程款应为（　　）万元。【2018 年真题】

A. 20 　　　　　　　　　　　　B. 25

C. 30 　　　　　　　　　　　　D. 35

【答案】B

【解析】结算工程款＝50×5000＝250000 元＝25 万元。

（2）某按单价合同进行计价的招标工程，在评标过程中，发现某投标人的总价与单价的计算结果不一致，究其原因是投标人在计算时，将混凝土单价 300 元/m³ 误作为 30 元/m³ 的结果。对此，业主有权（　　）。

A. 以总价为准调整单价 　　　　B. 要求投标者重新提报混凝土单价

C. 以单价为准调整总价 　　　　D. 将该投标文件作废标处理

【答案】C

（3）某单价合同的投标报价单中，投标人的投标书出现了明显的数字计算错误，导致总价和单价计算结果不一致，下列行为中，属于业主权力的是（　　）。

A. 业主有权力先作修改再评标，以总价为最终报价结果

B. 业主没有权力先作修改再评标，可以宣布该投标人废标

C. 业主没有权力先作修改再评标，可以请该投标人再报价

D. 业主有权力先作修改再评标，以单价为准调整的总价作为最终报价结果

【答案】D

3. 例题中提到的固定单价合同和变动单价合同，是单价合同的类型。只需要掌握两点：

一是固定单价合同不得调整（承包商存在一定风险）。

二是变动单价合同中可以约定调整的情况有：当实际工程量发生较大变化；当通货膨胀达到一定水平或者国家政策发生变化。（承包商的风险相对较小）【2014 年考过】

专项突破 2　总价合同的类型

例题：在固定总价合同中承包商承担了全部的工作量和价格的风险。下列风险属于价格风险有（　　）。【2012 年 6 月、2017 年、2018 年、2022 年考过】

A. 报价计算错误 　　　　　　　B. 漏报项目

C. 物价和人工费上涨 　　　　　D. 工程量计算错误

E. 工程范围不确定 　　　　　　F. 工程变更

G. 设计深度不够所造成的误差

【答案】A、B、C

重点难点专项突破

1. 本考点还可以考核的题目有：

（1）采用固定总价合同时，承包商承担的工作量风险有（D、E、F、G）。

（2）在固定总价合同模式下，承包人承担的风险包括（A、B、C、D、E、F、G）。

> 注意：采用成本加酬金合同时，承包商不承担任何价格变化或工程量变化的风险，这些风险主要由业主承担，对业主的投资控制很不利。

2. 关于变动总价合同需要掌握进行调整的情形，考试会怎么考呢？

考试怎么考	怎么答
在固定总价合同中可以约定调整合同价款的情况有哪些？	重大工程变更、累计工程变更超过一定幅度
在变动总价合同中通常可以约定调整合同价款的情况有哪些？【2009 年考过】	通货膨胀使工、料成本增加超过一定幅度。 设计变更、工程量变化或其他工程条件变化所引起的费用变化
根据《建设工程施工合同（示范文本）》，采用变动总价合同时，双方约定可对合同价款进行调整的情形有哪些？【2013 年、2017 年、2019 年考过】	（1）法律、行政法规和国家有关政策变化影响合同价款。 （2）工程造价管理部门公布的价格调整。 （3）一周内非承包人原因停水、停电、停气造成的停工累计超过 8h。 （4）双方约定的其他因素
对建设周期一年半以上的工程项目，采用变动总价合同时，应考虑引起价格变化的因素包括什么？【2020 年考过】	（1）劳务工资以及材料费用的上涨。 （2）其他影响工程造价的因素，如运输费、燃料费、电力等价格的变化。 （3）外汇汇率的不稳定。 （4）国家或者省、市立法的改变引起的工程费用的上涨

专项突破 3　单价合同、总价合同、成本加酬金合同的适用条件

例题：下列建设工程项目中，宜采用成本加酬金合同的有（　　　）。【2019 年考过】

A. 工期较短、工程量变化幅度不会太大的项目

B. 工程量小、工期短的项目【2012 年 10 月、2021 年第二批考过】

C. 估计在施工过程中环境因素变化小，工程条件稳定并合理的项目

D. 工程设计详细，图纸完整，清楚工程任务和范围明确的项目【2016 年、2019 年、2021 年第二批考过】

E. 工程结构和技术简单，风险小的项目【2012 年 10 月、2016 年、2019 年、2021 年第二批考过】

F. 投标期相对宽裕，承包商可以有充足的时间详细考察现场，复核工程量的项目

G. 合同条件中双方的权利和义务十分清楚，合同条件完备的项目

H. 工程特别复杂，工程技术、结构方案不能预先确定的项目【2011 年考过】

I. 研究开发性质的工程项目

J. 时间特别紧迫的抢险、救灾工程项目【2012 年 10 月、2016 年、2019 年、2021 年第一批考过】

【答案】H、I、J

重点难点专项突破

1. 本考点还可以考核的题目有：
(1) 下列建设工程项目中，宜采用固定单价合同的是（A）。
(2) 下列建设工程项目中，宜采用固定总价合同的有（B、C、D、E、F、G）。
2. 在国际上，许多项目管理合同、咨询服务合同采用成本加酬金合同方式。

专项突破 4 总价合同和成本加酬金合同的特点

例题：对业主而言，成本加酬金合同的优点有(   )。

A. 可以通过分段施工缩短工期，而不必等待所有施工图完成才开始招标和施工

B. 可以减少承包商的对立情绪

C. 可以利用承包商的施工技术专家，帮助改进或弥补设计中的不足

D. 业主可以根据自身力量和需要，较深入地介入和控制工程施工和管理

E. 可以通过确定最大保证价格约束工程成本不超过某一限值，转移一部分风险

F. 发包单位可以在报价竞争状态下确定项目的总造价，可以较早确定或者预测工程成本

G. 业主的风险较小，承包人将承担较多的风险【2021 年第一批考过】

H. 评标时易于迅速确定最低报价的投标人

I. 在施工进度上能极大地调动承包人的积极性

J. 发包单位能更容易、更有把握地对项目进行控制

K. 必须完整而明确地规定承包人的工作

L. 必须将设计和施工方面的变化控制在最小限度内

【答案】A、B、C、D、E

重点难点专项突破

1. 本考点还可以考核的题目有：
总价合同的特点有（F、G、H、I、J、K、L）。
2. 对承包商来说，成本加酬金合同比固定总价合同的风险低，利润比较有保证，比较有积极性。其缺点是合同的不确定性大，由于设计未完成，无法准确确定合同的工程内容、工程量以及合同的终止时间，有时难以对工程计划进行合理安排。【2014 年考过】

专项突破 5 成本加酬金合同的形式

例题：某项目招标时，因图纸、规范准备不充分，不能据此确定合同价格，而仅能制

定一个估算指标，则适宜采用的合同形式是(   )。【2015年考过】

A. 成本加固定费用合同   B. 成本加固定比例费用合同

C. 成本加奖金合同   D. 最大成本加费用合同

【答案】C

重点难点专项突破

1. 本考点还可以考核的题目有：

(1) 在工程总成本一开始估计不准，可能变化不大的情况下，适宜采用的合同形式是（A）。【2011年考过】

(2) 某项目招标时，因工程初期很难描述工作范围和性质，无法按常规编制招标文件，则适宜采用的合同形式是（B）。

(3) 不能激励承包人努力降低成本和缩短工期的合同形式是（B）。【2022年真题题干】

(4) 在非代理型CM模式的合同中，采用成本加酬金合同的具体方式是（D）。

(5) 成本加酬金合同常见的形式有（A、B、C、D）。【2010年、2014考过】

2. 本考点还会以判断正误的综合题目考核，涉及的采分点有：

(1) 成本加固费用合同中，考虑确定一笔固定数目的报酬金额作为管理费及利润，对人工、材料、机械台班等直接成本则实报实销。如果设计变更或增加新项目，当直接超过原估算成本一定比例时，固定的报酬也要增加。【2020年考过】

(2) 成本加固定比例费用合同中，工程成本中直接费加一定比例的报酬费，报酬部分的比例在签订合同时由双方确定。

(3) 成本加奖金合同中，奖金是根据报价书中的成本估算指标制定的，在合同中对这个估算指标规定一个底点和顶点，分别为工程成本估算的 $60\%\sim75\%$ 和 $110\%\sim135\%$。承包商在估算指标的顶点以下完成工程则可得到奖金，超过顶点则要对超出部分支付罚款。如果成本在底点之下，则可加大酬金值或酬金百分比。当实际成本超过顶点对承包商罚款时，最大罚款限额不超过原先商定的最高酬金值。【2016年考过】

(4) 最大成本加费用合同中，当设计深度达到可以报总价的深度，投标人报一个工程成本总价和一个固定的酬金（包括各项管理费、风险费和利润）。【2015年考过】

3. 最后还是通过下表来总结下三种合同计价方式：

项目	总价合同	单价合同	成本加酬金合同
应用范围	广泛	工程量暂不确定的工程	紧急工程、保密工程等
业主的投资控制工作	容易	工作量较大	难度大
业主的风险	较小	较大	很大
承包商的风险	大	较小	无
设计深度要求	施工图设计	初步设计或施工图设计	设计阶段

2Z106040　施工合同执行过程的管理

专项突破 1　施工合同跟踪

例题：下列工程任务或工作中，可作为施工合同跟踪对象的有（　　）。【2017 年真题题干】

A. 工程施工的质量【2017 年考过】

B. 工程进度【2017 年考过】

C. 工程数量

D. 成本的增加和减少【2017 年考过】

E. 工程小组的工程和工作

F. 分包人的工程和工作【2012 年 10 月考过】

G. 业主对工程施工实施条件的提供

H. 业主和工程师（监理人）的指令、答复和确认

I. 工程款项的支付

【答案】A、B、C、D、E、F、G、H、I

重点难点专项突破

1. 本考点还可以考核的题目有：

（1）下列工程任务或工作中，属于对承包人跟踪的有（A、B、C、D）。

（2）下列工程任务或工作中，属于对业主和其委托工程师（监理人）跟踪的有（G、H、I）。

2. 记住一句话：对专业分包人的工作和负责的工程，总承包商负有协调和管理的责任，并承担由此造成的损失，所以专业分包人的工作和负责的工程必须纳入总承包工程的计划和控制中。

3. 合同跟踪的依据属于多项选择题考点，包括合同以及依据合同而编制的各种计划文件；各种实际工程文件如原始记录、报表、验收报告；管理人员对现场情况的直观了解。

专项突破 2　合同实施的偏差分析

合同实施的偏差分析
- 产生偏差的原因分析：可以用鱼刺图、因果关系分析图（表）、成本量差、价差、效率差分析进行
- 合同实施偏差的责任分析：必须以合同为依据
- 合同实施趋势分析
  - 最终的工程状况
  - 承包商将承担什么样的后果
  - 最终工程经济效益（利润）水平

专项突破 3　合同实施的偏差处理

例题：下列合同实施偏差的调整措施中，属于组织措施的有（　　）。

A. 增加人员投入【2009 年、2019 年考过】　　B. 调整人员安排【2021 年第二批考过】

C. 调整工作流程【2021 年第二批考过】　　D. 调整工作计划【2021 年第二批考过】

E. 变更技术方案　　　　　　　　　　F. 采用新的高效率的施工方案

G. 增加资金投入【2019 年考过】　　　H. 采取经济激励措施

I. 合同变更【2019 年考过】　　　　　J. 签订附加协议

K. 采取索赔手段【2019 年考过】

【答案】A、B、C、D

专项突破 4　变更的范围和内容

合同变更是指合同成立以后和履行完毕以前由双方当事人依法对合同的内容所进行的修改，包括合同价款、工程内容、工程的数量、质量要求和标准、实施程序等的一切改变都属于合同变更。【2021 年第二批考过】

根据《标准施工招标文件》中的通用合同条款的规定，除专用合同条款另有约定外，在履行合同中发生以下情形之一，应按照本条规定进行变更：

（1）取消合同中任何一项工作，但被取消的工作不能转由发包人或其他人实施。【2014 年、2016 年、2022 年考过】

（2）改变合同中任何一项工作的质量或其他特性。【2014 年、2016 年、2019 年、2021

年第一批考过】

（3）改变合同工程的基线、标高、位置或尺寸。【2014年、2016年、2019年、2021年第一批、2022年考过】

（4）改变合同中任何一项工作的施工时间或改变已批准的施工工艺或顺序。【2016年、2019年、2021年第一批考过】

（5）为完成工程需要追加的额外工作。【2014年、2016年、2019年、2022年考过】

重点难点专项突破

1. 关于变更的范围和内容可以这样记：

一取消——取消一项工作，但被他人实施。

一追加——追加额外工作。

三改变——改变质量、特性；改变基线、标高、位置、尺寸；改变时间、工艺顺序。

2. 本考点有两种考核题型：

（1）以多项选择题形式考核。

（2）逆向命题，如：施工承包合同订立后发生了下列情况，其中不会导致合同变更的是（　　）。

3. 本考点可能会这样命题：

施工承包合同订立后发生了下列情况，其中不会导致合同变更的是（　　）。

A. 施工单位技术负责人发生变化　　　B. 改变部分工作的计价方式

C. 增加一项合同范围以外的工作　　　D. 要求将工程竣工时间提前

【答案】A

专项突破5　变更权和变更程序

项目		内　容
变更权		在履行合同过程中，经发包人同意，监理人可按合同约定的变更程序向承包人作出变更指示，承包人应遵照执行【2022年考过】。没有监理人的变更指示，承包人不得擅自变更【2009年、2010年、2013年考过】
变更程序	变更的提出	（1）在合同履行过程中，可能发生通用合同条款约定情形的，监理人可向承包人发出变更意向书。【2017年、2019年考过】 （2）在合同履行过程中，已经发生通用合同条款约定情形的，监理人应按照合同约定的程序向承包人发出变更指示。【2015年考过】 （3）承包人收到监理人按合同约定发出的图纸和文件，经检查认为其中存在约定情形的，可向监理人提出书面变更建议。【2013年、2017年、2019年考过】 　　监理人收到承包人书面建议后，应与发包人共同研究，确认存在变更的，应在收到承包人书面建议后的14d内作出变更指示。经研究后不同意作为变更的，应由监理人书面答复承包人。【2017年、2019年、2021年第一批考过】 （4）若承包人收到监理人的变更意向书后认为难以实施此项变更，应立即通知监理人，说明原因并附详细依据
	变更指示	变更指示只能由监理人发出。承包人收到变更指示后，应按变更指示进行变更工作【2015年、2022年考过】

1.2017 年、2019 年考核的题目是相同的。这种情况在本科目考试中也是经常出现的,考生应对历年的考试真题多做练习。

2. 在本考点中,还应掌握几项内容:

变更意向书——应说明变更的具体内容和发包人对变更的时间要求,并附必要的图纸和相关资料。

变更建议——应阐明要求变更的依据,并附必要的图纸和说明。

变更指示——应说明变更的目的、范围、变更内容以及变更的工程量及其进度和技术要求,并附有关图纸和文件。

3. 本考点可能会这样命题:

根据《标准施工招标文件》,施工合同履行过程中发生过程变更时,由(   )向承包人发出变更指令。

A. 监理人   B. 业主

C. 设计人   D. 变更提出方

【答案】A

专项突破 6 变 更 估 价

项目	内容
提交变更报价书	(1)除专用合同条款对期限另有约定外,承包人应在收到变更指示或变更意向书后的 14d 内,向监理人提交变更报价书。【2012 年 10 月、2013 年、2018 年、2022 年考过】 (2)除专用合同条款对期限另有约定外,监理人收到承包人变更报价书后的 14d 内,根据合同约定的估价原则
变更的估价原则	根据《标准施工招标文件》中通用合同条款规定,除专用合同条款另有约定外,因变更引起的价格调整按照本款约定处理: (1)已标价工程量清单中有适用于变更工作的子目的,采用该子目的单价。 (2)已标价工程量清单中无适用于变更工作的子目,但有类似子目的,可在合理范围内参照类似子目的单价,由监理人按总监理工程师与合同当事人商定或确定变更工作的单价。 (3)已标价工程量清单中无适用或类似子目的单价,可按照成本加利润的原则,由监理人按总监理工程师与合同当事人商定或确定变更工作的单价

1. 关于变更估价原则可以这样记:

有适用——采用该单价。

无适用,有类似——参照类似单价。

无适用,无类似——成本加利润。

2. 本考点可能会这样命题：

根据《标准施工招标文件》的通用条款，承包人应在收到监理人的变更指示后 14d 内，向监理人提交（　　）。

A. 变更建议书　　　　　　　　B. 变更报价书

C. 变更实施方案　　　　　　　D. 变更工作计划

【答案】B

2Z106050　施工合同的索赔

专项突破 1　施工合同索赔的依据和证据

项目	内　　容
索赔的依据	合同文件，法律、法规，工程建设惯例
索赔的证据	(1) 各种合同文件。【2017 年考过】 (2) 经过发包人或者工程师（监理人）批准的承包人的施工进度计划、施工方案、施工组织设计和现场实施情况记录。 (3) 施工日记和现场记录。【2017 年考过】 (4) 工程有关照片和录像等。 (5) 备忘录，对工程师（监理人）或业主的口头指示和电话应随时用书面记录，并请给予书面确认。 (6) 发包人或者工程师（监理人）签认的签证。 (7) 工程各种往来函件、通知、答复等。 (8) 工程各项会议纪要。【2016 年、2017 年考过】 (9) 发包人或者工程师（监理人）发布的各种书面指令和确认书，以及承包人的要求、请求、通知书等。 (10) 气象报告和资料，如有关温度、风力、雨雪的资料。 (11) 投标前发包人提供的参考资料和现场资料。 (12) 各种验收报告和技术鉴定等。 (13) 工程核算资料、财务报告、财务凭证等。 (14) 其他，如官方发布的物价指数、汇率、规定等【2016 年考过】

重点难点专项突破

1. 索赔证据一般会考核多项选择题。

2. 上述索赔证据应符合的基本要求是：真实性、及时性、全面性、关联性、有效性。

3. 本考点可能会这样命题：

下列工程索赔证据，属于书面证据的有（　　）。

A. 现场照片   B. 合同

C. 往来信件   D. 专家鉴定认证

E. 司法判决书

【答案】B、C、E

专项突破 2　索赔成立的条件

项　目	内　　容
构成施工项目索赔条件的事件	(1) 发包人违反合同给承包人造成时间、费用的损失。【2015 年考过】 (2) 因工程变更造成的时间、费用损失。【2009 年、2015 年、2017 年考过】 (3) 由于监理工程师对合同文件的歧义解释、技术资料不确切，或由于不可抗力导致施工条件的改变，造成了时间、费用的增加。 (4) 发包人提出提前完成项目或缩短工期而造成承包人的费用增加。【2015 年考过】 (5) 发包人延误支付期限造成承包人的损失。【2015 年考过】 (6) 合同规定以外的项目进行检验，且检验合格，或非承包人的原因导致项目缺陷的修复所发生的损失或费用。【2009 年考过】 (7) 非承包人的原因导致工程暂时停工。 (8) 物价上涨，法规变化及其他【2009 年考过】
索赔成立的前提条件【2010 年、2013 年、2014 年、2018 年、2019 年、2021 年第一批、2022 年考过】	(1) 与合同对照，事件已造成了承包人工程项目成本的额外支出或直接工期损失。 (2) 造成费用增加或工期损失的原因，按合同约定不属于承包人的行为责任或风险责任。 (3) 承包人按合同规定的程序和时间提交索赔意向通知和索赔报告

重点难点专项突破

1. 首先了解索赔事件的概念。索赔事件是指那些实际情况与合同规定不符合，最终引起工期和费用变化的各类事件。【2018 年、2020 年、2021 年第一批考过】

2. 工程变更包括设计变更、发包人提出的工程变更、监理工程师提出的工程变更，以及承包人提出并经监理工程师批准的变更。

3. 如果不可抗力导致承包人的设备损坏是不可提出索赔的。

4. 因承包商、分包商原因导致的时间、费用的增加，均不可提出索赔。

5. 本考点可能会这样命题：

建设工程索赔成立的前提条件有(　　　)。

A. 与合同对照事件已造成了承包人工程项目成本的额外支出或直接工期损失

B. 造成费用增加或工期损失的原因，按合同约定不属于承包人的行为责任或风险责任

C. 造成费用增加或工期损失额度巨大，超出了正常的承受范围

D. 索赔费用计算正确，并且容易分析

E. 承包人按合同规定的程序和时间提交了索赔意向通知和索赔报告

【答案】A、B、E

专项突破 3 施工合同索赔的程序

例题：根据《建设工程施工合同（示范文本）》GF—2017—0201，如果干扰事件对建设工程的影响持续时间长，承包人应按监理工程师要求的合理间隔提交（ ）。【**2011 年、2012 年 6 月考过**】

A. 索赔意向通知书　　　　　　　　B. 中间索赔报告

C. 索赔通知书　　　　　　　　　　D. 最终索赔报告

【答案】B

扫一扫查看
本题视频解析

重点难点专项突破

1. 本考点还可以考核的题目有：

（1）根据《建设工程施工合同（示范文本）》GF—2017—0201，承包人应在知道或应当知道索赔事件发生后 28d 内，向监理人递交（A）。

（2）根据《建设工程施工合同（示范文本）》GF—2017—0201，承包人必须在发出索赔意向通知后的 28d 内或经过工程师（监理人）同意的其他合理时间内向工程师（监理人）提交（C）。

（3）在工程实施过程中发生索赔事件以后，或者承包人发现索赔机会，首先要提出（A）。【**2009 年、2014 年、2015 年、2020 年考过**】

（4）根据《建设工程施工合同（示范文本）》GF—2017—0201，在干扰事件影响结束后的 28d 内提交（D）。【**2012 年 6 月考过**】

2. 对该采分点的考核比较简单，每年会考 1～2 分，2020 年是对上述几个题目综合表述的考核。下面来看本考点中的其他采分点会怎么考。

考试怎么考	怎么答
索赔意向通知的内容包括哪些？	（1）索赔事件发生的时间、地点和简单事实情况描述。 （2）索赔事件的发展动态。 （3）索赔依据和理由。 （4）索赔事件对工程成本和工期产生的不利影响
索赔文件的主要内容包括哪些？	总述部分、论证部分、索赔款项（或工期）计算部分、证据部分【**2013 年考过**】

考试怎么考	怎么答
对于承包人向发包人的索赔请求，索赔文件应该交由谁审核？	工程师（监理人）【2015 年、2018 年考过】
根据《标准施工招标文件》，承包人提出索赔的处理程序是什么？	（1）监理人收到承包人提交的索赔通知书后，应及时审查索赔通知书的内容、查验承包人的记录和证明材料，必要时监理人可要求承包人提交全部原始记录副本。 （2）监理人应按商定或确定追加的付款和（或）延长的工期，并在收到索赔通知书或有关索赔的进一步证明材料后的 42d 内，将索赔处理结果答复承包人。 （3）承包人接受索赔处理结果的，发包人应在作出索赔处理结果答复后 28d 内完成赔付。【2016 年、2019 年考过】 （4）承包人不接受索赔处理结果的，按合同约定的争议解决办法办理【2016 年考过】
根据《标准施工招标文件》，对承包人提出索赔期限的规定是什么？	（1）承包人按合同约定接受了竣工付款证书后，应被认为已无权再提出在合同工程接收证书颁发前所发生的任何索赔。【2016 年、2017 年、2019 年考过】 （2）承包人按合同约定提交的最终结清申请单中，只限于提出工程接收证书颁发后发生的索赔【2022 年考过】。提出索赔的期限自接受最终结清证书时终止【2010 年、2017 年考过】
反索赔的工作内容包括哪些？【2018 年考过】	（1）防止对方提出索赔。 （2）反击或反驳对方的索赔要求

2Z106060　建设工程施工合同风险管理、工程保险和工程担保

专项突破 1　工程合同风险分类

例题： 下列施工工程合同风险产生的原因中，属于合同工程风险的有（　　）。【2019 年考过】

A. 不利的地质条件变化　　　　　B. 工程变更

C. 物价上涨【2019 年考过】　　　D. 不可抗力

E. 业主拖欠工程款【2020 年考过】　F. 承包商层层转包【2021 年第二批考过】

G. 非法分包　　　　　　　　　H. 偷工减料

I.　以次充好　　　　　　　　　J.　知假买假

【答案】A、B、C、D

1. 本考点还可以考核的题目有：

下列施工工程合同风险产生的原因中，属于合同信用风险的有（E、F、G、H、I、J）。【2020 年、2021 年第二批考过】

2. 按合同风险产生的原因划分，可以分为合同工程风险和合同信用风险。按合同的不同阶段进行划分，可以将合同风险分为合同订立风险和合同履约风险。

专项突破 2　施工合同风险的类型

例题：下列施工合同风险中，属于管理风险的有(　　)。

A. 对现场和周围环境条件缺乏足够全面和深入的调查【2021 年第一批考过】

B. 对影响投标报价的风险、意外事件缺乏足够的了解和预测

C. 合同条款不严密

D. 合同条款错误，具有二义性

E. 工程范围和标准存在不确定性

F. 承包商投标策略错误

G. 承包商的技术设计、施工方案存在缺陷和漏洞

H. 施工计划和组织措施存在缺陷和漏洞

I. 合作伙伴争执，责任不明

J. 缺乏有效措施保证进度、安全和质量要求

K. 分包层次太多，造成计划执行和调整、实施的困难

L. 工程所在国政治环境的变化

M. 通货膨胀

N. 汇率调整

O. 工资和物价上涨

P. 合同所依据的法律环境的变化

Q. 自然环境的变化

R. 业主企业的经营状况恶化，濒于倒闭

S. 业主恶意拖欠工程款

T. 业主在工程中苛刻刁难承包商，滥用权力，施行罚款和扣款

U. 业主改变设计方案、施工方案

V. 业主打乱工程施工秩序，发布错误指令

W. 业主非正常地干预工程但又不愿意给予承包商以合理补偿

X. 业主不能及时供应设备、材料

Y. 业主不及时交付场地

Z. 业主不及时支付工程款

A1. 承包商的技术能力、施工力量、装备水平和管理能力不足

B1. 没有合适的技术专家和项目管理人员

C1. 承包商信誉差，不诚实

D1. 设计单位设计错误，不能及时交付设计图纸

E1. 承包商的工作人员不积极履行合同责任

F1. 政府机关工作人员、城市公共供应部门的干预、苛求和个人需求

G1. 项目周边或涉及的居民或单位的干预、抗议或苛刻的要求

【答案】A、B、C、D、E、F、G、H、I、J、K

重点难点专项突破

1. 本考点还可以考核的题目有：

（1）下列建设工程施工合同的风险中，属于项目外界风险的有（L、M、N、O、P、Q）。

（2）下列建设工程施工合同的风险中，属于项目组织成员资信和能力风险的有（R、S、T、U、V、W、X、Y、Z、A1、B1、C1、D1、E1、F1、G1）。

2. L选项中工程所在国政治环境的变化是指发生战争、禁运、罢工、社会动乱等造成工程施工中断或终止。

3. Q选项中自然环境变化是指百年不遇的洪水、地震、台风等，以及工程水文、地质条件存在不确定性，复杂且恶劣的气候条件和现场条件。

专项突破3　工程合同风险分配

项目	内　容
重要性	业主起草招标文件和合同条件，确定合同类型，对风险的分配起主导作用，有更大的主动权和责任。 如果合同所定义的风险没有发生，则业主多支付了报价中的不可预见风险费，承包商取得了超额利润
原则	（1）从工程整体效益出发，最大限度发挥双方的积极性，尽可能做到： ①谁能最有效地（有能力和经验）预测、防止和控制风险，或能有效地降低风险损失，或能将风险转移给其他方面，则应由他承担相应的风险责任； ②承担者控制相关风险是经济的，即能够以最低的成本来承担风险损失，同时他管理风险的成本、自我防范和市场保险费用最低，同时又是有效、方便、可行的； ③通过风险分配，加强责任，发挥双方管理和技术革新的积极性等。 （2）公平合理，责权利平衡。 （3）符合现代工程管理理念。 （4）符合工程惯例，即符合通常的工程处理方法

重点难点专项突破

1. 本考点会考核判断正确与错误说法的题目。

2. 本考点可能会这样命题：

关于工程合同风险分配的说法，正确的是（　　　）。

A. 业主、承包商谁能更有效的降低风险损失，则应由谁承担相应的风险责任

B. 承包商在工程合同风险分配中起主导作用

C. 业主、承包商谁承担管理风险的成本最高，则应由谁来承担相应的风险责任

D. 合同定义的风险没有发生，业主不用支付承包商投标中的不可预见风险费

【答案】A

专项突破4　工程保险种类

例题：根据《建设工程施工合同（示范文本）》GF—2017—0201，除另有约定外，国内工程中通常由项目法人投保的险种是(　　)。

A. 建筑工程一切险　　　　　　　　B. 安装工程一切险

C. 第三者责任险　　　　　　　　　D. 人身意外伤害险

E. 承包人设备保险　　　　　　　　F. 执业责任险

G. CIP保险

【答案】A、B

重点难点专项突破

1. 本考点还可以考核的题目有：

(1) 按照国际惯例，国际工程一般要求承包人办理保险的险种有（A、B）。

(2) 按照我国保险制度，要求投保人办理保险时应以双方名义共同投保的险种是（A、B、C）。【2022年考过】

(3) 由于施工的原因导致项目法人和承包人以外的第三人受到财产损失或人身伤害赔偿的险种是（C）。

> 注意：属于承包商或业主在工地的财产损失，或其公司和其他承包商在现场从事与工作有关的职工的伤亡不属于第三者责任险的赔偿范围，而属于工程一切险和人身意外伤害险的范围。【2021年第二批考过】

(4) 按照保险制度，保险义务分别由发包人、承包人负责对本方参与现场施工人员投保的险种是（D）。

(5) 以设计人、咨询人（监理人）的设计、咨询错误或员工工作疏漏给业主或承包商造成的损失为保险标的的险种是（F）。

2. 按照我国保险制度，工程一切险包括建筑工程一切险、安装工程一切险两类。我国的工程一切险包括承包人设备保险。

3. G选项，CIP保险意思是"一揽子保险"，内容包括劳工赔偿、雇主责任险、一般责任险、建筑工程一切险、安装工程一切险。具有的优点是：

(1) 以最优的价格提供最佳的保障范围；

(2) 能实施有效的风险管理；

（3）降低赔付率，进而降低保险费率；

（4）避免诉讼，便于索赔。

专项突破 5 担 保 的 方 式

例题：建设工程中保证人和债权人约定，当债务人不能履行债务时，保证人按照约定履行债务或承担责任的行为，属于（　　）。

A. 保证担保   B. 抵押担保

C. 质押担保   D. 留置担保

E. 定金担保

【答案】A

重点难点专项突破

1. 本考点还可以考核的题目有：

（1）债务人不转移对拥有财产的占有，将该财产作为债权的担保；债务人不履行债务时，债权人有权依法将该财产折价或者拍卖，变卖该财产的价款中优先受偿。这种担保方式是（B）。

（2）债务人或者第三人将其质押物移交债权人占有，将该物作为债权的担保。债务人不履行债务时，债权人有权依法从将该物折价或者拍卖、变卖的价款中优先受偿。这种担保方式是（C）。

（3）债权人按照合同约定占有债务人的动产，债务人不履行债务时，债权人有权依法留置该财产，以该财产折价或者以拍卖、变卖该财产的价款优先受偿。这种担保方式是（D）。

2. 采用定金担保时，债务人履行债务后，定金应当抵作价款或者收回。给付定金的一方不履行约定债务的，无权要求返还定金；收受定金的一方不履行约定债务的，应当双倍返还定金。

专项突破 6 建设工程中常用的担保种类

例题：我国建设工程常用的担保方式中，担保金额最大的是（　　）。

A. 投标担保   B. 履约担保

C. 预付款担保   D. 支付担保

E. 保修担保

【答案】B

重点难点专项突破

1. 本考点还可以考核的题目有：

（1）投标人向招标人提供的担保，保证投标人一旦中标即按中标通知书、投标文件和招标文件等有关规定与业主签订承包合同。这种担保是（A）。

（2）下列工程担保中，以保护发包人合法权益为目的的有（A、B、C、E）。

（3）下列工程担保中，主要以保护招标人不因中标人不签约而蒙受经济损失为目的的是（A）。

（4）招标人在招标文件中规定的要求中标的投标人提交的保证履行合同义务和责任的担保是（B）。

（5）下列工程担保中，在很大程度上促使承包商履行合同约定，完成工程建设任务的是（B）。

（6）承包人与发包人签订合同后领取预付款之前，为保证正确、合理使用发包人支付的预付款而提供的担保是（C）。

（7）下列工程担保中，（C）的主要作用在于保证承包人能够按合同规定进行施工，偿还发包人已支付的全部预付金额。

（8）下列担保中，担保金额在担保有效期内逐步减少的是（C）。【2021年第一批考过】

（9）下列工程担保中，应由发包人出具的是（D）。

（10）下列工程担保中，以保护承包人合法权益为目的的是（D）。

2. 本考点内容较多，采分点也较多，上述题目主要是对担保种类及作用的考核。那么其他采分点会怎么考呢？

考试怎么考	怎么答
投标担保的形式有哪些？	银行保函、担保公司担保书、同业担保书和投标保证金担保
施工投标保证金的数额有什么要求？	不得超过投标总价的2%，但最高不得超过80万元人民币
勘察设计招标，保证金数额为多少？	不超过勘察设计费投标报价的2%，最多不超过10万元人民币【2021年第二批考过】
国际上常见的投标担保的保证金数额为多少？	2%～5%
履约担保的有效期始于什么时候？	工程开工之日【2022年考过】
履约担保的终止日期为什么时候？	可以约定为工程竣工交付之日或者保修期满之日【2022年考过】
履约担保的形式有哪些？	银行保函、履约担保书、履约保证金和同业担保
银行履约保函由谁开具？	商业银行
银行履约保函的金额是多少？	合同金额的10%左右
履约担保书是由谁开具？	担保公司或者保险公司
履约保证金额的大小取决于什么？	招标项目的类型与规模
预付款担保的形式有哪些？	银行保函
支付担保的形式有哪些？	银行保函、履约保证金和担保公司担保
招标人要求中标人提供履约担保时，招标人应同时向中标人提供的担保是什么？	工程款支付担保【2019年考过】

2Z107000 施 工 信 息 管 理

2013—2022 年真题分值统计

命题点	题型	2013 年(分)	2014 年(分)	2015 年(分)	2016 年(分)	2017 年(分)	2018 年(分)	2019 年(分)	2020 年(分)	2021 年(分)	2022 年(分)
Z107010 施工信息管理的任务和方法	单项选择题	1	1	1	1	1		1	1	1	1
	多项选择题	2									
Z107020 施工文件归档管理	单项选择题						1			1	1
	多项选择题	2	2	2	2	2	2	2	2		
合计	单项选择题	1	1	1	1	1	1	1	1	2	2
	多项选择题	4	2	2	2	2	2	2	2		

2Z107010 施工信息管理的任务和方法

专项突破 1 施工项目相关的信息管理工作

例题：根据施工项目相关的信息管理工作要求，施工试验记录属于( )。

扫一扫查看本题视频解析

A. 公共信息　　　　　　　　B. 工程总体信息

C. 施工信息　　　　　　　　D. 项目管理信息

【答案】C

重点难点专项突破

1. 本考点还可以考核的题目有：

(1) 根据施工项目相关的信息管理工作要求，法律、法规和部门规章信息属于 (A)。

(2) 根据施工项目相关的信息管理工作要求，市场信息以及自然条件信息属于 (A)。

(3) 施工项目信息管理工作中，在项目施工过程中形成的施工日志、质量检查记录、材料设备进场记录、用工记录表属于 (C)。

(4) 根据施工项目相关的信息管理工作要求，主要原材料、成品、半成品、构配件、设备出厂质量证明和试 (检) 验报告属于 (C)。

(5) 施工项目信息管理工作中，在项目施工过程中形成的预检记录，隐蔽工程验收记录，基础、主体结构验收记录属于 (C)。

(6) 施工项目信息管理工作中，在项目施工过程中形成的设备安装工程记录属于 (C)。

(7) 根据施工项目相关的信息管理工作要求，施工组织设计、技术交底资料属于 (C)。

(8) 施工项目信息管理工作中，在项目施工过程中形成的工程质量检验评定资料、竣工验收资料属于 (C)。

(9) 施工项目信息管理工作中，在项目施工过程中形成的设计变更洽商记录属于 (C)。

（10）根据施工项目相关的信息管理工作要求，竣工图属于（C）。

（11）根据施工项目相关的信息管理工作要求，施工进度计划表、资源计划表、资源表、完成工作分析表等属于（D）。【2015年考过】

（12）根据施工项目相关的信息管理工作要求，责任目标成本表、实际成本表、计划偏差表、实际偏差表、目标偏差表和成本现状分析表属于（D）。

（13）根据施工项目相关的信息管理工作要求，安全交底、安全设施验收、安全教育、安全措施、安全处罚、安全事故、安全检查、复查整改记录属于（D）。【2012年6月考过】

（14）根据施工项目相关的信息管理工作要求，施工项目质量合格证书、单位工程交工质量核定表、交工验收证明书、施工技术资料移交表、施工项目结算、回访与保修书属于（D）。

2. 本考点还可以这样命题：下列建设工程施工信息内容中，属于施工记录信息的有（　）。【2019年、2021年第二批考过】

2022年也是考核的这个类型，是这样命题的：下列项目管理相关资料中，能够反映项目竣工验收信息的是（　）。

3. 最后来学习建设工程项目信息管理的内涵。

信息——用口头的方式、书面的方式或电子的方式传输（传达、传递）的知识、新闻，或可靠的或不可靠的情报。

信息管理——信息传输的合理的组织和控制。【2014年考过】

建设工程项目的信息管理——通过对各个系统、各项工作和各种数据的管理，使项目的信息能方便和有效地获取、存储（存档是存储的一项工作）、处理和交流。【2014年考过】

> 建设工程项目的信息管理的目的：在通过有效的项目信息传输的组织和控制为项目建设的增值服务。

建设工程项目的信息——包括在项目决策过程、实施过程（设计准备、设计、施工和物资采购过程等）和运行过程中产生的信息，以及其他与项目建设有关的信息。

专项突破2　信息管理手册的主要内容

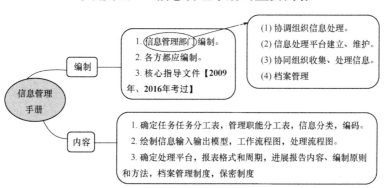

重点难点专项突破

1. 重点掌握这句话“信息管理手册，它是信息管理的核心指导文件”。这是单项选择题采分点。

2. 信息管理手册的主要内容在只有2010年考核过一道单项选择题，熟悉即可。

3. 本考点可能会这样命题：

(1) 下列不属于信息管理部门工作任务的是(　　)。

A. 负责编制行业信息管理规范

B. 负责协调各部门的信息处理工作

C. 负责工程档案管理

D. 负责信息处理工作平台的建立和运行维护

【答案】A

(2) 关于项目信息管理手册及其内容的说法，不正确的是(　　)。

A. 信息管理部门负责编制信息管理手册

B. 信息管理手册中应包含工程档案管理制度

C. 确定信息的编码体系和编码是信息管理手册的主要内容

D. 应编制项目参与各方通用的信息管理手册

【答案】D

专项突破3　工程管理信息化

例题：信息资源从信息内容的属性划分，分为组织、管理、经济、技术类等。下列工程管理信息资源中，属于管理类工程信息的有(　　)。

A. 与建筑业有关的专家信息**【2017年考过】**

B. 建筑业的组织信息

C. 项目参与方的组织信息

D. 与投资控制有关的信息

E. 与进度控制有关的信息

F. 与质量控制有关的信息

G. 与合同管理有关的信息**【2017年考过】**

H. 与信息管理有关的信息

I. 建设物资的市场信息**【2017年考过】**

J. 项目融资的信息

K. 与设计有关的技术信息

L. 与施工有关的技术信息**【2017年考过】**

M. 与物资有关的技术信息

【答案】D、E、F、G、H

重点难点专项突破

1. 本考点还可以考核的题目有：

(1) 下列工程管理信息资源中，属于组织类工程信息的有（A、B、C）。

(2) 下列工程管理信息资源中，属于经济类工程信息的有（I、J）。

（3）下列工程管理信息资源中，属于技术类工程信息的有（K、L、M）。

2. 记住一句话：施工方信息管理手段的核心是实现工程管理信息化。【2013 年考过】

3. 信息技术在工程管理中的开发和应用的意义在 2021 年第一批考试中考核了一道单项选择题，这也是第一次出现在考卷上，熟悉即可。

（1）"信息存储数字化和存储相对集中"有利于项目信息的检索和查询，有利于数据和文件版本的统一，并有利于项目的文档管理。

（2）"信息处理和变换的程序化"有利于提高数据处理的准确性，并可提高数据处理的效率。

（3）"信息传输的数字化和电子化"可提高数据传输的抗干扰能力、使数据传输不受距离限制并可提高数据传输的保真度和保密性。【2021 年第一批考过】

（4）"信息获取便捷""信息透明度提高"以及"信息流扁平化"有利于项目参与方之间的信息交流和协同工作。

工程管理信息化有利于提高建设工程项目的经济效益和社会效益，以达到为项目建设增值的目的。

4. 本考点可能会这样命题：

可提高数据处理的准确性，并可提高数据处理的效率，这一功能可通过信息技术的（　　）来实现。

A. 信息储存数字化和集中化　　　　B. 信息传输的数字化和电子化

C. 信息处理和变换的程序化　　　　D. 信息获取的便捷性和信息流扁平化

【答案】C

2Z107020　施工文件归档管理

专项突破 1　施工单位在建设工程档案管理中的职责

例题：施工单位在建设工程档案管理中的职责包括（　　）。【2013 年真题题干】

A. 实行技术负责人负责制，逐级建立、健全施工文件管理岗位责任制

B. 配备专职档案管理员，负责施工资料的管理工作【2013 年考过】

C. 工程项目的施工文件应设专门的部门（专人）负责收集和整理

D. 建设工程实行施工总承包的，由施工总承包单位负责收集、汇总各分包单位形成的工程档案

E. 建设工程项目由几个单位承包的，各承包单位负责收集、整理、立卷其承包项目的工程文件，并应及时向建设单位移交

F. 可以按照施工合同的约定，接受建设单位的委托进行工程档案的组织和编制工作【2013 年考过】

G. 按要求在竣工前将施工文件整理汇总完毕，再移交建设单位进行工程竣工验收【2013 年考过】

H. 负责编制的施工文件的套数不得少于地方城建档案管理部门要求，但应有完整的施工文件移交建设单位及自行保存

I. 应加强对建设工程文件的管理工作，并设专人负责建设工程文件的收集、整理和归档工作

J. 负责在工程建设过程中对工程档案进行检查并签署意见

K. 负责组织工程档案的编制工作

L. 负责组织竣工图的绘制工作

M. 在建设项目竣工验收后，按规定及时向地方城建档案部门移交工程档案

【答案】A、B、C、D、E、F、G、H

重点难点专项突破

1. 本考点还可以考核的题目有：

建设单位在建设工程档案管理中的职责包括（I、J、K、L、M）。

2. 最后了解下什么是工程文件？它包括工程准备阶段文件、监理文件、施工文件、竣工图和竣工验收文件。【2020 年考过】

专项突破 2 施工文件档案管理的主要内容

例题： 施工文件档案管理的内容主要包括工程施工技术管理资料、工程质量控制资料、工程施工质量验收资料、竣工图四大部分。下列属于工程施工技术管理资料的有（ ）。

A. 图纸会审记录【2010 年、2012 年 10 月考过】

B. 开工报审表

C. 开工报告

D. 技术、安全交底记录文件

E. 施工组织设计（项目管理规划）文件【2015 年考过】

F. 施工日志记录

G. 设计变更文件

H. 工程洽商记录

I. 工程定位测量记录

J. 施工测量放线报验表【2014 年、2015 年考过】

K. 基槽及各层测量放线记录

L. 沉降观测记录

M. 工程定位测量检查记录【2009 年考过】

N. 预检记录

O. 施工检查记录【2009 年考过】

P. 冬期混凝土搅拌称量及养护测温记录

Q. 交接检查记录【2009 年、2010 年、2014 年、2015 年、2017 年考过】

R. 工程竣工测量记录

S. 工程质量事故记录【2010年、2017年考过】

T. 竣工报告

U. 竣工验收证明书【2010年、2014年考过】

V. 工程质量保修书

W. 工程项目原材料、构配件、成品、半成品和设备的出厂合格证及进场检（试）验报告【2017年考过】

X. 施工试验记录和见证检测报告【2014年、2015年、2017年考过】

Y. 隐蔽工程验收记录【2017年考过】

Z. 施工现场质量管理检查记录

A1. 单位（子单位）工程质量竣工验收记录

B1. 分部（子分部）工程质量验收记录

C1. 分项工程质量验收记录

D1. 检验批质量验收记录【2014年、2015年考过】

【答案】A、B、C、D、E、F、G、H、I、J、K、L、M、N、O、P、Q、R、S、T、U、V

重点难点专项突破

1. 本考点还可以考核的题目有：

（1）下列建设工程施工资料中，属于工程测量记录文件的有（I、J、K、L）。

（2）下列建设工程施工资料中，属于施工记录文件的有（M、N、O、P、Q、R）。【2009年考过】

（3）工程质量控制资料是建设工程施工全过程全面反映工程质量控制和保证的依据性证明资料。下列属于工程质量控制资料的有（Q、W、X、Y）。

（4）下列建设工程施工资料中，属于工程施工质量验收资料的有（Z、A1、B1、C1、D1）。

2. 本考点中除了上述题型外，还可能会给出某项文件名称，来判断属于哪类资料。

3. 关于本考点还可能考核的采分点总结如下：

考试怎么考	怎么答
工程洽商记录如何生效？	由设计专业负责人以及建设、监理和施工单位的相关负责人签认后生效，不允许先施工后办理洽商
分包工程的工程洽商记录由谁审查？	总包审查
工程具备隐检条件后，由谁填写隐蔽工程验收记录？	施工员
隐蔽工程验收时，由谁组织施工员、质量检查员参加？	专业技术负责人
隐蔽工程验收后时，由谁签署验收意见及验收结论？	监理单位专业监理工程师【2011年考过】

考试怎么考	怎么答
当在总包管理范围内的分包单位之间移交时，《交接检查记录》中的见证单位为什么？	总包单位
当在总包单位和其他专业分包单位之间移交时，《交接检查记录》中的见证单位为什么？	建设（监理）单位【2012 年 10 月考过】
施工现场质量管理检查记录由谁检查，并做出结论？	项目总监理工程师（或建设单位项目负责人）
分部（子分部）工程质量验收记录表由谁组织有关设计单位及施工单位项目负责人（项目经理）和技术、质量负责人等到场共同验收并签认？	总监理工程师（建设单位项目负责人）
分项工程质量验收记录表由谁项目专业技术负责人进行验收并签认？	监理工程师（建设单位项目专业技术负责人）
检验批质量验收由谁组织项目专业质量检查员等进行验收并签认？	监理工程师（建设单位项目专业技术负责人）

4. 关于竣工图应掌握其编制要求。

（1）各项新建、扩建、改建、技术改造、技术引进项目，在项目竣工时要编制竣工图。项目竣工图应由施工单位负责编制。【2018 年考过】

（2）委托设计单位编制竣工图的，应明确规定施工单位和监理单位的审核和签认责任。【2021 年第一批考过】

（3）竣工图应完整、准确、清晰、规范，修改到位，真实反映项目竣工验收时的实际情况。【2018 年考过】

（4）如果按施工图施工没有变动的，由竣工图编制单位在施工图上加盖并签署竣工图章。

（5）一般性图纸变更及符合杠改或划改要求的变更，可在原图上更改，加盖并签署竣工图章。【2018 年、2021 年第一批考过】

（6）涉及结构形式、工艺、平面布置、项目等重大改变及图面变更面积超过 35％的，应重新绘制竣工图。重绘图按原图编号，末尾加注"竣"字，或在新图图标内注明"竣工阶段"并签署竣工图章。【2021 年第一批考过】

（7）同一建筑物、构筑物重复的标准图、通用图可不编入竣工图中，但应在图纸目录中列出图号，指明该图所在位置并在编制说明中注明；不同建筑物、构筑物应分别编制。【2021 年第一批考过】

（8）竣工图图幅应按要求统一折叠。【2018 年考过】

（9）编制竣工图总说明及各专业的编制说明，叙述竣工图编制原则、各专业目录及编制情况。【2018 年考过】

专项突破3　施工文件的立卷

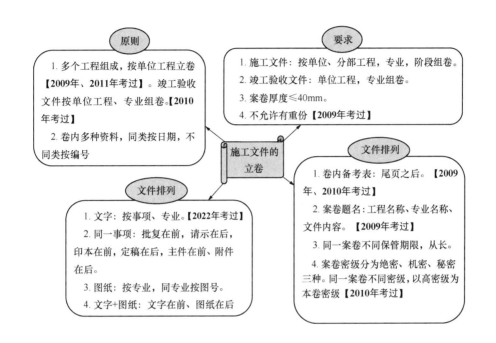

原则

1. 多个工程组成，按单位工程立卷【2009年、2011年考过】。竣工验收文件按单位工程、专业组卷。【2010年考过】

2. 卷内多种资料，同类按日期，不同类按编号

要求

1. 施工文件：按单位、分部工程，专业，阶段组卷。

2. 竣工验收文件：单位工程，专业组卷。

3. 案卷厚度≤40mm。

4. 不允许有重份【2009年考过】

施工文件的立卷

文件排列

1. 文字：按事项、专业。【2022年考过】

2. 同一事项：批复在前，请示在后，印本在前，定稿在后，主件在前、附件在后。

3. 图纸：按专业，同专业按图号。

4. 文字+图纸：文字在前、图纸在后

文件排列

1. 卷内备考表：尾页之后。【2009年、2010年考过】

2. 案卷题名：工程名称、专业名称、文件内容。【2009年考过】

3. 同一案卷不同保管期限，从长。

4. 案卷密级分为绝密、机密、秘密三种。同一案卷不同密级，以高密级为本卷密级【2010年考过】

重点难点专项突破

1. 这部分内容一般会考核判断正确与错误说法的题目。

2. 案卷保管期限，共分为永久、长期、短期三种。永久是指工程档案需永久保存；长期是指工程档案的保存期限等于该工程的使用寿命；短期是指工程档案保存20年以下。

3. 本考点可能会这样命题：

(1) 下列关于施工文件立卷的说法，正确的是(　　)。

A. 竣工验收文件按单位工程、专业组卷

B. 卷内备考表排列在卷内文件的首页之前

C. 保管期限为永久的工程档案，其保存期限等于该工程的使用寿命

D. 同一案卷内有不同密级的文件，应以低密级为本卷密级

【答案】A

(2) 关于卷内文件排列顺序的说法，不正确的是(　　)。

A. 文字材料按事项、专业顺序排列

B. 图纸按专业排列，同专业图纸按图号顺序排列

C. 既有文字材料又有图纸的案卷，图纸排前，文字材料排后

D. 文字材料同一事项的请示与批复，按批复在前、请示在后顺序排列

【答案】C

专项突破 4　施工文件的归档

项目	内　容
质量要求	(1) 归档的文件应为原件。【2010 年、2018 年、2019 年、2021 年第二批考过】 (2) 工程文件的内容及其深度必须符合国家有关工程勘察、设计、施工、监理等方面的技术规范、标准和规程。【2010 年考过】 (3) 工程文件的内容必须真实、准确，与工程实际相符合。 (4) 工程文件应采用碳素墨水、蓝黑墨水等耐久性强的书写材料。【2010 年、2011 年、2021 年第二批考过】 (5) 工程文件应字迹清楚，图样清晰，图表整洁，签字盖章手续完备。【2018 年考过】 (6) 工程文件文字材料幅面尺寸规格宜为 A4 幅面（297mm×210mm），图纸宜采用国家标准图幅。【2018 年、2019 年考过】 (7) 工程文件的纸张应采用能够长期保存的韧力大、耐久性强的纸张。 (8) 图纸一般采用蓝晒图，竣工图应是新蓝图，计算机出图必须清晰，不得使用计算机出图的复印件。 (9) 所有竣工图均应加盖竣工图章。【2019 年考过】 (10) 利用施工图改绘竣工图，必须标明变更修改依据。【2010 年、2019 年、2021 年第二批考过】 (11) 凡施工图结构、工艺、平面布置等有重大改变，或变更部分超过图面 1/3 的，应当重新绘制竣工图。【2018 年考过】 (12) 根据建设程序和工程特点，归档可以分阶段分期进行，也可以在单位或分部工程通过竣工验收后进行【2016 年考过】
时间要求	施工单位应当在工程竣工验收前，将形成的有关工程档案向建设单位归档【2011 年、2012 年 6 月、2016 年、2021 年第二批考过】
其他相关要求	(1) 施工单位在收齐工程文件整理立卷后，建设单位、监理单位应根据城建档案管理机构的要求对档案文件完整、准确、系统情况和案卷质量进行审查。【2016 年考过】 (2) 工程档案一般不少于两套，一套由建设单位保管，一套（原件）移交当地城建档案馆（室）。【2016 年考过】 (3) 施工单位向建设单位移交档案时，应编制移交清单，双方签字、盖章后方可交接

重点难点专项突破

1. 历年考试主要以判断正误的综合题目考核，上表中的每一句话都有可能作为备选项。

2. 红色墨水、纯蓝墨水、圆珠笔、复写纸、铅笔等属于易褪色的书写材料，不得使用。

3. 竣工图章应符合下列规定：

(1) 竣工图章的基本内容应包括："竣工图"字样、施工单位、编制人、审核人、技术负责人、编制日期、监理单位、现场监理、总监理工程师。

(2) 竣工图章尺寸为：50mm×80mm。【2019 年考过】

（3）竣工图章应使用不易褪色的红印泥，应盖在图标栏上方空白处。

4. 本考点可能会这样命题：

关于归档文件质量要求的说法中，正确的有(　　)。

A. 归档的文件应为附件

B. 工程文件可以采用圆珠笔书写

C. 所有竣工图均应加盖竣工图章

D. 计算机出图必须清晰，不得使用计算机出图的复印件

E. 竣工图可以利用施工图改绘

【答案】C、D、E